今すぐ使える かんたん

改訂5版

はがき 名簿 宛名ラベル

Word & Excel 2019 / 2016 / 2013 / 2010 / Office 365 対応版

技術評論社

本書の使い方

- 画面の手順解説だけを読めば、操作できるようになる！
- もっと詳しく知りたい人は、両端の「側注」を読んで納得！
- これだけは覚えておきたい機能を厳選して紹介！

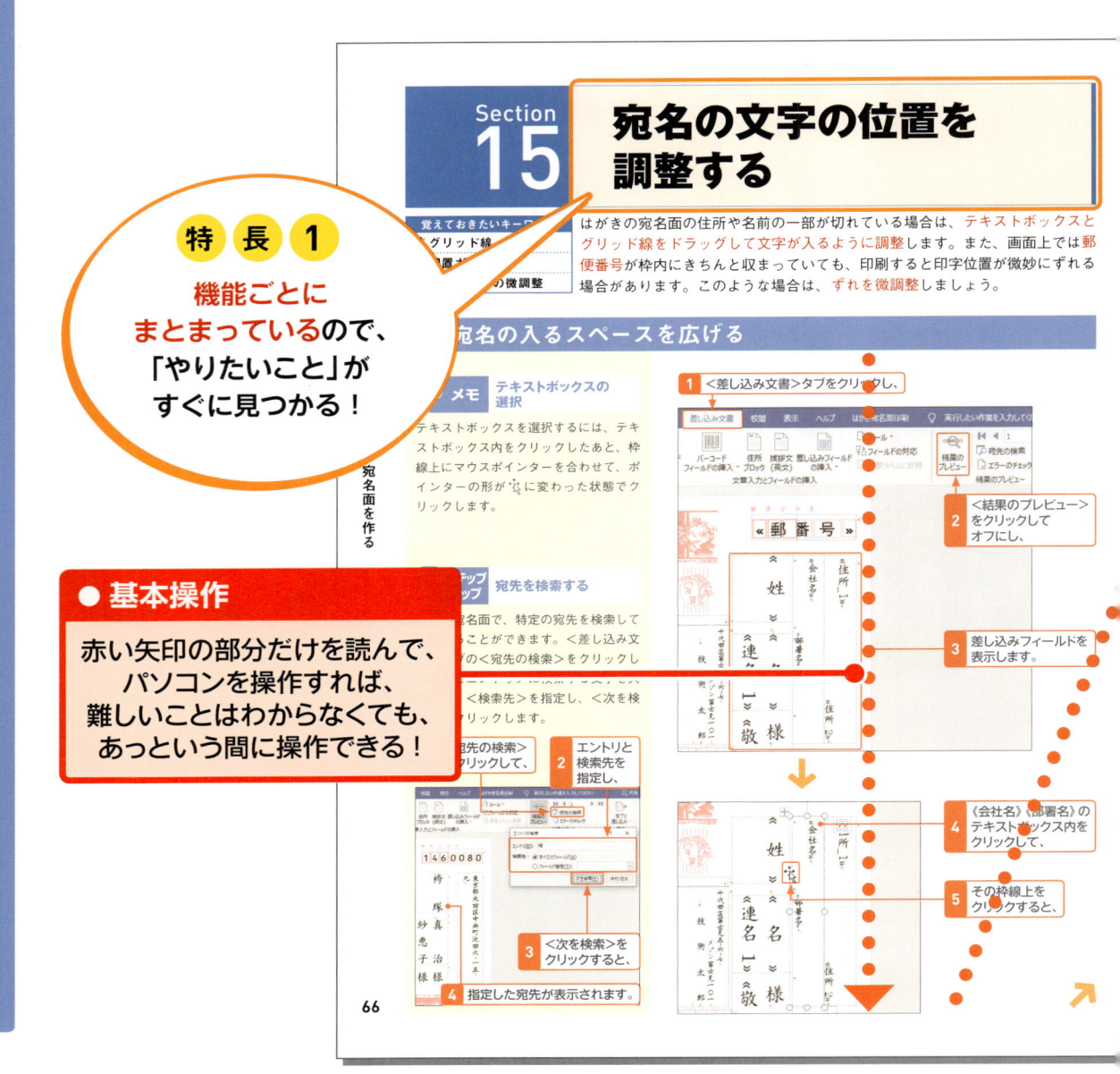

特 長 1

機能ごとに
まとまっているので、
「やりたいこと」が
すぐに見つかる！

● 基本操作

赤い矢印の部分だけを読んで、
パソコンを操作すれば、
難しいことはわからなくても、
あっという間に操作できる！

特長 2

やわらかい上質な紙を
使っているので、
開いたら閉じにくい！

● 補足説明

操作の補足的な内容を「側注」にまとめているので、
よくわからないときに活用すると、疑問が解決！

 **メモ**
補足説明

 **ヒント**
便利な機能

 **キーワード**
用語の解説

 **ステップアップ**
応用操作解説

 **注意**
注意事項

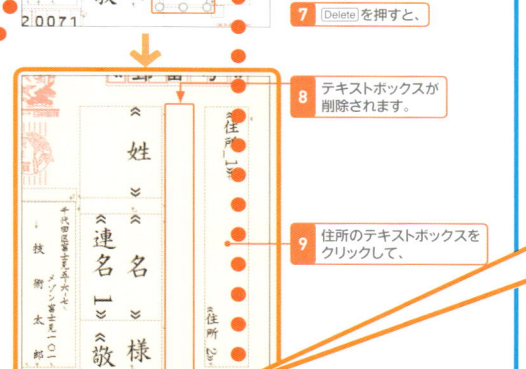

6 テキストボックスが
選択されます。

7 Delete を押すと、

8 テキストボックスが
削除されます。

9 住所のテキストボックスを
クリックして、

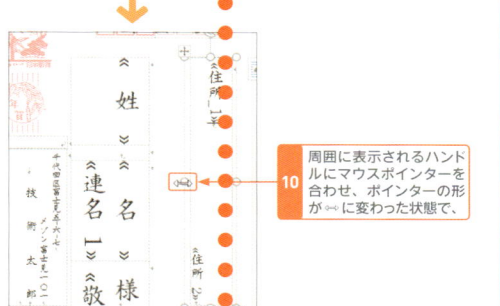

10 周囲に表示されるハンド
ルにマウスポインターを
合わせ、ポインターの形
が ↔ に変わった状態で、

Section
15
宛名の文字の位置を
調整する

 **メモ** 不要なフィールドの
削除

ここで作成している宛名には《会社名》
と《部署名》フィールドは必要ないので、
会社名と部署名が入るテキストボックス
を削除して、住所が入るスペースを広げ
ます。このフィールドを利用する場合は
削除せずに、住所や名前のテキストボッ
クスを移動したり、全体のフォントサイ
ズを下げてテキストボックスを小さくし
たりして調整します。

特長 3

大きな操作画面で
該当箇所を囲んでいるので
よくわかる！

  **ステップアップ** エラー

Wordには、宛名印刷のエラー
機能が用意されています。
し込み文書>タブの<エラーの
チェック>をクリックして、確認方法を
指定し、<OK>をクリックします。

1 <エラーのチェック>を
クリックして、

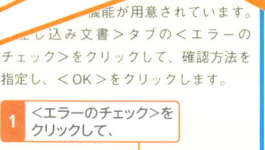

2 確認方法をクリックして
オンにし、

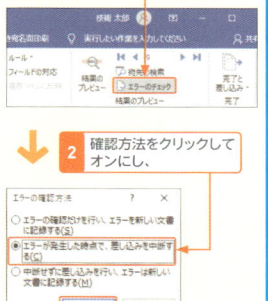

3 <OK>をクリックします。

目次

第 1 章　はがき作成の準備をする

Section 01　はがき作成の流れ　12

本書のはがき作りに必要なもの
本書でのはがき作成の流れ

Section 02　名簿と宛名のしくみ　14

名簿に必要な項目

Section 03　Excelを起動して入力画面を準備する　16

Excelを起動する
画面表示を変更する
列幅を変更する
行の高さを変更する

Section 04　名簿用のデータを入力する　20

名簿データの列見出しを入力する
個別の情報を入力する
名簿データを保存する

Section 05　名簿のデータを編集する　28

セルの書式を変更する
セル内のデータ全体を書き換える
セル内のデータの一部を修正する
行や列を追加／削除する
名簿ファイルを上書き保存する

Section 06　名簿を印刷する　32

印刷プレビューを表示する
印刷の向きや用紙サイズ、余白の設定を行う
印刷を実行する

第 2 章　はがきの宛名面を作る

Section 07　はがき宛名面作成の手順　36

差し込み印刷とは
はがき宛名面作成の流れ

Section 08　Wordを起動する／終了する　38

Wordを起動する
Wordを終了する

Section 09　はがきの宛名面に情報を入れる　40

<はがき宛名面印刷ウィザード>を起動する
はがきの宛名面をレイアウトする
宛先をプレビューで確認する

Section 10　宛名面の情報を保存する　48

名前を付けて保存する
はがきの宛名面を閉じる
保存したはがきの宛名面を開く

Section 11　はがきの宛名面を連名にする　52

編集記号を表示する
不要なフィールドを削除する
連名フィールドを追加する
連名の敬称フィールドを追加する

Section 12　差出人の情報を編集する　60

<差出人住所の入力>ダイアログボックスで編集する
差出人欄で直接編集する

Section 13　差出人を連名にする　62

連名を入力する
差出人の名前と連名の位置を揃える

目次

Section 14 　**宛名の文字の大きさや種類を変更する**　　64

フォントサイズを変える
フォント（書体）を変える

Section 15 　**宛名の文字の位置を調整する**　　66

宛名の入るスペースを広げる
テキストボックスの位置を調整する

Section 16 　**削除してしまった項目をもとに戻す**　　70

削除したフィールド（項目）をもとに戻す
削除したフィールドをもとに戻して配置を調整する

Section 17 　**名簿を編集する**　　74

データソースを編集する

Section 18 　**印刷する相手を絞り込む**　　76

＜差し込み印刷の宛先＞ダイアログボックスを表示する
印刷しない宛先を選ぶ
フィルターで印刷しない宛先を外す

Section 19 　**はがきの宛名面を印刷する**　　80

試し印刷をする
用紙の種類とサイズを指定して印刷を実行する
郵便番号の位置を微調整する
宛名面全体の印刷位置を微調整する
すべてのはがき宛名面を印刷する

第 3 章　はがきの文面を作る

Section 20 　**はがき文面作成の手順**　　86

はがき文面の基本的なレイアウト
はがき文面作成の流れ

Section 21 　**はがきの文面を作成する**　　88

＜はがき文面印刷ウィザード＞を起動する

Section **22** **はがきの文面を修正する** 92

文面の文字を変更する

Section **23** **文字の種類や大きさを変更する** 94

フォントとフォントサイズを変更する
フォントの色を変更する
行間を調整する

Section **24** **文面の題字を変更する** 98

題字を削除する
ワードアートを挿入する
題字を縦書きにする
題字の書式を変更する

Section **25** **文面のイラストを写真に変更する** 102

イラストを削除する
写真を挿入する
文字列の折り返しを設定する
写真のサイズを変更する
写真をトリミングする
写真のスタイルを変更して配置する

Section **26** **はがきの文面を保存して印刷する** 110

はがきの文面に名前を付けて保存する
はがきの文面を印刷する

第 **4** 章 　**往復はがきを作る**

Section **27** **往復はがき作成の手順** 114

往復はがきの配置
往復はがき作成の流れ

Section **28** **往信の宛名面を作成する** 116

往信の宛名面（往信面）を作る

目
次

目次

Section 29　返信の文面を作成する　122

返信の文章を入力する（往信面）
フォントサイズを変える
文字の配置と段落の間隔を変える
区切り線やコメント欄を作成する

Section 30　返信の宛名面を作成する　126

返信の宛名面（返信面）を作る
差出人の情報を入力する

Section 31　往信の文面を作成する　128

往信の文章を入力する（返信面）
タイトル文字の書式を設定する
本文のフォントサイズとフォントの色を変える
文字に下線を引く

Section 32　往復はがきを印刷する　132

<印刷>ダイアログボックスを表示する
用紙の種類とサイズを指定して往信面を印刷する
往復はがきの往信面を閉じる
往復はがきの返信面を印刷する

第5章　封筒・宛名ラベルに印刷する

Section 33　封筒の宛名面を作成する　138

<差し込み印刷ウィザード>で設定する

Section 34　封筒の宛名を編集する　144

フォントとフォントサイズを変更する

Section 35　封筒に宛名を印刷する　146

印刷する宛先を絞り込む
<印刷>ダイアログボックスを表示する
用紙の種類とサイズを指定して印刷する
封筒の宛名面を保存する

Section 36 宛名を縦書きに設定する　150

封筒のサイズとレイアウトを設定する
差し込みフィールドを設定する

Section 37 宛名ラベルを作成する　154

ラベルのレイアウトを設定する
名簿ファイルを開く
差し込みフィールドを挿入する
フォントサイズを変える
フィールドと書式をすべてのラベルに反映させる

Section 38 宛名ラベルを印刷する　160

印刷する宛先を絞り込む
宛名ラベルを印刷する

第6章　こんなときはどうする？

Q01　Excel の名簿のデータを並べ変えたい　164
Q02　宛名の上下揃いを調整したい　164
Q03　宛名を1人分だけ印刷したい　165
Q04　宛名の「敬称」を変えたい　166
Q05　宛名に必要な項目が表示されない　167
Q06　＜無効な差し込みフィールド＞と表示された　167
Q07　差出人は文面に印刷したい　168
Q08　住所が漢数字で入力されてしまう　168
Q09　印刷すると文字が切れてしまう　169
Q10　宛名ラベルに差出人を付けたい　170
Q11　宛名ラベルすべてに1人分だけ印刷したい　171
Q12　宛名を横書きにしたい　172
Q13　既存の宛名面のファイルを別の名簿に差し替えたい　172
Q14　はがきが印刷できない　173
Q15　入力したい漢字が出てこない　174
Q16　囲い文字を入力したい　174

目次

Q17 行頭に記号を付けて箇条書きにしたい　　　175

Q18 縦書きにすると数字やアルファベットが横になってしまう　　　175

Q19 デジカメ写真をパソコンに取り込みたい　　　176

Q20 姓も含めて連名にしたい　　　177

Q21 宛名面に3人以上の名前を入れたい　　　178

Q22 レイアウトがほかの宛名に反映されてしまう　　　181

Appendix 1　＜はがき印刷＞が利用できない場合の対処法　　　182

アドインを有効にする

デスクトップ版にインストールし直す

索引　　　190

● サンプルファイルについて
本書の解説内で使用したサンプルファイルは、弊社のWebページからダウンロードしてご利用いただけます。
https://gihyo.jp/book/2019/978-4-297-10885-4/support

Chapter 01

第1章

はがき作成の準備をする

Section 01　はがき作成の流れ

02　名簿と宛名のしくみ

03　Excelを起動して入力画面を準備する

04　名簿用のデータを入力する

05　名簿のデータを編集する

06　名簿を印刷する

はがき作成の流れ

覚えておきたいキーワード
- ☑ はがき
- ☑ Excel
- ☑ Word

本書では、Excelで送付相手の情報を入力して名簿を作成します。その名簿を利用して、Wordではがきの宛名面、往復はがき、封筒の宛名、宛名ラベルを作成します。また、Wordではがきの文面を作成し、写真を挿入します。ここでは、はがき作成の流れを確認しておきましょう。

1 本書のはがき作りに必要なもの

> **ヒント　はがき用紙の種類**
>
> はがき用紙には、普通紙や再生紙、インクジェット紙、インクジェット写真用などの種類があります。インクジェット紙はインクジェットプリンターで印刷するのに適しています。写真用は通常のインクジェット紙よりも写真などをよりきれいに印刷できます。

パソコン　　　　プリンター

はがき

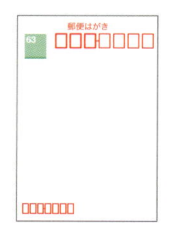 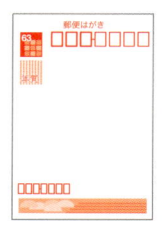 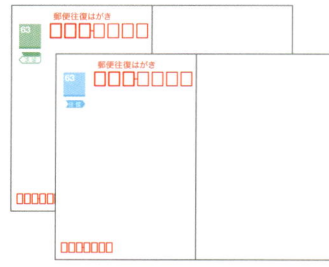

> **メモ　写真画像**
>
> はがきに写真を挿入する場合は、あらかじめデジタルカメラで撮影した写真を＜ピクチャ＞フォルダーに保存しておきます。デジタルカメラから写真をパソコンに取り込む方法については、P.176を参照してください。

写真

2 本書でのはがき作成の流れ

名簿を作成する

Excelを使って、送付相手の情報を入力し、名簿を作成します（第1章）。

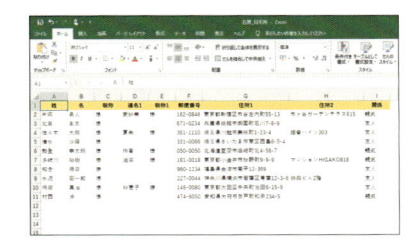

はがきの宛名面を作成する

Wordのはがき宛名面印刷ウィザード機能を使って、宛名面を作成します、宛名には、Excelで作成した名簿を自動的に差し込みます（第2章）。

はがきの宛名を差し込み印刷する

印刷する宛先を絞り込み、はがきの差し込み印刷機能を利用して宛名面を印刷します（第2章）。

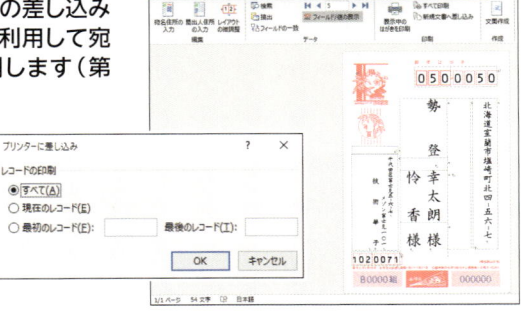

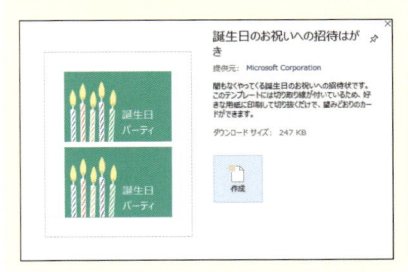

はがきの文面を作成する

Wordのはがき文面印刷ウィザード機能を使って、題字や文面、イラストをレイアウトします。さらに、文面を変更したり、写真に差し替えたりして完成させます（第3章）。

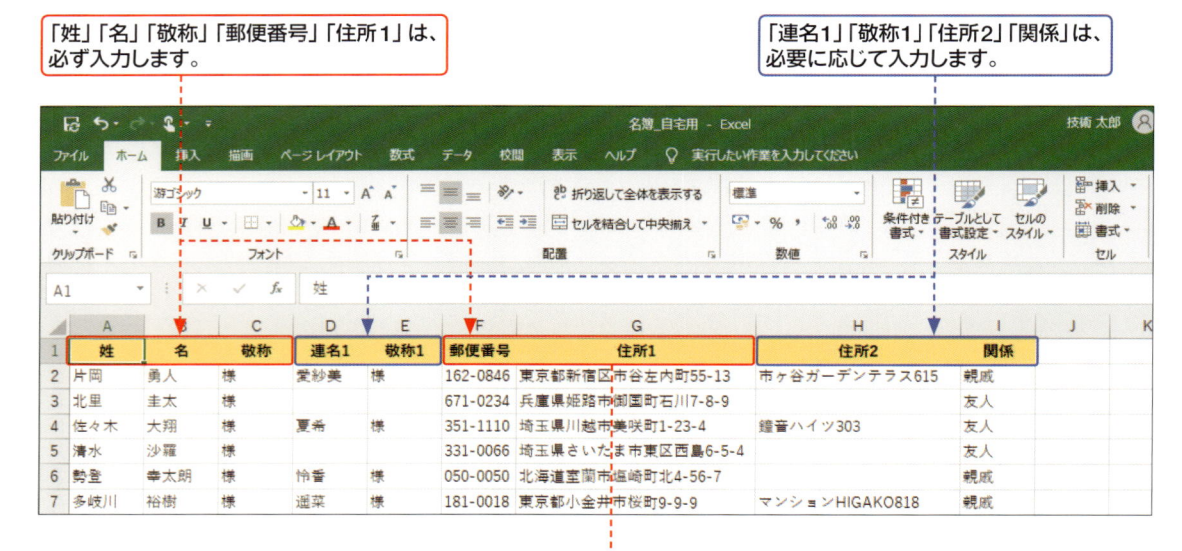

Section 02 名簿と宛名のしくみ

本書では、はがきや封筒の宛名、宛名ラベルに差し込むための「名簿」（住所録）を Excel で作成します。姓名や住所、郵便番号などを入力して、はがきや封筒などの宛名面に配置できるようにします。ここでは、名簿の項目と宛名面の配置のしくみを理解しておきましょう。

1 名簿に必要な項目

「姓」「名」「敬称」「郵便番号」「住所1」は、必ず入力します。

「連名1」「敬称1」「住所2」「関係」は、必要に応じて入力します。

姓	名	敬称	連名1	敬称1	郵便番号	住所1	住所2	関係
片岡	勇人	様	紫紗美	様	162-0846	東京都新宿区市谷左内町55-13	市ヶ谷ガーデンテラス615	親戚
北里	圭太	様			671-0234	兵庫県姫路市御国野町石川7-8-9		友人
佐々木	大翔	様	夏希	様	351-1110	埼玉県川越市美咲町1-23-4	鐘音ハイツ303	友人
清水	沙羅	様			331-0066	埼玉県さいたま市東区西島6-5-4		友人
勢登	幸太朗	様	怜香	様	050-0050	北海道室蘭市崎崎町北4-56-7		親戚
多岐川	裕樹	様	選菜	様	181-0018	東京都小金井市桜町9-9-9	マンションHIGAKO818	親戚

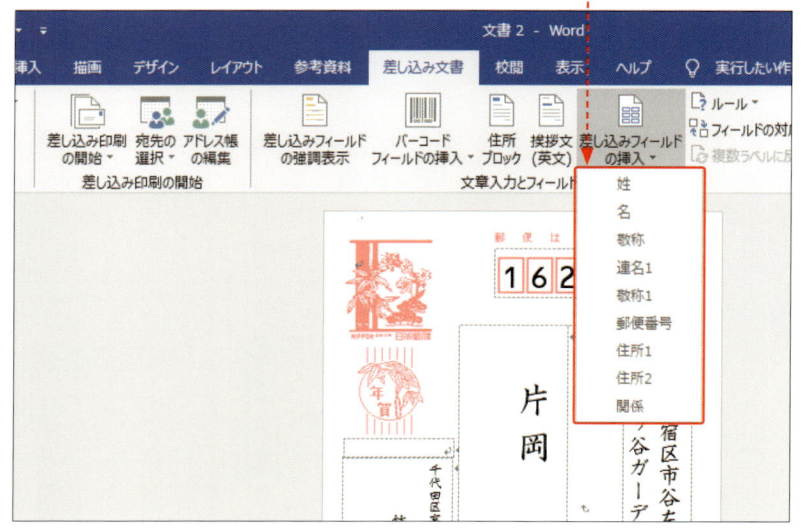

宛名印刷に利用するためには、列見出しを1行目に入力します。この列見出しは、差し込みフィールド（はがきにデータを差し込む場所）と対応します。

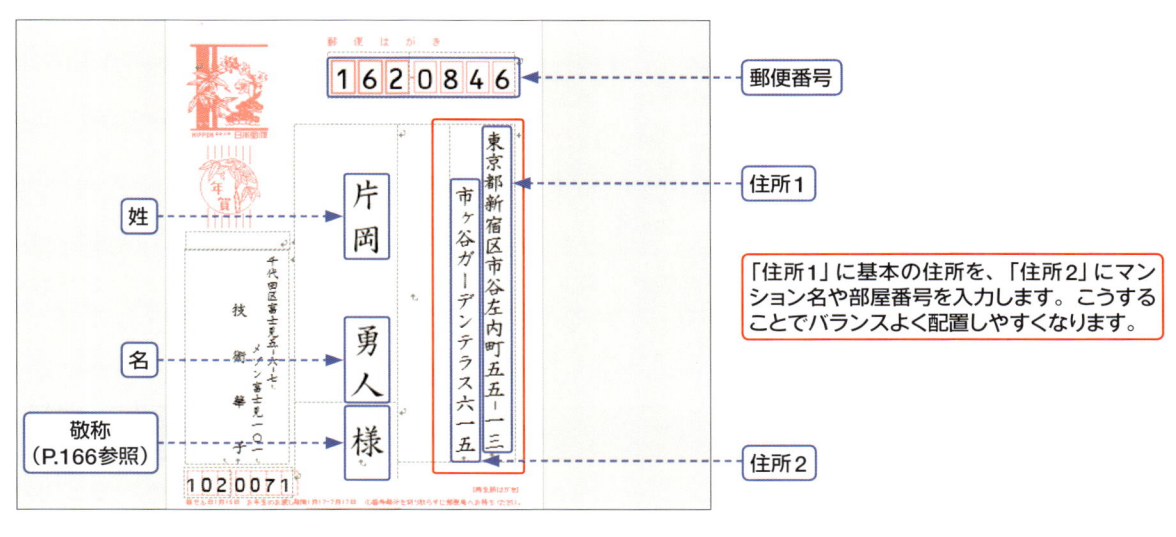

郵便番号

住所1

姓

名

敬称
（P.166参照）

住所2

「住所1」に基本の住所を、「住所2」にマンション名や部屋番号を入力します。こうすることでバランスよく配置しやすくなります。

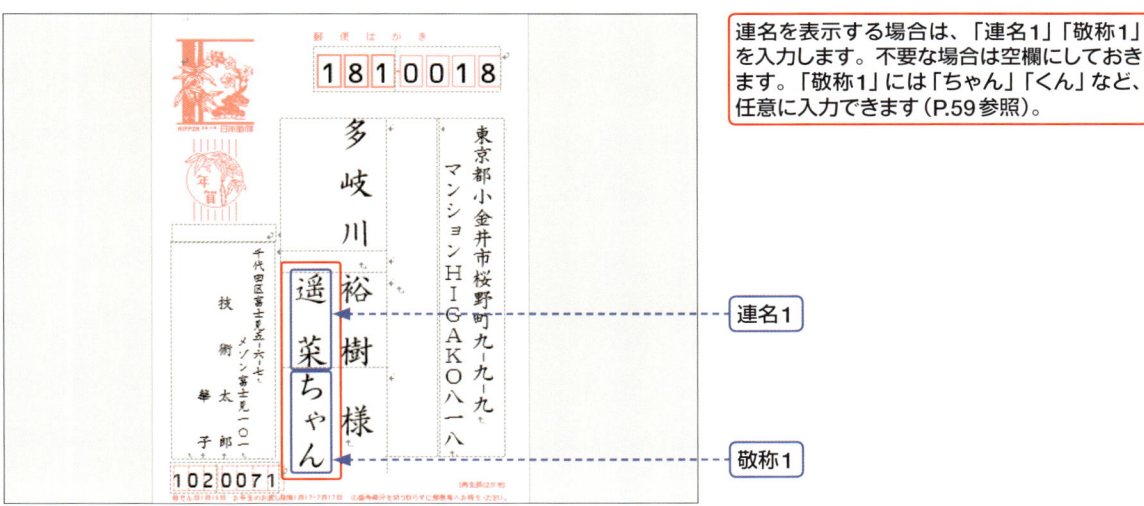

連名1

敬称1

連名を表示する場合は、「連名1」「敬称1」を入力します。不要な場合は空欄にしておきます。「敬称1」には「ちゃん」「くん」など、任意に入力できます（P.59参照）。

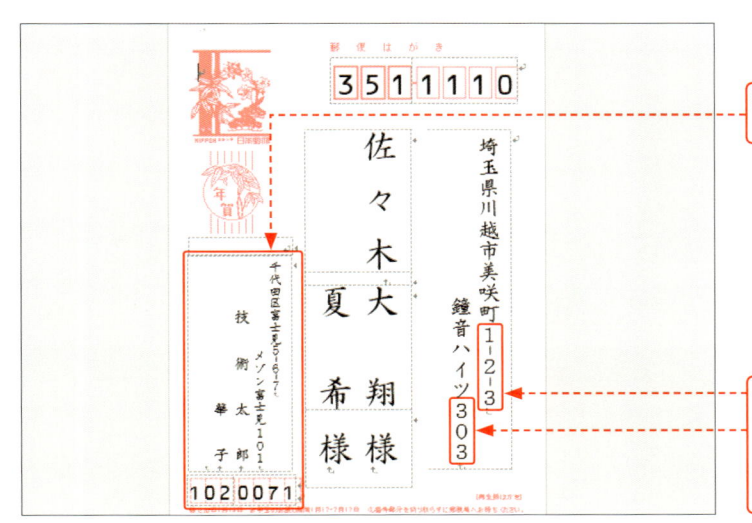

差出人は、名簿とは別に設定します（P.43参照）。

住所の番地や部屋番号などの数字、「−」（ハイフン）は半角で入力します。全角で入力すると、縦書き時の番地の書式を漢数字に指定した際に、漢数字ではなく算用数字で表示されます（P.42の「ヒント」参照）。

Section 03 Excelを起動して入力画面を準備する

覚えておきたいキーワード
- ☑ Excel の起動
- ☑ 画面表示
- ☑ 行と列

本書で扱う名簿は、Excelデータを利用します。最初に、Excelを起動して、名簿を入力する準備をします。ここでは、Excelの画面の表示方法や列や行の扱い方を理解して、入力中でも使いこなせるようにしましょう。Windows 10 で Excel 2019 を利用します。

1 Excel を起動する

メモ Excelのバージョン

本書では、Windows 10 で Excel 2019 を使っての操作を解説します。
ほかのOSやバージョンでは、画面表示が異なる場合があります。

メモ Windows 8.1 で起動する

Windows 8.1 で Excel 2016 以前のバージョンを起動するには、スタート画面に表示されている＜Excel＞をクリックします。スタート画面にアイコンがない場合は、スタート画面の左下に表示される◉ をクリックして、アプリの一覧から＜Excel＞をクリックします。

メモ Excelの終了

＜閉じる＞をクリックすると終了しますが、複数の画面を表示している場合はその画面のみが閉じます。すべての画面を閉じると、Excel は終了します。

1 Windows 10を起動します。

2 ＜スタート＞をクリックして、

3 ＜Excel＞をクリックします。

4 Excelが起動するので、

5 ＜空白のブック＞をクリックします。

6 新規ブック画面が表示されます。

＜閉じる＞をクリックすると、Excelが終了します。

2 画面表示を変更する

1 画面サイズが小さくて入力しづらい場合は、<最大化>をクリックすると、

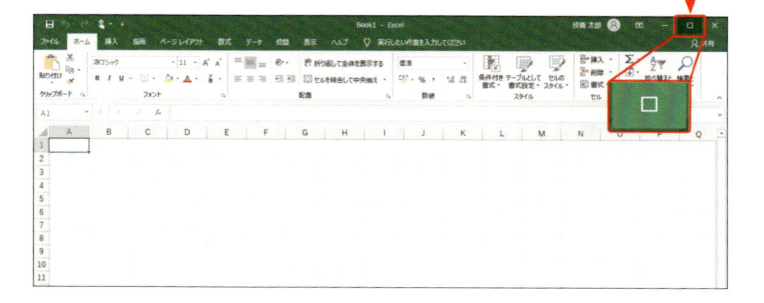

2 画面が最大化します。

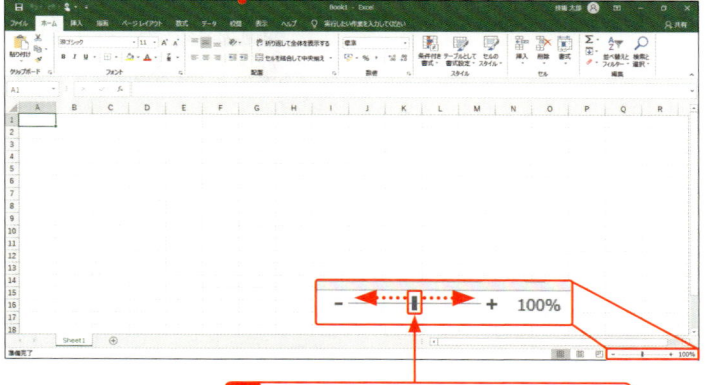

3 ズームスライダーを右(あるいは左)にドラッグすると、

4 画面の表示を拡大(あるいは縮小)することができます。

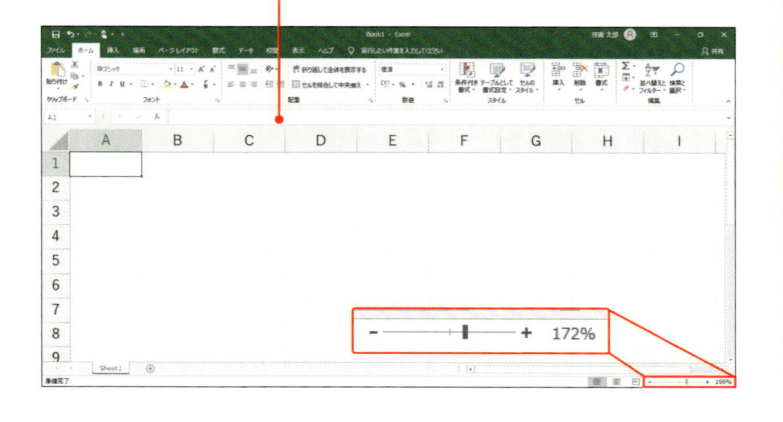

メモ 画面の拡大／縮小

左の手順ではExcelの画面を拡大／縮小していますが、Wordの場合も同様の方法で実行できます。拡大／縮小方法は、左の操作のほかに、<ズーム>の左右にある＋／－をクリックすると、10％刻みで拡大／縮小します。また、右端の％表示をクリックすると、<ズーム>ダイアログボックスが表示されるので、細かい倍率を指定できます。

ヒント 見出しを固定する

名簿の入力データが多くなると列見出しが見えなくなり、セルに入力する際に、何を入力したらよいのかわからなくなることがあります。このような場合は、見出しを固定しましょう。
<表示>タブの<ウィンドウ枠の固定>をクリックし、<先頭行の固定>をクリックします。
ウィンドウ枠の固定を解除するには、再度<ウィンドウ枠の固定>をクリックして、<ウィンドウ枠固定の解除>をクリックします。

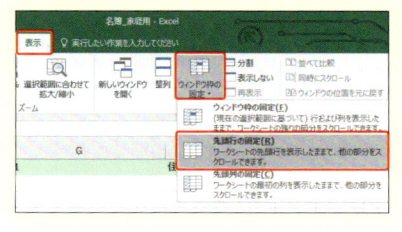

17

3 列幅を変更する

メモ　列幅を変更する

列幅を変更するには、右のようにドラッグする方法と、＜ホーム＞タブの＜セル＞グループの＜書式＞から＜列の幅＞をクリックして表示される＜列の幅＞ダイアログボックスで数値を指定します。そのほか、文字を入力したあとで列番号の境界をダブルクリックすると、その列の最大文字数に合わせて列幅を変更できます（P.23参照）。

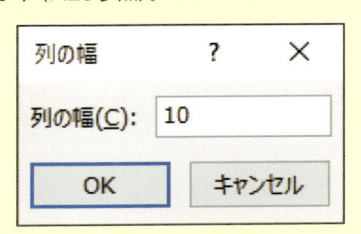

1 列記号の境界にマウスポインターを合わせて、

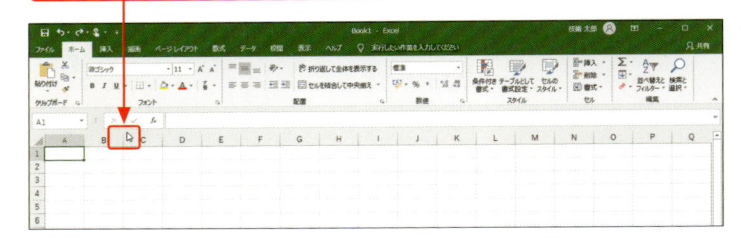

2 ポインターの形が 十 に変わったら、左右にドラッグします。

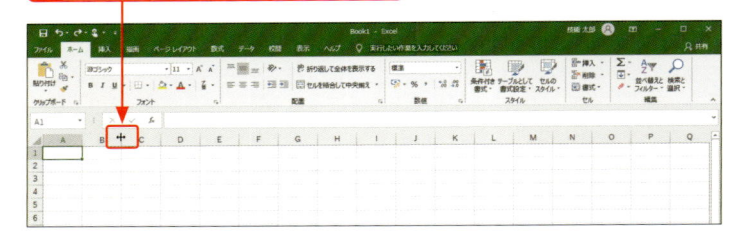

3 列幅が変更されます。

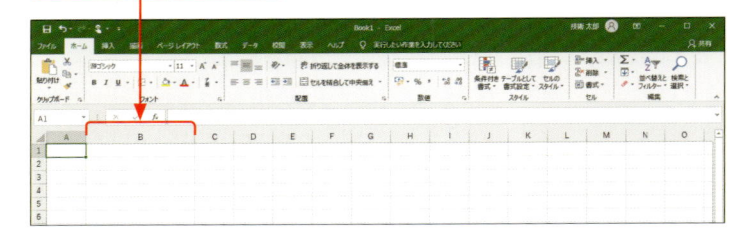

メモ　列幅の表示

列幅を変更する際に、数値が表示されます。Excelの既定のフォント（11pt）で入力できる半角文字の文字数とピクセル数を示しています。

4 行の高さを変更する

1 行番号の下にマウスポインターを合わせます。

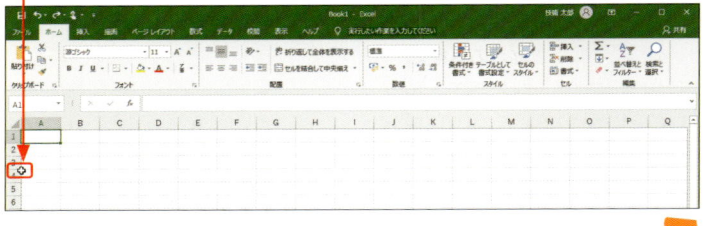

2 ポインターの形が ✛ に変わったら、
上下にドラッグします。

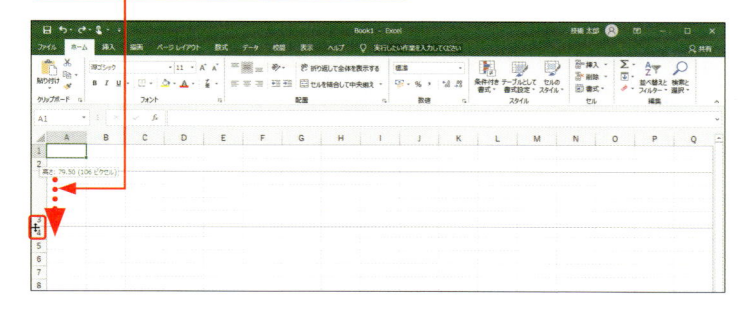

3 行の高さが変更されます。

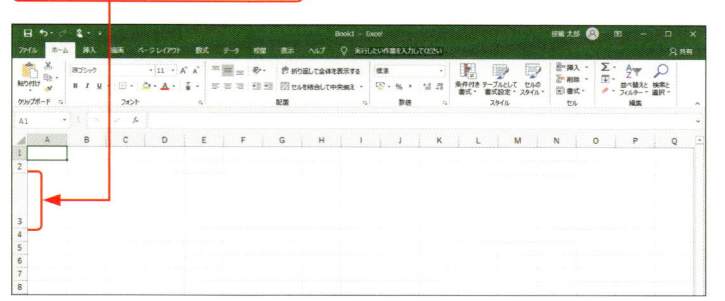

メモ 行の高さを変更する

行の高さを変更するには、左の操作のように
ドラッグする方法と、＜ホーム＞タ
ブの＜セル＞グループの＜書式＞から
＜行の高さ＞をクリックして表示される
＜行の高さ＞ダイアログボックスで数値
を指定する方法があります。

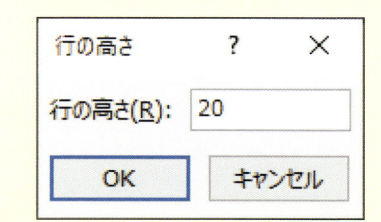

ヒント 複数の行や列を変更する

複数の行の高さや列幅を同時
に変更したい場合は、変更し
たい行（列）の範囲を選択し
てから、いずれか1か所の境
界をドラッグすれば反映され
ます。
シート全体を変更する場合
は、セルの左上の ◢ をクリッ
クすると全体が選択できるの
で、同様にドラッグします。
なお、さまざまな行の高さや
列の幅にした場合、＜ホー
ム＞タブの＜書式＞をクリッ
クして、＜行の高さの自動調
整＞＜列の幅の自動調整＞を
クリックすると、自動的に調
整してくれます。

1 いずれかの
境界をドラッ
グすると、

2 列幅が同時
に変更され
ます。

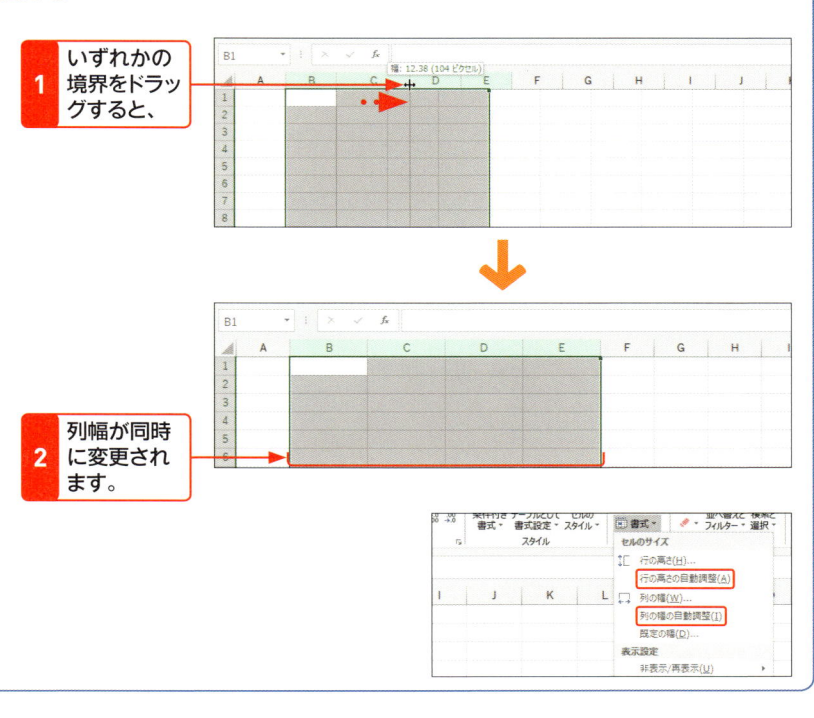

名簿用のデータを入力する

覚えておきたいキーワード
☑ セル
☑ アクティブセル
☑ 入力モード

Excelで名簿を表示したら、必要なデータを入力していきます。名簿の基本は、列見出しを入力して必要な項目を確認します。なお、自分にとって不要な項目は空欄にしておいてかまいません。入力の際は、全角と半角の区別に注意して、間違えないように入力しましょう。

1 名簿データの列見出しを入力する

	A	B	C	D	E	F	G	H	I
1	姓	名	敬称	連名1	敬称1	郵便番号	住所1	住所2	関係
2	片岡	勇人	様	愛紗美	様	162-0846	東京都新宿区市谷左内町55-13	市ヶ谷ガーデンテラス615	親戚
3	北里	圭太	様			671-0234	兵庫県姫路市夢前町国府石川7-8-9		友人
4	佐々木	大翔	様	夏希	様	351-1110	埼玉県川越市美咲町1-23-4	緑音ハイツ303	友人
5	清水	沙羅	様			331-0066	埼玉県さいたま市東区西島6-5-4		友人
6	勢登	幸太朗	様	怜香	様	050-0050	北海道室蘭市塩崎町北4-56-7		親戚
7	多岐川	裕樹	様	遥菜	様	181-0018	東京都小金井市桜野町9-9-9	マンションHIGAKO818	親戚

ここでは、列見出しとして、「姓」「名」「敬称」「連名1」「敬称1」「郵便番号」「住所1」「住所2」「関係」を設定します。

ヒント 入力モードの切り替え

Excelの起動時は「半角英数字」入力モードになっており、キーを押すと半角英数字が入力されます。日本語を入力したい場合は、無変換を押すか、画面右下の入力モード **A** をクリックして **あ** にすると、「日本語（ひらがな）」入力モードになります。

メモ 操作をもとに戻す／やり直す

ExcelやWordで操作を間違えたり、操作をやり直したい場合は、クイックアクセスツールバーの＜元に戻す＞ や ＜やり直し＞ をクリックします。直前に行った操作だけでなく、複数の操作をまとめてもとに戻したり、やり直したりすることができます。

メモ 入力履歴の表示

右の手順 **3** で読みを入力すると、その読みから予測される変換候補が表示されます。そこから目的の漢字を選択することもできます。

1 「セルA1」をクリックして、カーソルを配置します。

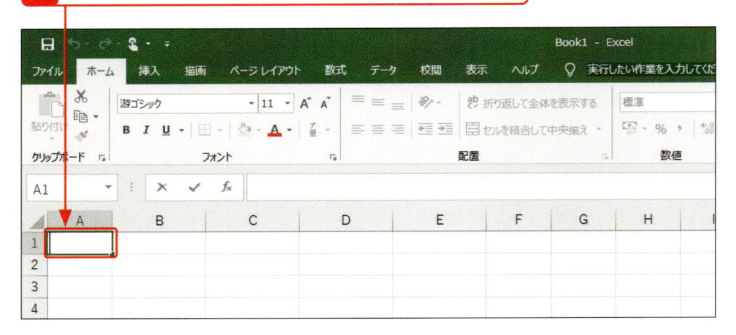

2 日本語入力モードにします（「ヒント」参照）。

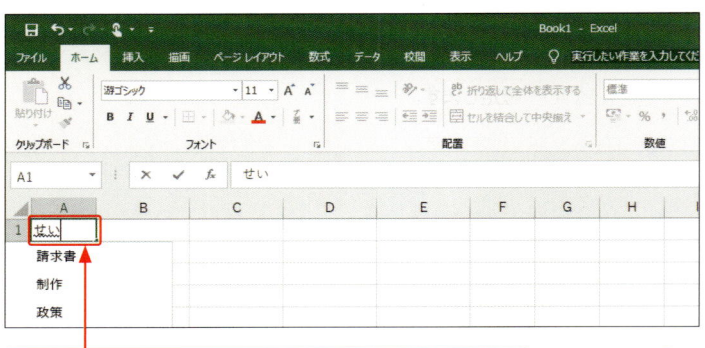

3 「姓」を入力するので、⑤ⒺⒾとキーを押します。

4 Space を押すと、漢字に変換されます。

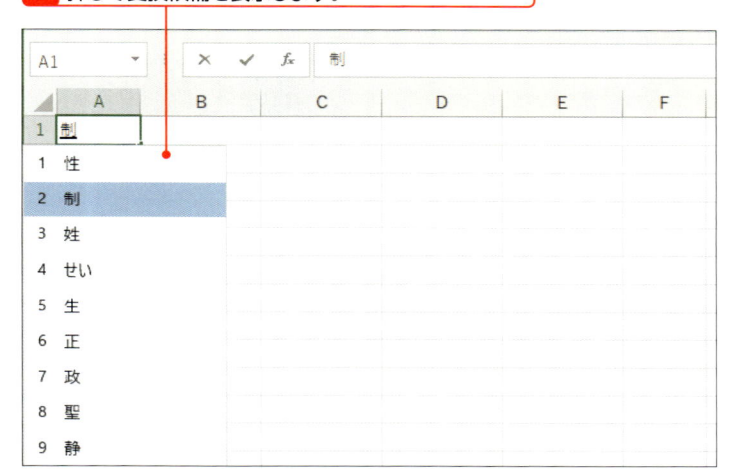

5 目的の漢字に変換されない場合は、再度 Space を押して変換候補を表示します。

6 ↓ で漢字を選択し、目的の漢字に変換します。

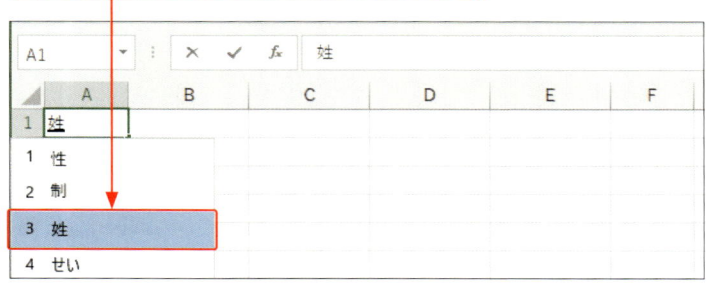

7 Enter を押して確定します。

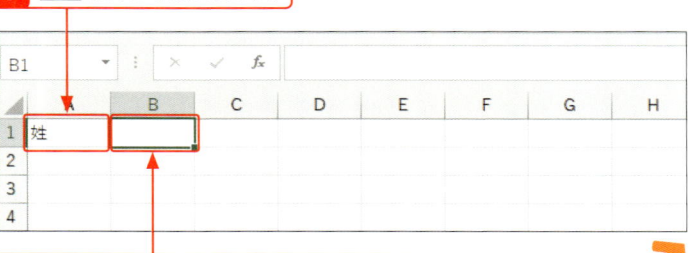

8 Tab をを押して、右のセルに移動します。

 キーワード **アクティブセル**

セルをクリックすると、セルがグリーンや黒の太枠で囲まれ、選択された状態になります。これを「アクティブセル」といいます。Excel でのデータの入力は、アクティブセルに対して行われます。

メモ **セルを移動する**

名簿などでデータを続けて入力する場合は、Enter で下方向に移動するより、Tab を利用して右方向に移動するほうが効率よく入力できます。

ヒント **アクティブセルの移動**

アクティブセルの移動は、マウスでクリックするほかに、下記のキーを利用しても行えます。

移動先	キーボード操作
右のセル	Tab または →
左のセル	Shift + Tab または ←
下のセル	Enter または ↓
上のセル	Shift + Enter または ↑

9 以降、同様に列見出し（「名」「敬称」「連名1」「敬称1」「郵便番号」「住所1」「住所2」「関係」）を入力します。

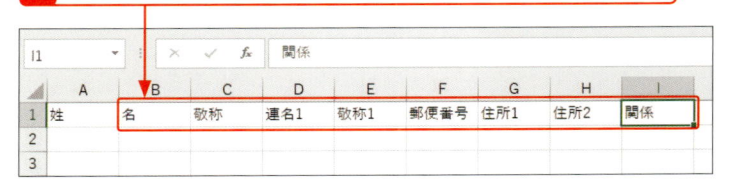

2 個別の情報を入力する

メモ 姓・名の敬称

はがきの宛名の場合は、姓・名（宛名）の「敬称」は自動的に挿入されます（P.44参照）。ただし、宛名ラベルや封筒の場合、敬称は自動的には挿入されないので、本書で作成する名簿では「敬称」を入力しています。「先生」など独自の敬称を設定して利用したい場合は、P.166を参照してください。

ヒント IMEパッド

入力したい漢字が変換候補の一覧に表示されない場合は、＜IMEパッド＞を利用するとよいでしょう。＜IMEパッド＞では、総画数や部首から漢字を探して入力することができます。タスクバーにある入力モードアイコンを右クリックして、＜IMEパッド＞をクリックすると、表示できます（P.174参照）。

1 列見出し「姓」の下のセルに名字を入力します。

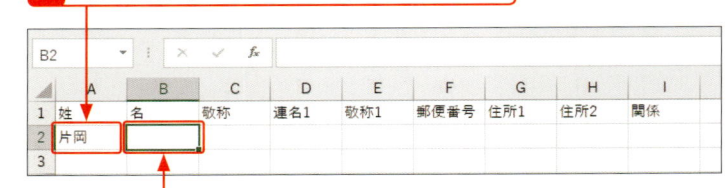

2 Tabを押して、「名」のセルに移動し、名前を入力します。

3 「敬称」に「様」を入力して、Tabを押します。

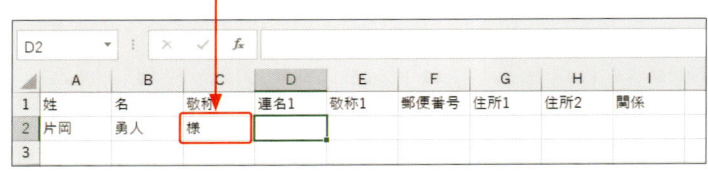

4 「連名1」と「敬称1」は、必要に応じて入力します。

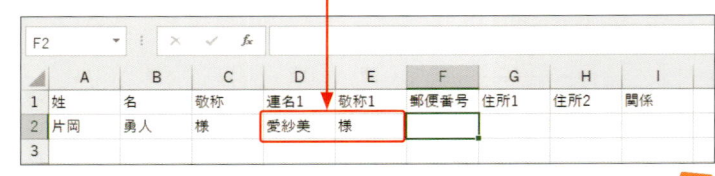

ヒント 郵便番号を調べる

郵便番号が不明な場合は、Webページで調べるとよいでしょう。Webブラウザを起動し、検索ボックスに「郵便番号」と入力して、半角スペース（あるいは全角スペース）を入力し、続いて住所を入力してEnterを押すと、検索できます。また、郵便局の郵便番号検索サービス（http://www.post.japanpost.jp/zipcode）を利用することもできます。

5 「郵便番号」は、7桁の番号を「-」（ハイフン）を
付けて半角で入力します。

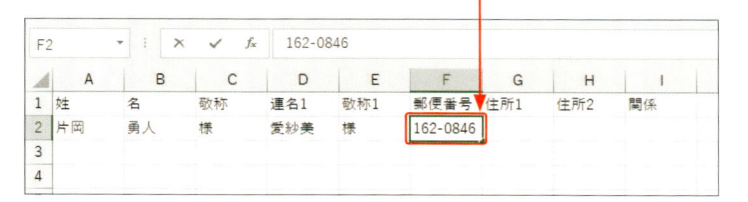

6 「住所1」には、都道府県からの住所を入力します。

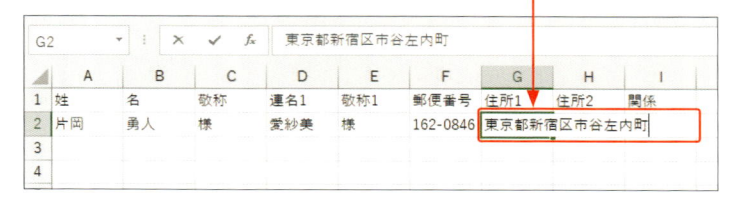

7 番地の数字と記号「−」（ハイフン）を
半角で入力します。

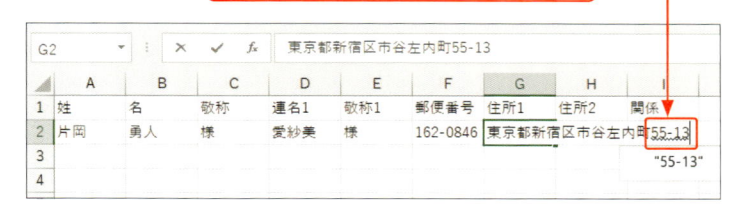

8 住所の列幅を広げます。ここでは、列番号の
境界にマウスポインターを合わせて、

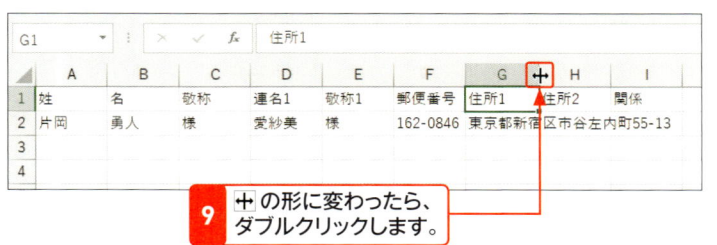

9 ╋ の形に変わったら、
ダブルクリックします。

10 列の最大文字数に合わせて列が広がります。

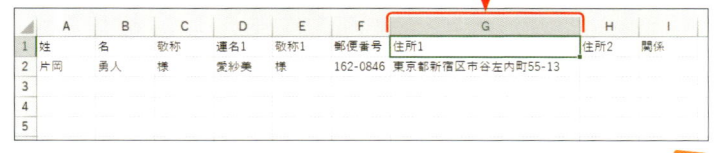

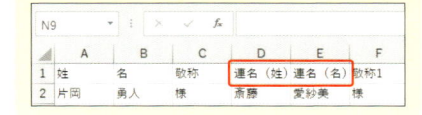

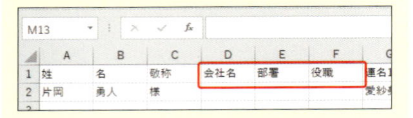

ヒント　会社名や部署・役職を追加する

ここでは、一般家庭用の名簿を作成していますが、会社用の場合は、「会社名」「部署」「役職」なども必要になります。
Excelの名簿データに列を挿入して、追加するとよいでしょう。

11 「住所2」には建物名や部屋番号などを入力します。

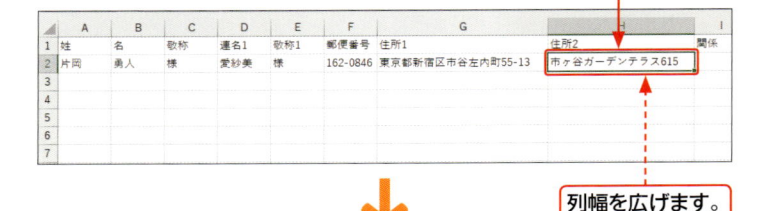

列幅を広げます。

12 「関係」には、友人や親戚などと入力します。

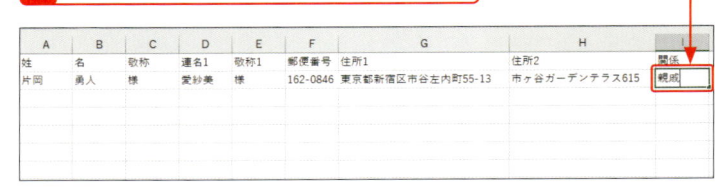

13 2件目の「姓」のセルをクリックして、

14 同様の方法でデータを入力します。

ヒント　自動的に入力候補が表示された場合

文字を何文字か入力すると、自動的に入力候補が表示されることがあります。これは、文字を入力する際に手間を省くためのExcelのオートコンプリート機能によるものです。表示された候補を入力する場合は、Enter を押して確定します。それ以外の文字を入力する場合は、そのまま入力を続けます。

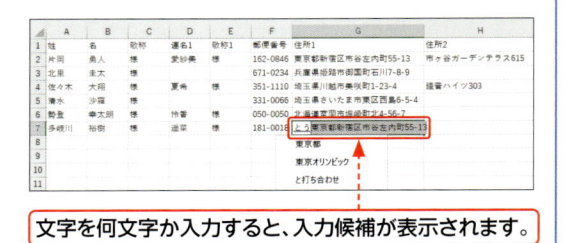

文字を何文字か入力すると、入力候補が表示されます。

15 続けて必要なデータを入力します。

メモ **サンプルファイル**

ここで作成した名簿のサンプルファイル
は、下記URLのサポートページからダ
ウンロードできます。

https://gihyo.jp/book/2019/978-4-
297-10885-4/support

**ステップ
アップ** **住所の数字を半角と全角で入力したときの違い**

住所の番地や部屋番号の数字を半角で入力したときと全角で入力したときでは、縦書き時の番地の書式を漢数字に指定
した際の表示のされ方が異なります（P.42参照）。半角で入力したときは、指定どおりに漢数字に変換されて表示され
ます。それに対して、全角で入力したときは、算用数字のままで表示されます。

ただし、縦書き時の番地の書式を漢数字ではなく、算用数字で表示したい場合は、数字を全角で入力し、「－」（ハイフン）
を半角で入力します（P.168参照）。

半角数字で入力したとき

1 半角数字で入力すると、

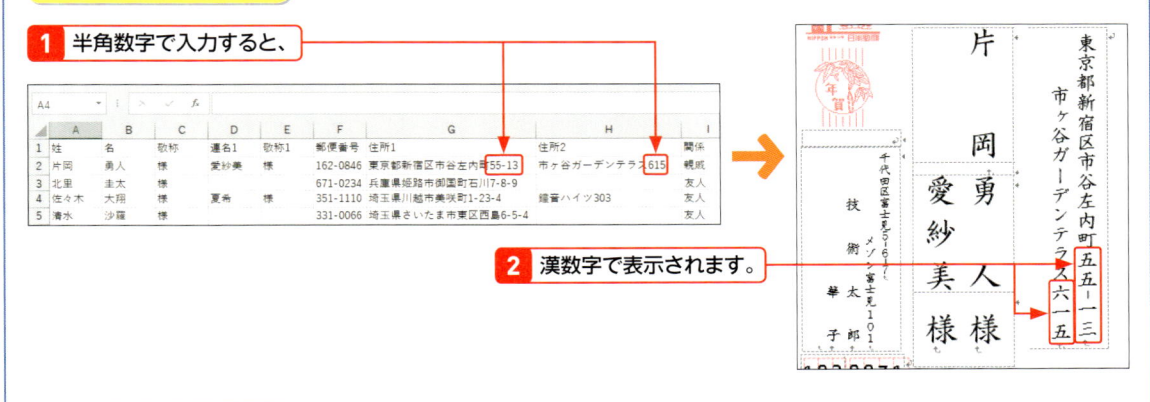

2 漢数字で表示されます。

全角数字で入力したとき

1 全角数字で入力すると、

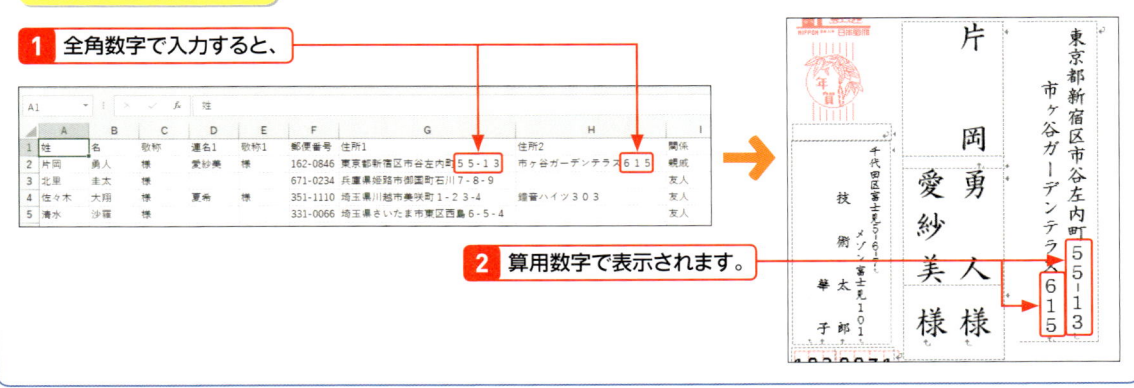

2 算用数字で表示されます。

3 名簿データを保存する

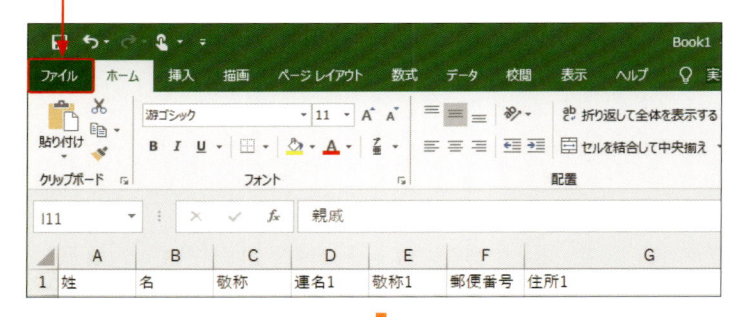

1 <ファイル>タブをクリックして、

メモ 名前を付けて保存する

名簿のデータを入力したら、ファイルとして保存します。

<ファイル>タブの<名前を付けて保存>をクリックして、保存先を指定し、ファイル名を付けて保存します。

なお、Excel 2010の場合は<名前を付けて保存>をクリックすると、すぐに<名前を付けて保存>ダイアログボックスが表示されます。

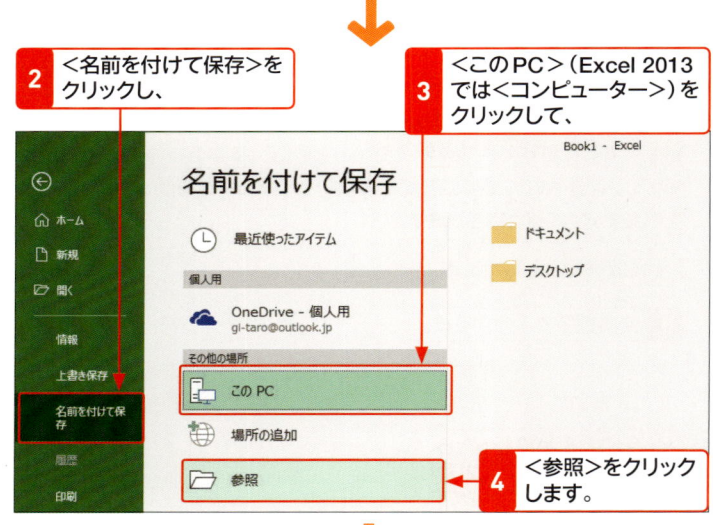

2 <名前を付けて保存>をクリックし、

3 <このPC>（Excel 2013では<コンピューター>）をクリックして、

4 <参照>をクリックします。

ステップアップ フォルダーを作成する

<名前を付けて保存>ダイアログボックスで新しいフォルダーに保存したい場合は、<新しいフォルダー>をクリックします。名前を変更してクリックすると、新しいフォルダーが保存先になります。

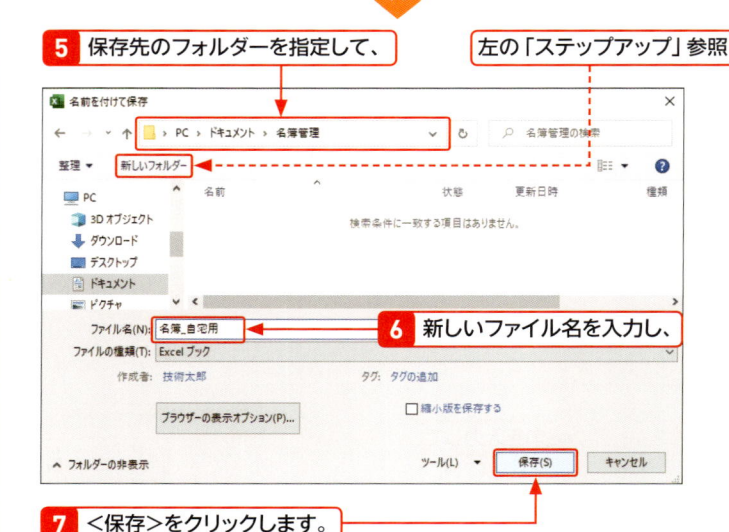

5 保存先のフォルダーを指定して、

左の「ステップアップ」参照

6 新しいファイル名を入力し、

7 <保存>をクリックします。

ヒント ファイルを開く

保存したファイルを開くには、<ファイル>タブの<開く>をクリックして、<ファイルを開く>ダイアログボックスから保存先を指定し、ファイルを選択して、<開く>をクリックします。

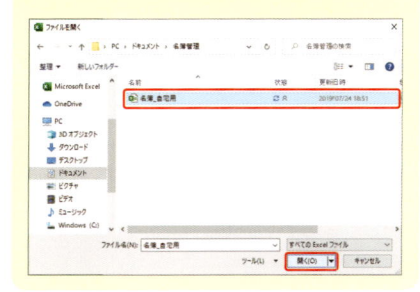

 **ステップ**
アップ **Wordで名簿（アドレス帳）を作成する**

本書ではExcelで名簿を作成していますが、Wordで作成することもできます。Wordの＜差し込み文書＞タブの＜宛先の選択＞で＜新しいリストの入力＞をクリックし、表示される＜新しいアドレス帳＞ダイアログボックスの各項目に入力します。このアドレス帳（名簿）は、Access形式で保存されます。差し込み操作でデータを選択する際は、ここで作成したファイルを指定してください。

1 Wordを起動して、

2 ＜差し込み文書＞タブの ＜宛先の選択＞をクリックして、

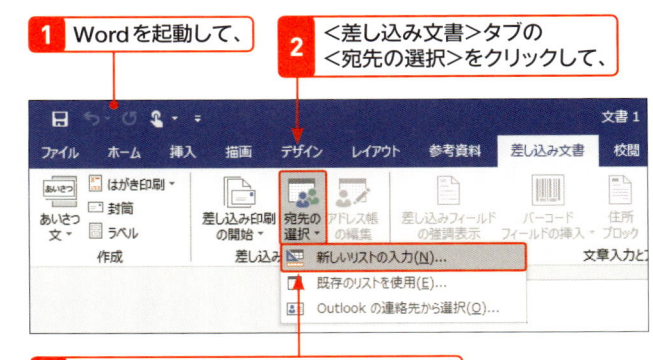

3 ＜新しいリストの入力＞をクリックします。

4 ＜新しいアドレス帳＞ダイアログ ボックスが表示されます。

5 列見出しのとおりにデータを入力 します（不要な項目は未入力）。

1行目の入力が終わったら、 ＜新しいエントリ＞をクリック して、次の行へ移動します。

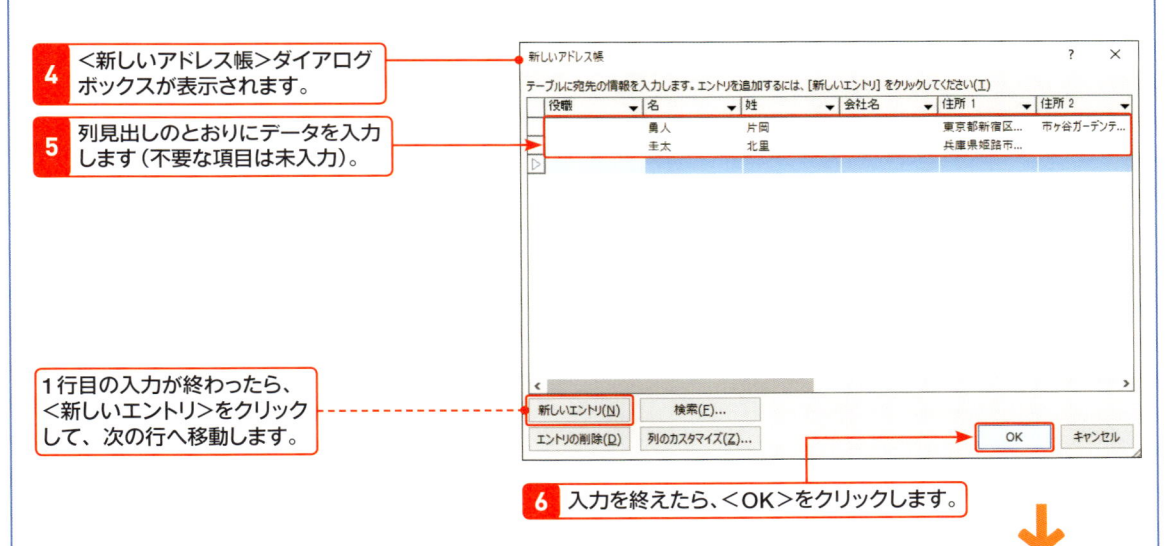

6 入力を終えたら、＜OK＞をクリックします。

7 ＜アドレス帳の保存＞ダイアログボックスが 表示されるので、

保存先は＜ドキュメント＞フォルダーの ＜My Data Sources＞が既定です。

8 ファイルの名前を入力して、

9 ＜保存＞をクリックします。

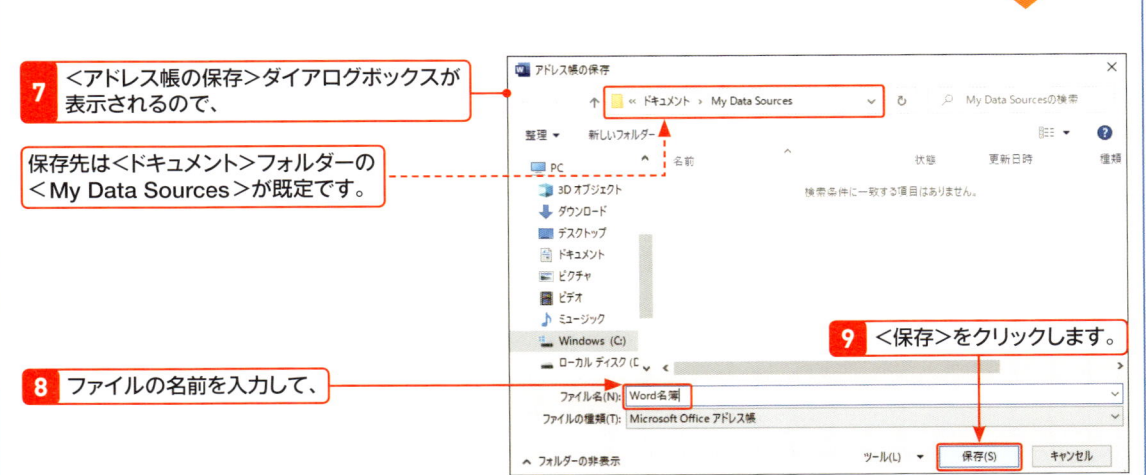

名簿のデータを編集する

覚えておきたいキーワード
- ☑ データの修正
- ☑ 元に戻す
- ☑ 上書き保存

作成した名簿を編集しましょう。まず、見出しに書式を設定して、名簿を見やすくします。名簿の内容を確認して誤りがあれば、セル内のデータをすべて書き換えるか、データの一部を削除・追加して修正します。名簿に追加する場合は行を挿入し、不要な行は削除しましょう。

1 セルの書式を変更する

メモ　セルやフォントの書式変更

セルだけでなく、フォントやフォントサイズ、フォントの色などセル内のフォントに書式を設定する場合は、設定する範囲を選択してから実行します。

1 見出しの行をドラッグして選択します。

2 <ホーム>タブの<塗りつぶしの色>のここをクリックして、

3 色をクリックします。

4 セルが塗りつぶされました。

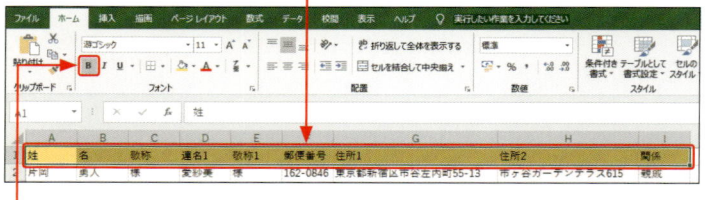

5 選択した状態で、<ホーム>タブの<太字>をクリックすると、

6 太字になります。そのまま<ホーム>タブの<中央揃え>をクリックして、

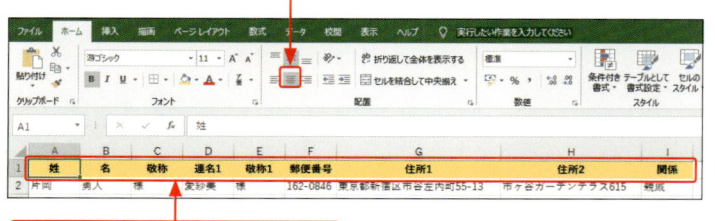

7 文字をセルの中央に揃えます。

ヒント　セル内の配置

セルに文字を入力すると、日本語や英字などの文字は左揃え、数字は右揃えに自動的に配置されます。見出しなど目立たせる場合は、中央に配置するとよいでしょう。

2 セル内のデータ全体を書き換える

ここでは、名前を書き換えます。

1 修正するセルをクリックして、

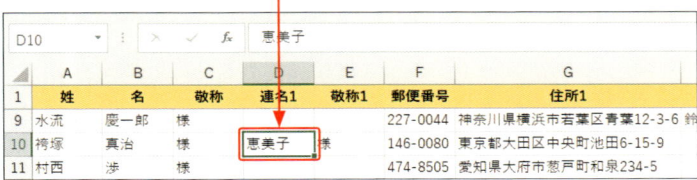

2 文字を入力すると、データ全体が書き換えられます。

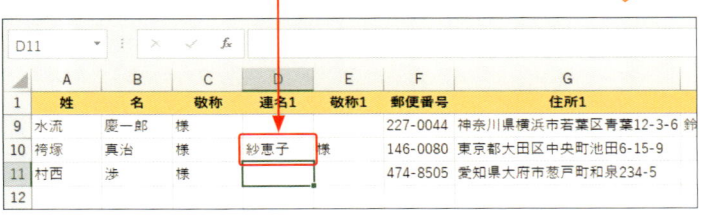

メモ　セル内のデータ全体を書き換える

セルのデータをすべて書き換えるには、修正するセルをクリックして、データを入力します。セルのもとのデータすべてが入力したデータに置き換えられます。

ヒント　データの修正をキャンセルする

入力を確定する前に修正をキャンセルするには、[Esc] を数回押します。また、入力を確定した直後に、＜元に戻す＞ をクリックすると、入力を取り消せます。

---

3 セル内のデータの一部を修正する

ここでは、1文字挿入して、1文字削除します。

1 修正したい文字の上でダブルクリックすると、カーソルが移動します。

2 文字（「野」）を入力すると、挿入されます。

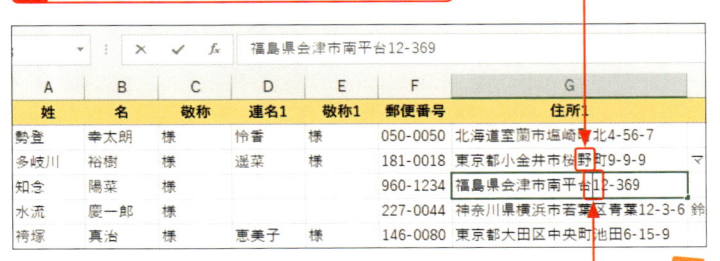

3 カーソルを移動します。

メモ　セル内のデータの一部を修正する

セル内のデータの一部を修正するには、目的のセルをダブルクリックするか、[F2] を押してカーソルを表示します。[←] または [→] を押して、修正したい文字の直前あるいは直後にカーソルを移動します。

ヒント　文字列の一部を置き換える

文字列の一部を置き換える場合は、修正したい文字をドラッグして選択し、データを入力します。

置き換えたい文字を選択します。

メモ 名簿の項目を追加する

ここで作成している名簿は、基本的な項目のみを入れています。ほかに必要な項目があれば、列を挿入して列見出しを設定してかまいません。

4 `BackSpace` を押すと、

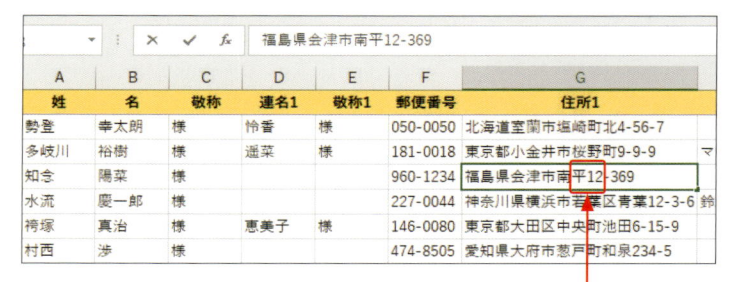

5 文字（「台」）が削除されます。

4 行や列を追加／削除する

メモ 行の追加と削除

行を追加したい場合は追加する下の行を選択します。なお、行を選択して `Delete` を押すと、行の内容（文字）のみが削除されます。

1 追加したい行番号をクリックして行を選択し、

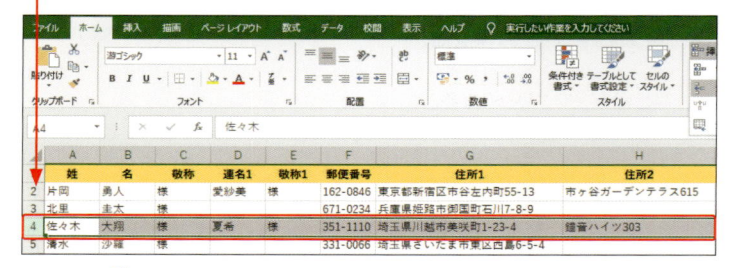

2 ＜ホーム＞タブの＜挿入＞のここをクリックして、

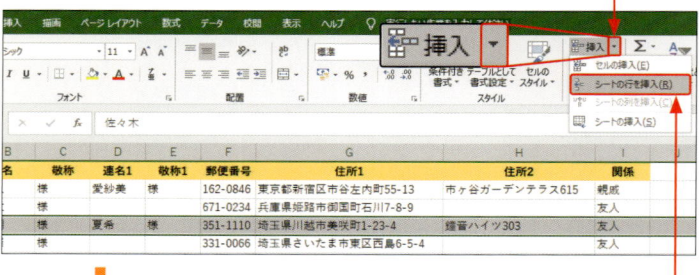

3 ＜シートの行を挿入＞をクリックします。

4 行が挿入されます。

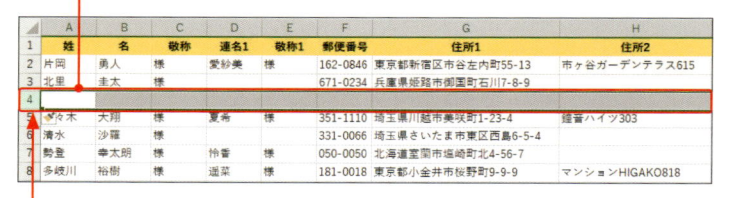

5 削除したい行番号（ここでは追加した行）をクリックして、行を選択します。

6 ＜ホーム＞タブの＜削除＞のここをクリックして、

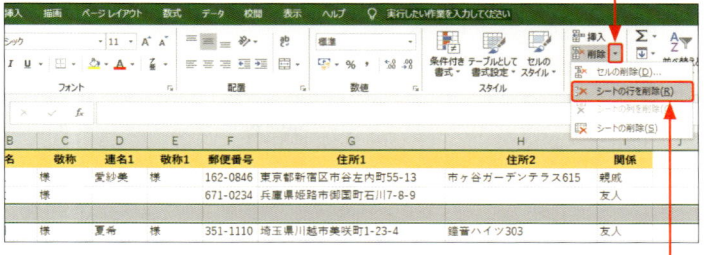

7 ＜シートの行を削除＞をクリックします。

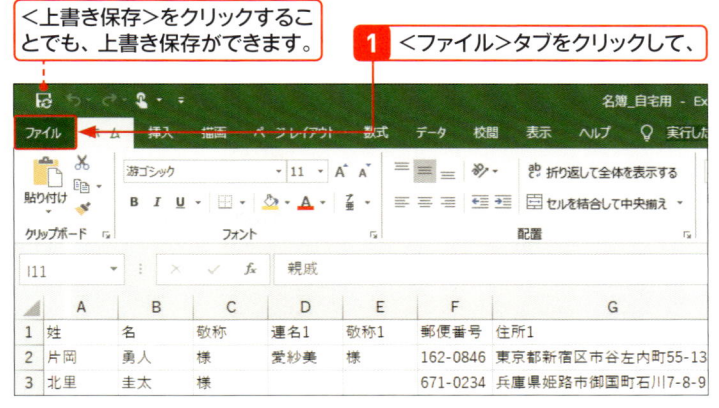

8 行が削除されます。

5 名簿ファイルを上書き保存する

＜上書き保存＞をクリックすることでも、上書き保存ができます。

1 ＜ファイル＞タブをクリックして、

2 ＜上書き保存＞をクリックします。

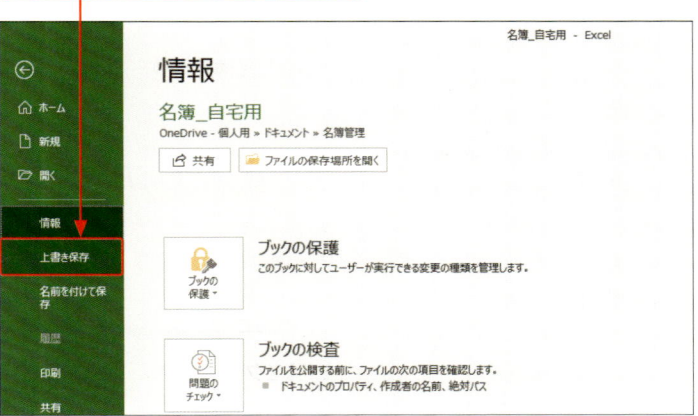

🔍 **キーワード** 上書き保存

ファイル名はそのままで、ファイルの内容を更新することを「上書き保存」といいます。上書き保存を実行すると、P.26で保存した名簿ファイルの内容が更新されます。なお、Office 365 のExcel では、通常は自動保存がオンになっているので、この手順は必要ありません。

💡 **ヒント** 列の追加と削除

列の追加と削除する方法は、行と同様です。列の記号をクリックして列を選択し、＜ホーム＞タブの＜挿入＞または＜削除＞をクリックして、＜シートの列を挿入＞または＜シートの列の削除＞をクリックします。

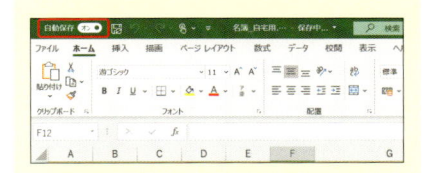

💡 **ヒント** 定期的に保存しよう

データの入力や編集作業の途中でも、作業内容を定期的に保存しておくとよいでしょう。なんらかの原因でソフトウェアやパソコンが動作しなくなった場合でも、データを失わずに済みます。

Section
06

名簿を印刷する

覚えておきたいキーワード
☑ 印刷
☑ 印刷プレビュー
☑ ページ設定

完成した名簿を印刷しておくと確認などに便利です。印刷する前に、印刷プレ
ビューで印刷結果のイメージを確認すると、印刷のミスを防ぐことができます。
印刷プレビューを確認しながら、印刷の向きや用紙サイズ、余白などの設定を
行い、設定した内容を確認してから、印刷を行いましょう。

1 印刷プレビューを表示する

🔍 キーワード **印刷プレビュー**

「印刷プレビュー」は、文書を印刷した
ときのイメージを画面上に表示する機能
です。印刷した結果をあらかじめ確認す
ることで、印刷の失敗を防ぐことができ
ます。

✍ メモ **プリンターの選択**

使用しているプリンターが複数ある場合
は、<印刷>画面のプリンター名をク
リックして、名簿の印刷に使用するプリ
ンターを選択します。

💡 ヒント **複数ページの
イメージを確認する**

名簿が複数ページにまたがる場合は、印
刷プレビューの左下にある<次のペー
ジ>▶、<前のページ>◀ をクリック
すると、次ページや前ページの印刷イ
メージを確認することができます。

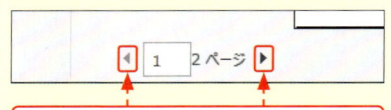

これらをクリックすると、次ページや
前ページに移動します。

1 <ファイル>タブをクリックして、

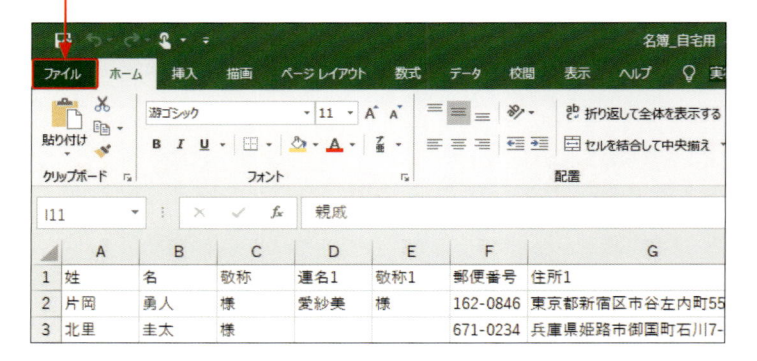

2 <印刷>をクリックすると、

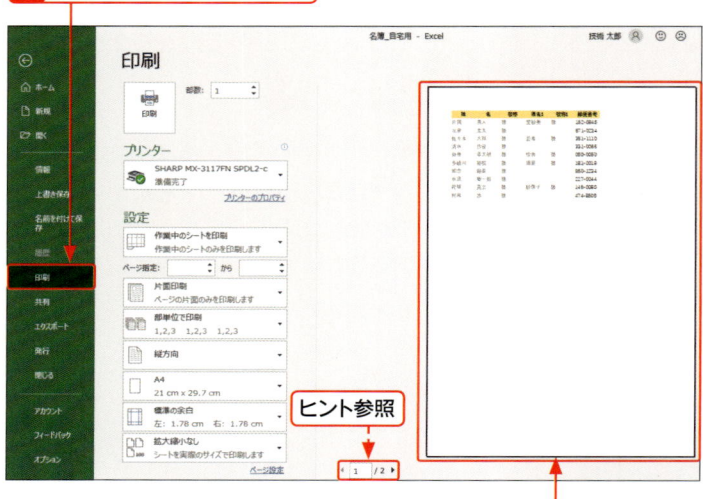

ヒント参照

3 <印刷>画面が表示され、右側に印刷プレビューが表示されます。

2 印刷の向きや用紙サイズ、余白の設定を行う

1 ここをクリックして、

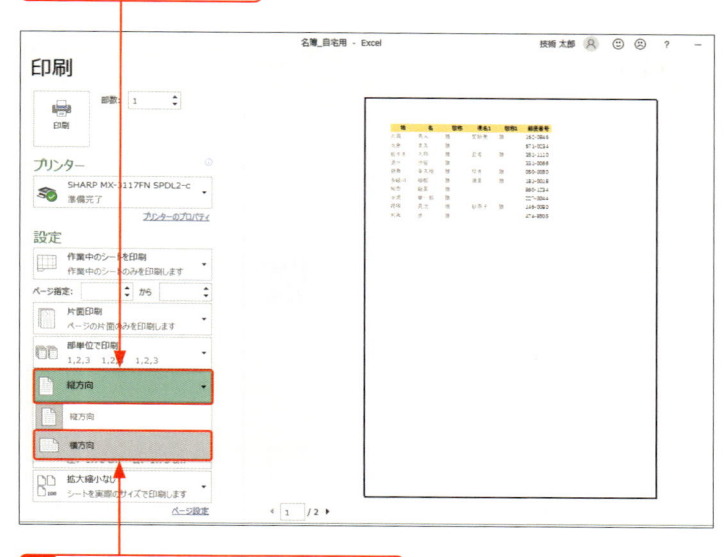

2 印刷の向き（ここでは＜横方向＞）を
クリックします。

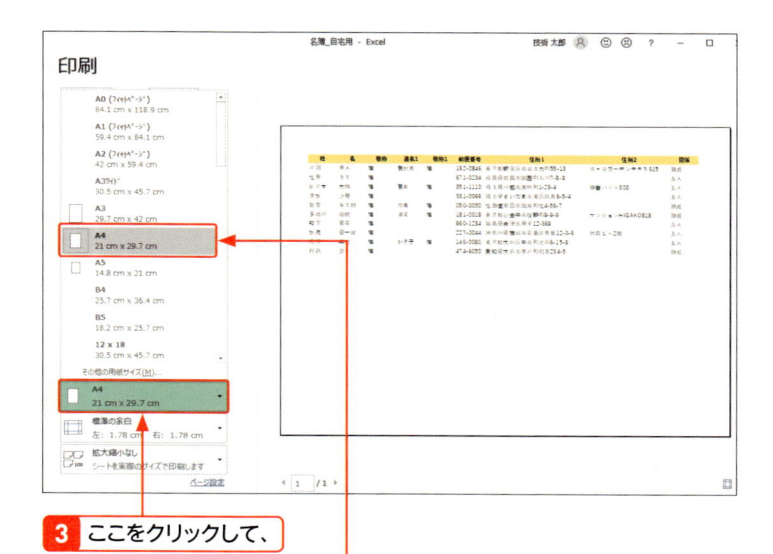

3 ここをクリックして、

4 表示される一覧から用紙サイズを選択します。
ここでは初期設定の＜A4＞のままにします。

ヒント そのほかの
ページ設定の方法

ページ設定は、左の手順のほか、＜ペー
ジレイアウト＞タブの＜ページ設定＞グ
ループにある＜余白＞や＜印刷の向
き＞、＜サイズ＞などのコマンドからも
行うことができます。

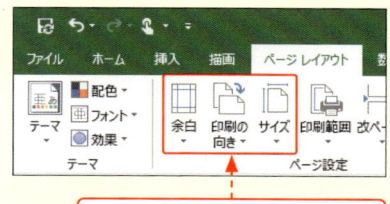

これらのコマンドを利用します。

ステップアップ 縦方向に印刷する場合

印刷の向きを＜縦方向＞で印刷する場合
は、＜拡大縮小なし＞をクリックして、
＜すべての列を1ページに印刷＞をク
リックすると、列が1ページに収まるよ
うに縮小されます。

1 ＜拡大縮小なし＞をクリックして、

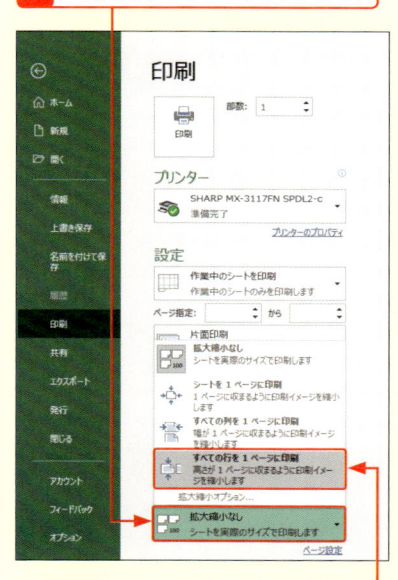

2 ＜すべての列を1ページに印刷＞
をクリックします。

ヒント　セルの枠線を印刷する

作成した名簿には、罫線は設定されていません。セルに枠線を付けて印刷したい場合は、<ページレイアウト>タブの<シートのオプション>グループにある<枠線>の<表示>と<印刷>をオンにして、印刷を行います。

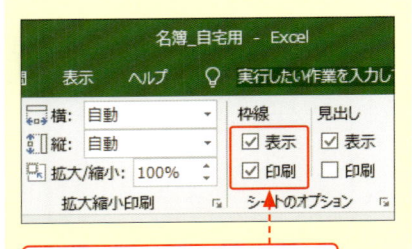

<枠線>の<表示>と<印刷>をクリックしてオンにします。

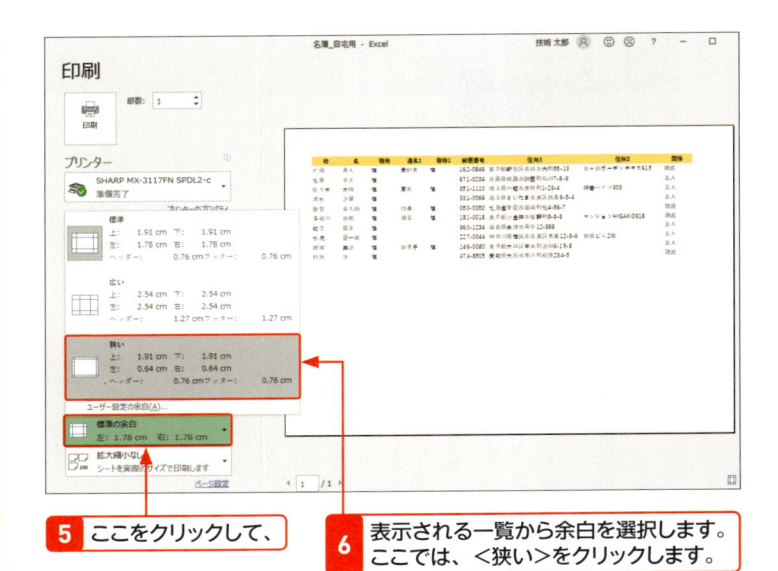

5 ここをクリックして、

6 表示される一覧から余白を選択します。ここでは、<狭い>をクリックします。

3　印刷を実行する

メモ　印刷設定の保存

<印刷>画面で設定した印刷の向きや用紙サイズ、余白の設定などを保存する場合は、印刷を終わったあとで上書き保存を実行します（P.31参照）。

1 設定した内容を印刷プレビューで確認して、

2 印刷する部数を入力し、

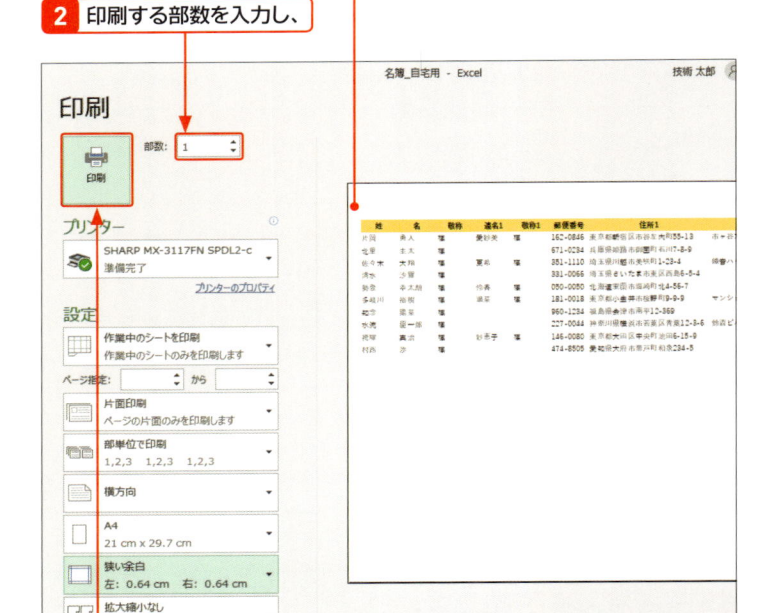

メモ　Excelを終了する

名簿の印刷が終了したら、画面右上の<閉じる>❌ をクリックして、Excelを終了します。

3 <印刷>をクリックすると、名簿が印刷されます。

第2章

はがきの宛名面を作る

Section	07	はがき宛名面作成の手順
	08	**Wordを起動する／終了する**
	09	はがきの宛名面に情報を入れる
	10	**宛名面の情報を保存する**
	11	はがきの宛名面を連名にする
	12	差出人の情報を編集する
	13	差出人を連名にする
	14	宛名の文字の大きさや種類を変更する
	15	宛名の文字の位置を調整する
	16	削除してしまった項目をもとに戻す
	17	名簿を編集する
	18	印刷する相手を絞り込む
	19	はがきの宛名面を印刷する

はがき宛名面作成の手順

名簿ファイルを作成したら、はがきの宛名面を作成しましょう。はがきの宛名面は、Wordの差し込み印刷機能を使い、宛名にするデータファイル（名簿）を読み込むことで作成します。はがきの宛名面を作成する前に、差し込み印刷のしくみと、宛名面作成の手順を確認しておきましょう。

1 差し込み印刷とは

名簿の各行のデータが自動的に入力されるため、まとめて印刷することができます。

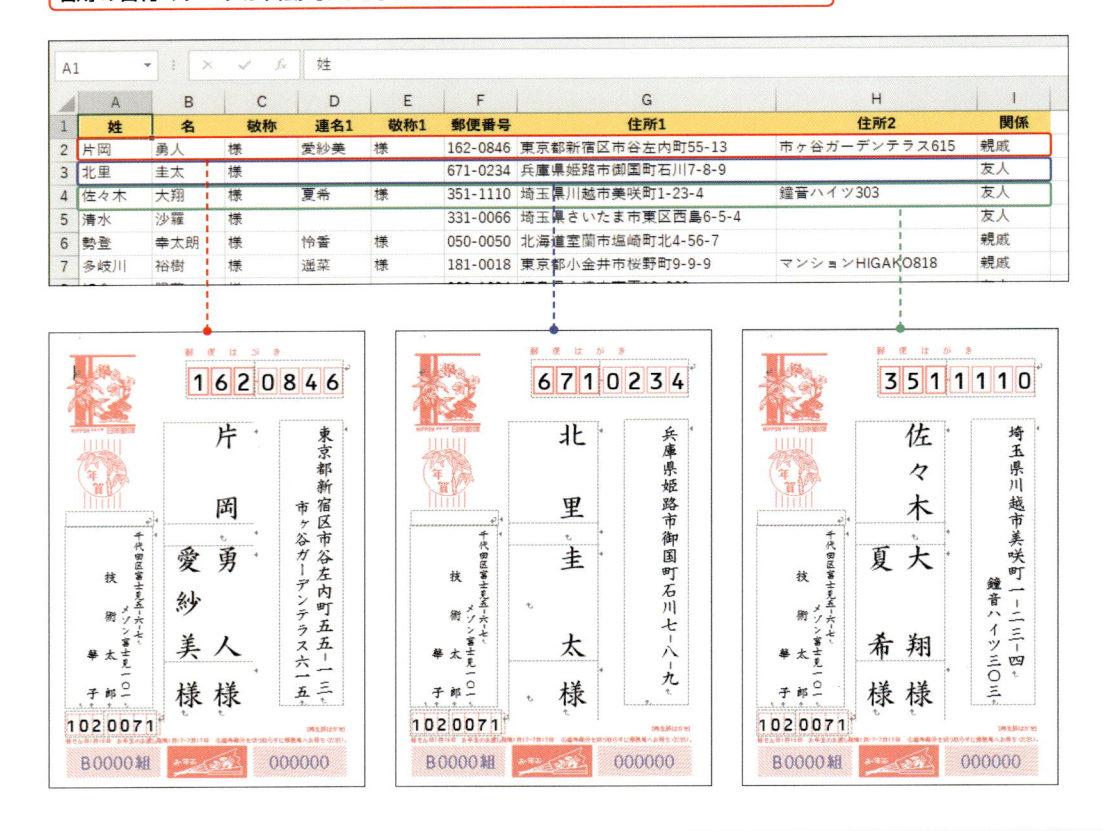

🔍 **キーワード** 差し込み印刷

「差し込み印刷」とは、ほかのファイルのデータを差し込んで、宛先などの情報を自動で切り替えながら印刷することをいいます。差し込み印刷を利用すると、宛名を1枚ずつ作成する手間を省いて何枚ものはがきを一度に作成できます。本章では、はがき宛名面に第1章で作成した名簿ファイルを差し込んで印刷します。

2 はがき宛名面作成の流れ

はがきの宛名面をレイアウトする

Wordに用意されているはがき宛名面印刷ウィザードを使って、はがきの種類、縦書き／横書き、文字の種類、差出人の情報などを設定します（sec.09参照）。

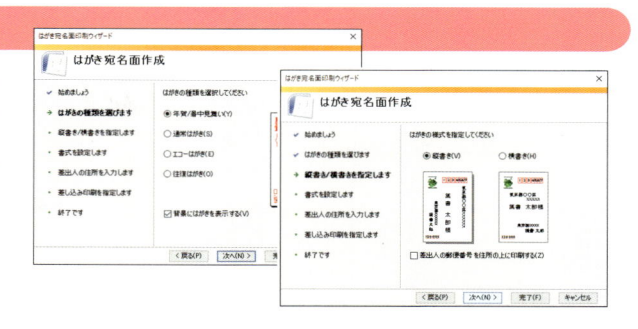

宛名に差し込むファイルを指定する

はがき宛名面に差し込むデータファイルを指定します。本書では、第1章で作成した名簿ファイルを使用します（sec.09参照）。

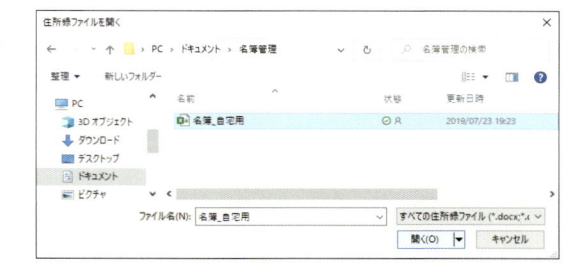

はがきの宛名面を保存・編集する

宛名面を作成したら、ファイルとして保存します（Sec.10参照）。
宛名面の宛名や差出人を連名にしたり、文字サイズや種類を変更したり、文字の位置を調整したりします。また、使用している名簿データをWord上で編集します（Sec.11〜17参照）。

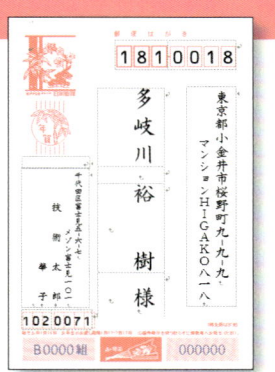

はがき宛名面を印刷する

印刷する宛先を絞り込み、差し込み印刷を行います（Sec.18、19参照）。

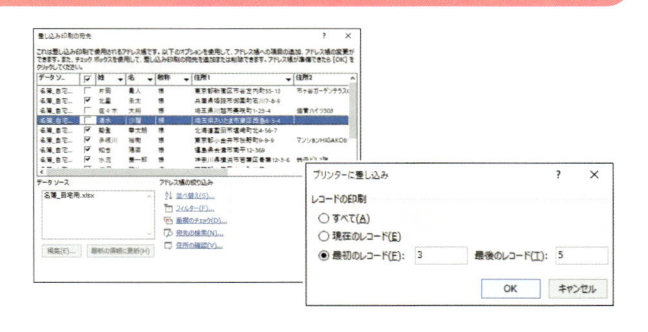

Section 08 Wordを起動する／終了する

覚えておきたいキーワード
- ☑ 起動
- ☑ スタート画面
- ☑ 終了

はがき作成に利用するWordは、スタートメニューからWordをクリックして起動します。起動するとWordのスタート画面が表示されるので、そこから目的の操作を選択します。作業が終わったら、＜閉じる＞をクリックしてWordを終了します。

1 Wordを起動する

メモ　Wordのバージョン

本書では、基本的にWindows 10でWord 2019を使用したときの画面で操作を解説します。

メモ　Windows 8.1でWordを起動する

Windows 8.1でWordを起動するには、スタート画面に表示されている＜Word＞（「Word 2016」「Word 2013」のように、バージョンごとに一部表記が異なります）をクリックします。スタート画面にアイコンがない場合は、スタート画面の左下に表示される ⊙ をクリックして、アプリの一覧から＜Word＞をクリックします。

ここでは、Windows 10でWord 2019を起動します。

1 Windows 10を起動して、

2 ＜スタート＞をクリックし、

3 ここをドラッグして、

4 ＜Word＞をクリックすると、

5 Wordが起動して、スタート画面が開きます。

6 <白紙の文書>をクリックすると、

7 新しい文書が作成されます。

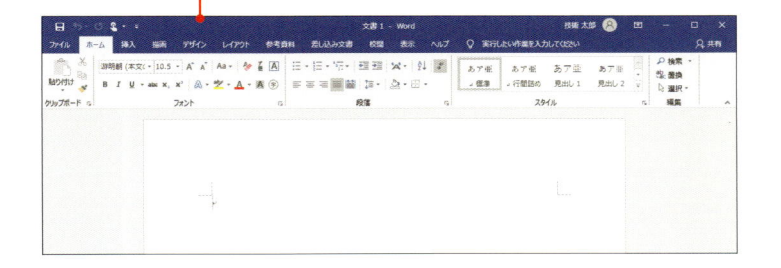

メモ Wordの起動時の画面

Wordを起動すると、最近使ったファイルやテンプレートが表示されるスタート画面が表示されます。スタート画面から白紙の文書を作成したり、最近使った文書などを開きます。Word 2010ではすぐに新規文書が開かれます。

2 Wordを終了する

1 <閉じる>をクリックすると、

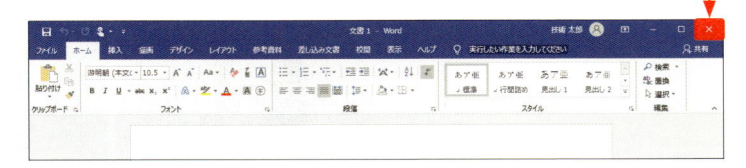

2 Wordが終了して、デスクトップ画面に戻ります。

メモ 複数の文書を開いていた場合

Wordを終了するには、左の手順で操作します。ただし、複数の文書を開いていた場合は、クリックしたウィンドウの文書だけが閉じます。

メモ 文書を保存していない場合

文書の作成や編集をしていた場合に、文書を保存しないでWordを終了しようとすると、確認のダイアログボックスが表示されます。文書を保存する手順については、Sec.10を参照してください。

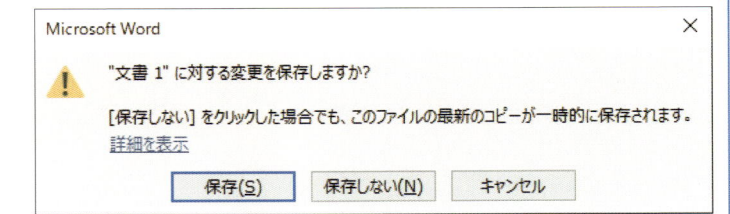

はがきの宛名面に情報を入れる

覚えておきたいキーワード

☑ 宛名面の作成
☑ はがき宛名面印刷ウィザード
☑ 結果のプレビュー

はがきの宛名面は、Wordに用意されているはがき宛名面印刷ウィザードを使って作成します。はがきの種類や縦書き/横書き、文字の種類、差出人の情報、宛名の差し込み印刷の指定などを画面の指示に従って選択したり、情報を入力していくことで、宛名面をかんたんに作成できます。

1 ＜はがき宛名面印刷ウィザード＞を起動する

 **メモ　＜はがき印刷＞がない?**

コマンドの表示は、画面のサイズによって変わります。画面のサイズを小さくしている場合は、＜差し込み文書＞タブの＜作成＞をクリックしてから＜はがき印刷＞→＜宛名面の作成＞をクリックします。

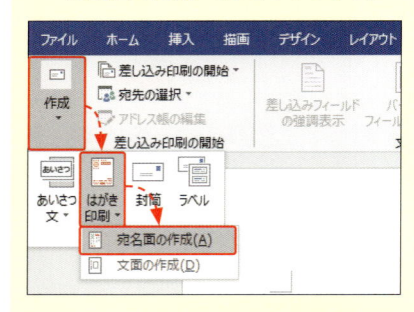

 **キーワード　はがき宛名面印刷ウィザード**

＜はがき宛名面印刷ウィザード＞は、はがきの宛名面を作成するための機能です。画面の指示に従って指定するだけで設定ができます。

注意　はがき宛名面印刷ウィザードが起動しない場合

パソコンにプリインストールされているWordは、はがき宛名面印刷ウィザードが起動しない場合があります。利用するには、P.182以降を参照してください。

1 Wordを起動して、白紙の文書を作成します（Sec.08参照）。

2 ＜差し込み文書＞タブをクリックして、

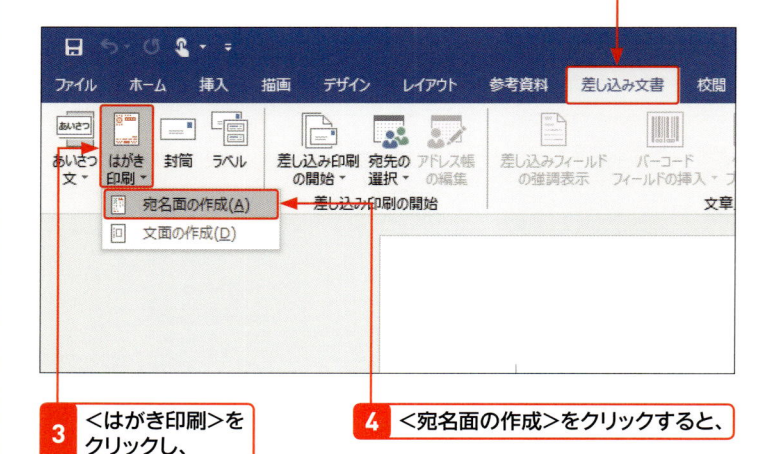

3 ＜はがき印刷＞をクリックし、

4 ＜宛名面の作成＞をクリックすると、

5 ＜はがき宛名面印刷ウィザード＞が起動します。

2 はがきの宛名面をレイアウトする

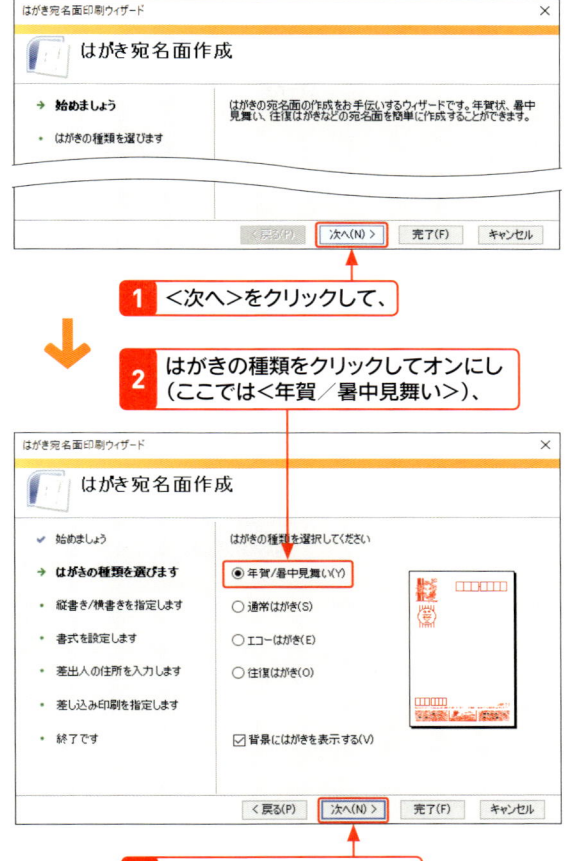

1 <次へ>をクリックして、

2 はがきの種類をクリックしてオンにし
（ここでは<年賀／暑中見舞い>）、

3 <次へ>をクリックします。

4 印刷の向きをクリックしてオンにし（ここでは<縦書き>）、

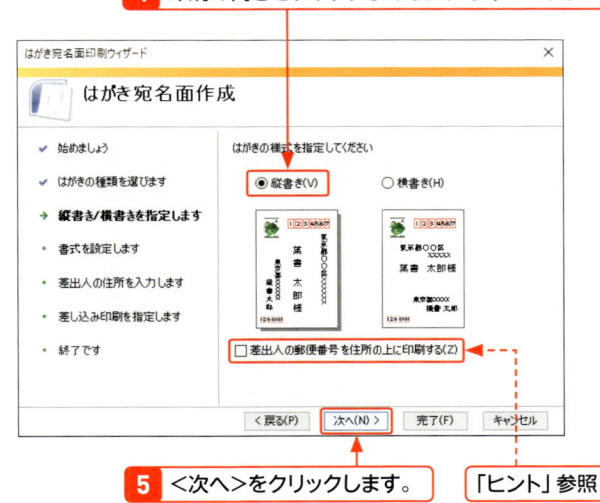

5 <次へ>をクリックします。 「ヒント」参照

メモ はがきの種類を選択する

手順**2**では、年賀状を作るので<年賀
／暑中見舞>を選択しましたが、そのほ
かに、通常はがき、エコーはがき、往復
はがきなど、目的に応じて選択できま
す。なお、<背景にはがきを表示する>
をオフにすると、画面上にはがきのイ
メージが表示されず、宛先データだけが
表示されます。背景に表示されたはがき
のイメージは、実際には印刷されません。

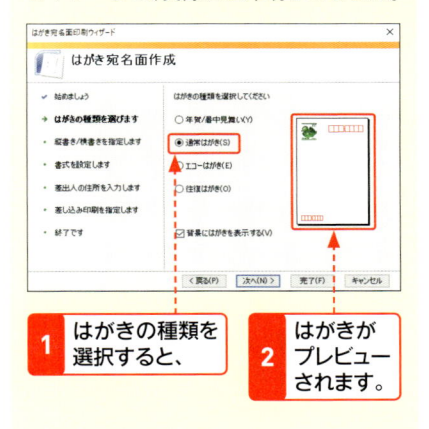

1 はがきの種類を
選択すると、

2 はがきが
プレビュー
されます。

ヒント 差出人の郵便番号の印刷位置

手順**4**の図で、<差出人の郵便番号を
住所の上に印刷する>をオンにすると、
差出人の郵便番号が住所の上に印刷され
ます。郵便番号枠が印刷されていないは
がきなどに印刷する場合は、オンにする
とよいでしょう。

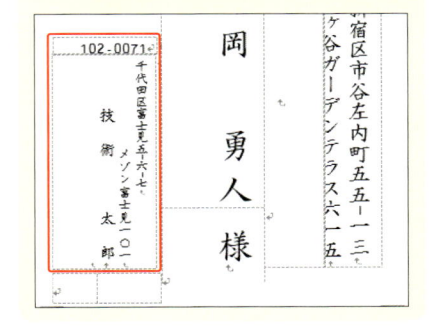

メモ　宛名と差出人のフォント

宛名と差出人のフォント（書体）は、はがきの宛名面を作成したあとでも変更できます（Sec.14参照）。

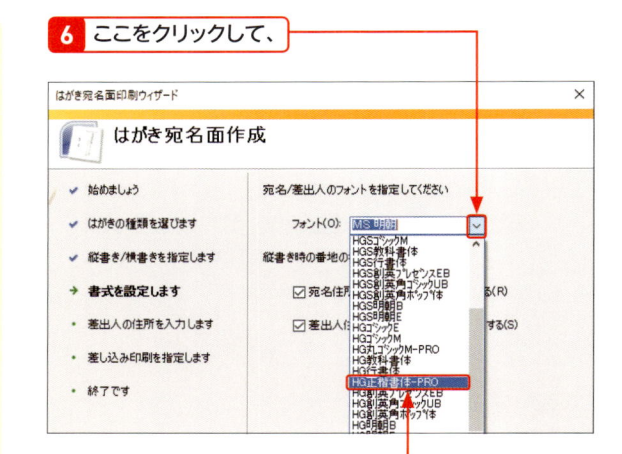

6　ここをクリックして、

7　宛名と差出人のフォントをクリックします（ここでは＜HG正楷書体-PRO＞）。

メモ　縦書き時の番地の書式が指定できない！

P.41の手順4で印刷の向きを＜横書き＞にした場合は、＜縦書き時の番地の書式を指定してください＞は指定できません。横書きにした場合の番地は、自動的に算用数字に設定されます。

8　縦書き時の番地の書式を指定します。ここでは両方をオンにします（「ヒント」参照）。

9　＜次へ＞をクリックします。

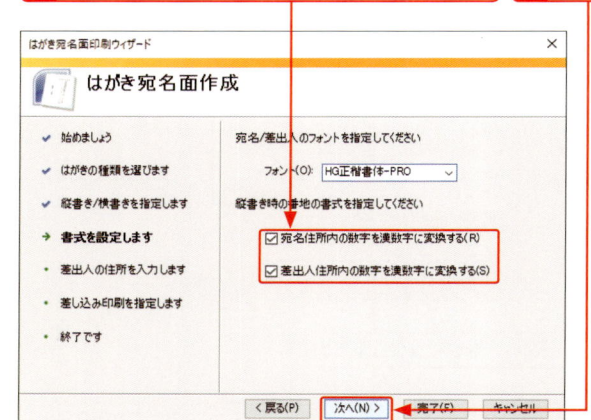

ヒント　縦書き時の番地の書式

P.41の手順4で＜縦書き＞を選択した場合は、上の手順8で＜宛名住所内の数字を漢数字に変換する＞と＜差出人住所内の数字を漢数字に変換する＞をオンにしましょう。オンにしない場合、右図のように数字が横向きになってしまいます。
なお、漢数字ではなく算用数字にしたい場合は、名簿にデータを入力する際に、住所の数字を全角で、「－」（ハイフン）を半角で入力します（P.168参照）。

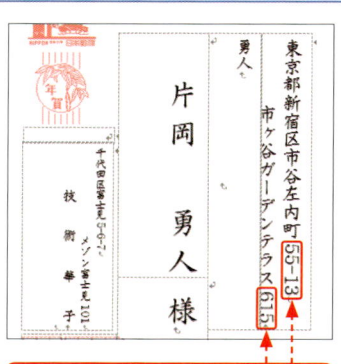

縦書き時の番地を漢数字に変換しない場合、半角で入力した数字が横向きに表示されます。

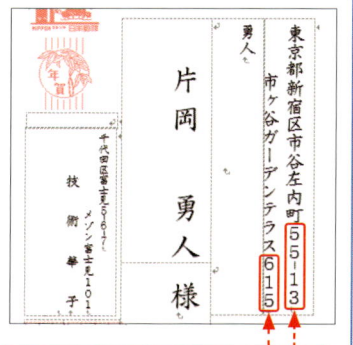

住所の数字を全角で、「－」を半角で入力すると、縦向きに表示されます。

10 ＜差出人を印刷する＞をクリックしてオンにし、

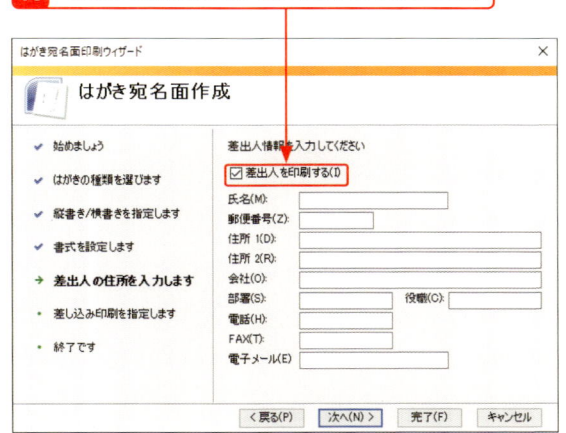

11 差出人の氏名や住所、電話番号など、宛名面に印刷したい情報を入力して、

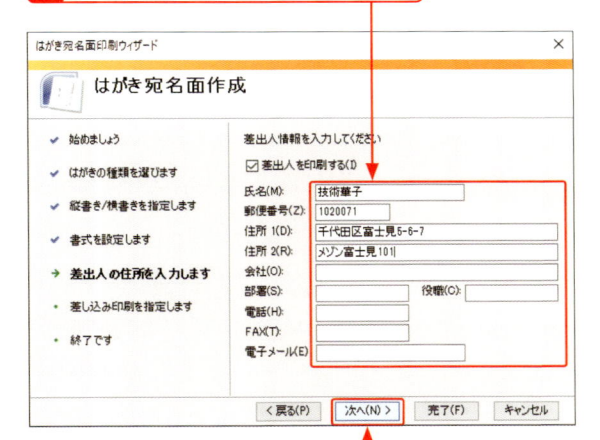

12 ＜次へ＞をクリックします。

13 ＜既存の住所録ファイル＞をクリックしてオンにし、

14 ＜参照＞をクリックします。

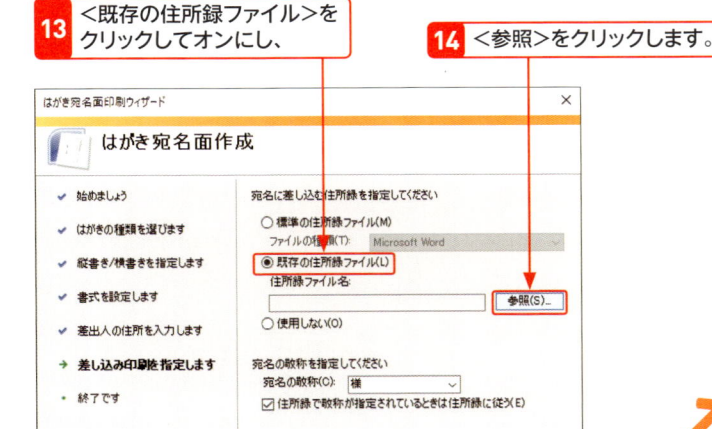

メモ 差出人の印刷

本書では差出人の住所や名前を宛名面に印刷するため、手順**10**で＜差出人を印刷する＞をオンにしました。差出人を文面に入力する場合は、オフにします。
手順**11**で入力した差出人の情報は、宛名面を作成したあとでも編集したり、削除したりすることができます（Sec.12参照）。

メモ 郵便番号の入力

手順**11**の＜郵便番号＞に入力する番号には、「−」（ハイフン）を入れても入れなくてもかまいません。

メモ 使用する名簿ファイル

本書では、第1章で作成した名簿ファイルを利用して宛名を印刷するので、手順**13**では、＜既存の住所録ファイル＞をオンにして、名簿ファイルを指定します。なお、＜使用しない＞をオンにすると、宛先が白紙の宛名面が作成されます。1人分などで直接入力する場合に選択するとよいでしょう。

注意 名簿の保存先は変更しない！

手順⑰で指定した名簿は、別のドライブやフォルダーに移動しないでください。保存場所を変更すると、次回宛名面を開くときに、表示できなくなります。

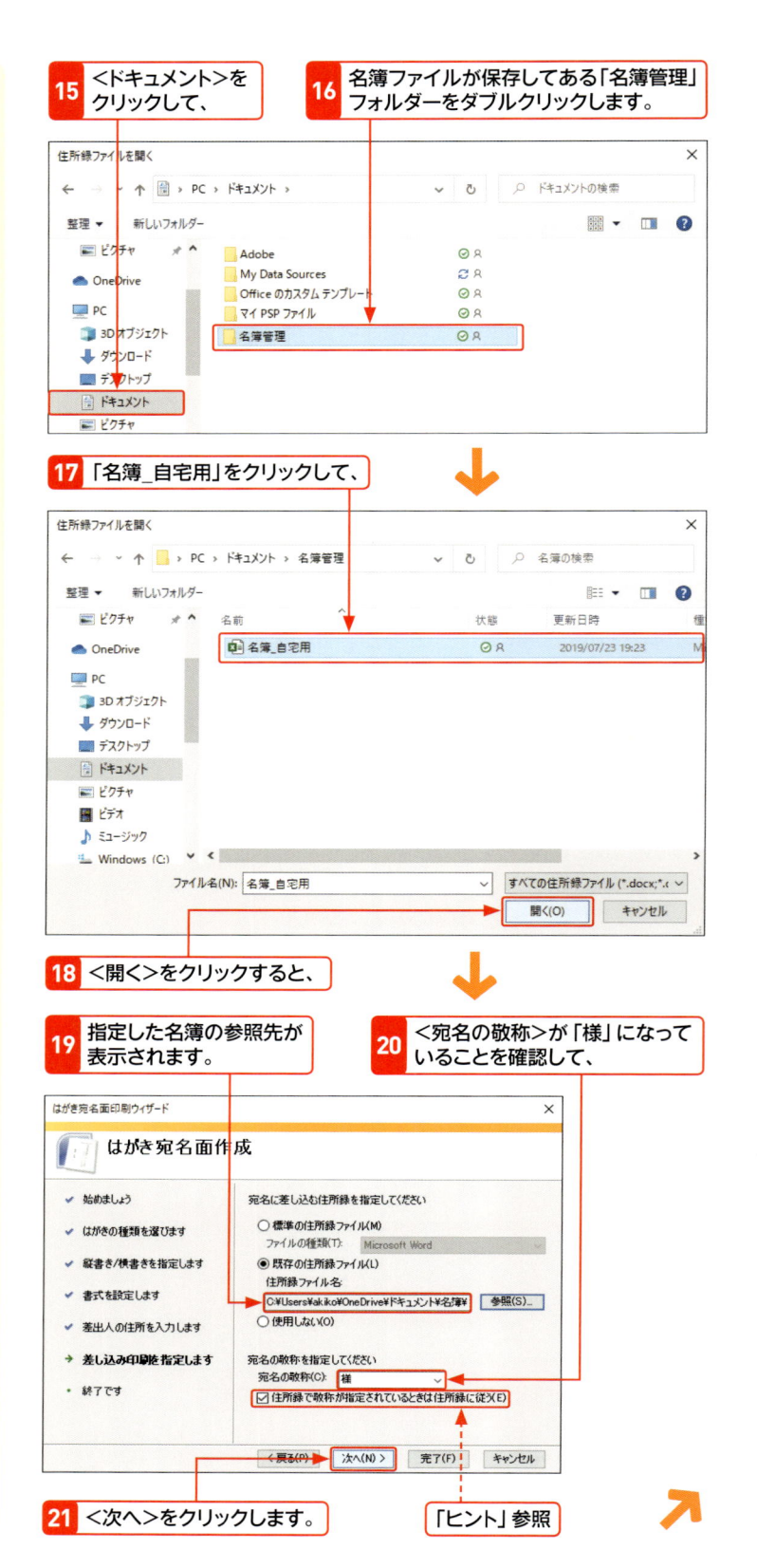

15 ＜ドキュメント＞をクリックして、

16 名簿ファイルが保存してある「名簿管理」フォルダーをダブルクリックします。

17 「名簿_自宅用」をクリックして、

18 ＜開く＞をクリックすると、

19 指定した名簿の参照先が表示されます。

20 ＜宛名の敬称＞が「様」になっていることを確認して、

21 ＜次へ＞をクリックします。

「ヒント」参照

ヒント 宛名の敬称の選択

手順⑳の＜宛名の敬称＞では、宛名に付ける敬称を7種類の中から選択できます。宛名の敬称は、ここで指定したものが優先されます。名簿に入力した敬称を表示したい場合は、＜宛名の敬称＞を「＜（なし）＞」にして、＜住所録で敬称が指定されているときは住所録に従う＞をオンにします。この場合、はがきの宛名面を作成した直後に敬称は表示されません。作成後に《敬称》フィールドを挿入します（P.166参照）。

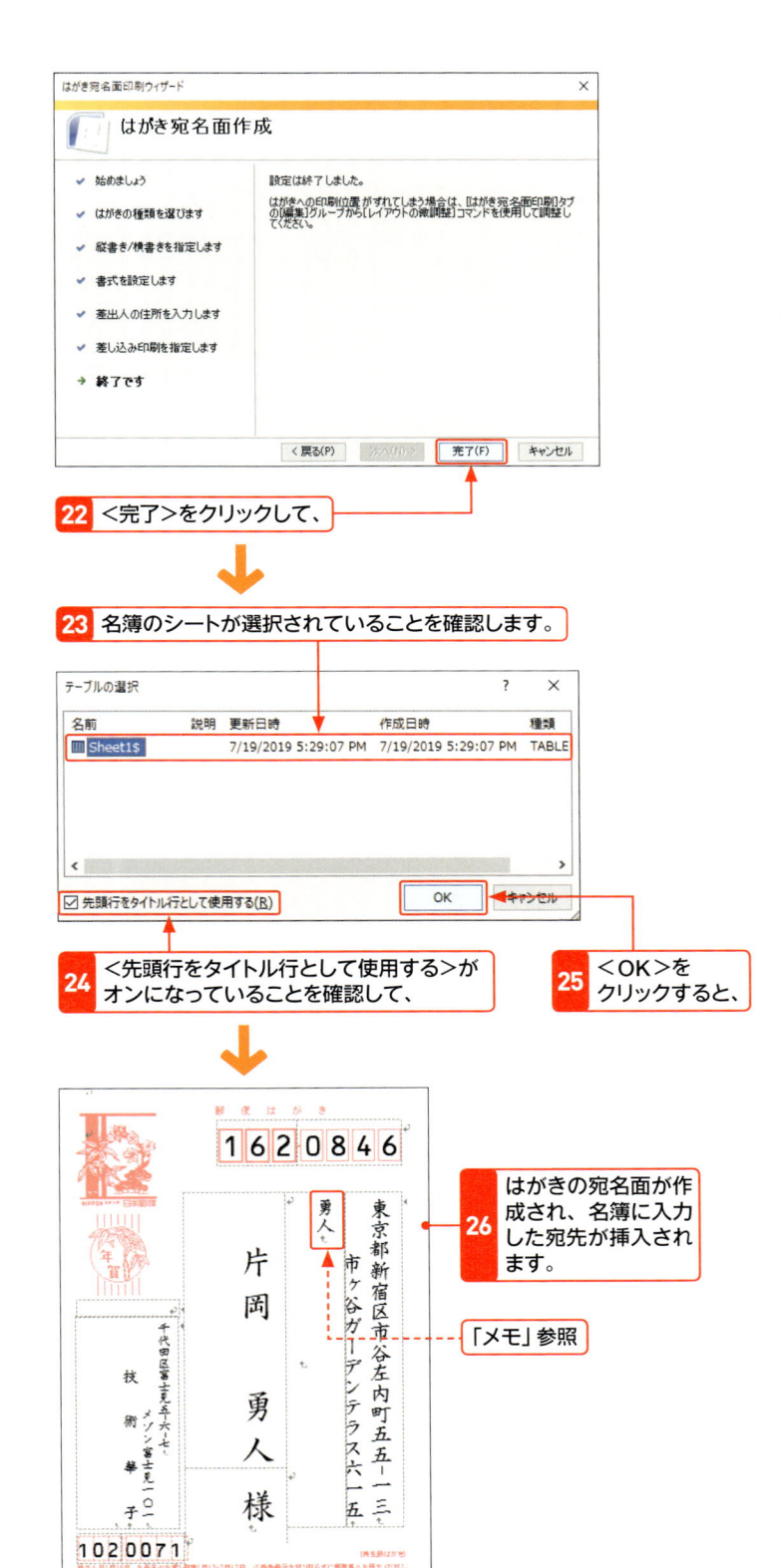

22 ＜完了＞をクリックして、

23 名簿のシートが選択されていることを確認します。

24 ＜先頭行をタイトル行として使用する＞がオンになっていることを確認して、

25 ＜OK＞をクリックすると、

26 はがきの宛名面が作成され、名簿に入力した宛先が挿入されます。

「メモ」参照

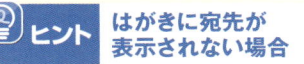

💡 **ヒント** はがきに宛先が表示されない場合

手順**25**のあと、下図のように《姓》《名》などが表示されて実際の宛先が表示されない場合は、＜差し込み文書＞タブの＜結果のプレビュー＞をクリックします。

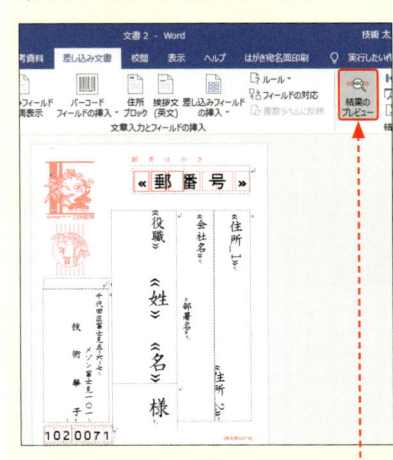

宛先が表示されない場合は、＜結果のプレビュー＞をクリックします。

🖌 **メモ** 余計な項目が表示されてしまう!

手順**26**の図のように必要のない箇所に余計な項目が表示されてしまうのは、差し込みフィールド（データを差し込む場所）と名簿の項目が対応していないのが原因です。対処方法については、P.47を参照してください。

💡 **ヒント** 「住所1」の表示が2行になる場合

「住所1」の文字数が多くて一部が次の行に送られてしまう場合があります。この場合は、次の行に送られている部分を「住所2」の列に移動するか、住所の文字サイズを小さくします。名簿を編集する方法についてはSec.17を、住所の文字サイズを変更する方法についてはSec.14を参照してください。

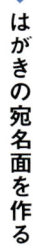

3 宛先をプレビューで確認する

1 <差し込み文書>タブの<次のレコード>をクリックすると、

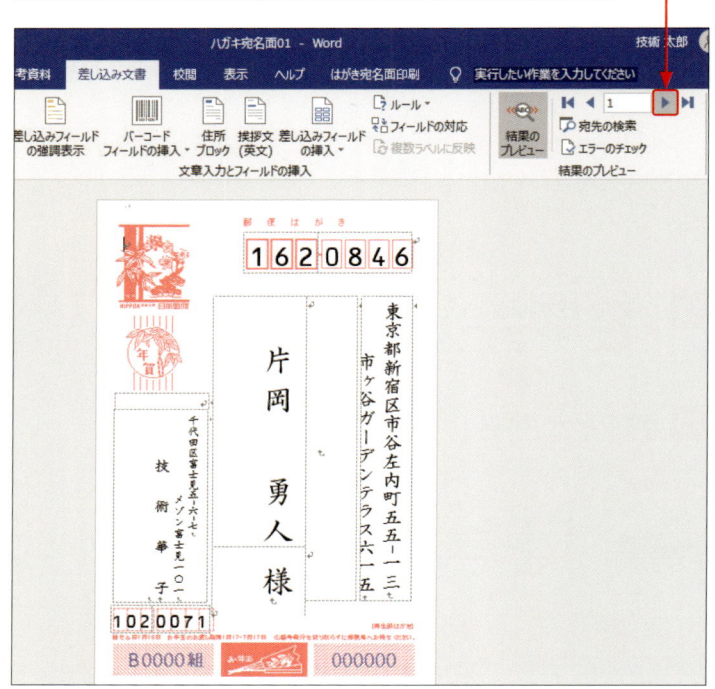

 **メモ** 宛先の表示を切り替える

<差し込み文書>タブの<結果のプレビュー>グループにある各コマンドをクリックすると、宛名面に表示される宛先を名簿にある順番で切り替えることができます。

先頭のレコード　前のレコード

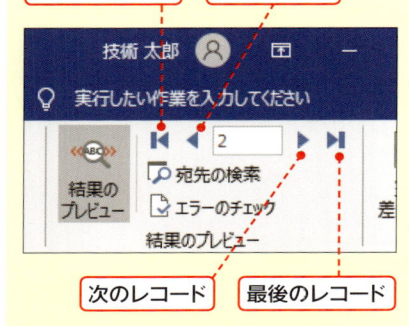

次のレコード　最後のレコード

ステップアップ 敬称を変更する

宛先の敬称には「様」が入力されていますが（P.44の「ヒント」参照）、名簿に「敬称」を入力してある場合は、その敬称を使用できます（P.166参照）。

2 次の宛先が表示されます。　「ステップアップ」参照

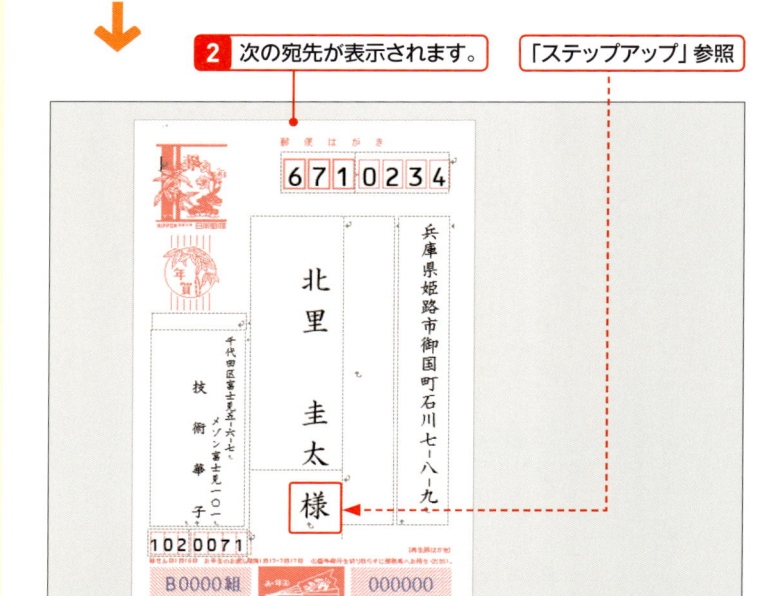

ヒント はがき宛名面の保存

はがき宛名面が作成できたら、ここでいったん保存しておくとよいでしょう。保存方法については、P.48を参照してください。なお、操作ごとに別の名前を付けて保存しておくと、操作に失敗した場合に安心です。

3 宛先を順に表示して、差し込み結果を確認します。

ヒント 差し込みフィールドと
項目が異なる場合

はがき宛名面印刷ウィザードで宛名面を作成
すると、必要のない箇所に余計な項目が表示
されてしまう場合があります。これは、差し
込みフィールド（データを差し込む場所）と名
簿の項目が対応していないことが原因です。
このような場合は、差し込みフィールドを確
認して、そのフィールドと名簿の項目を対応
させます。

1 ＜差し込み文書＞タブの
＜結果のプレビュー＞をクリックしてオフにすると、

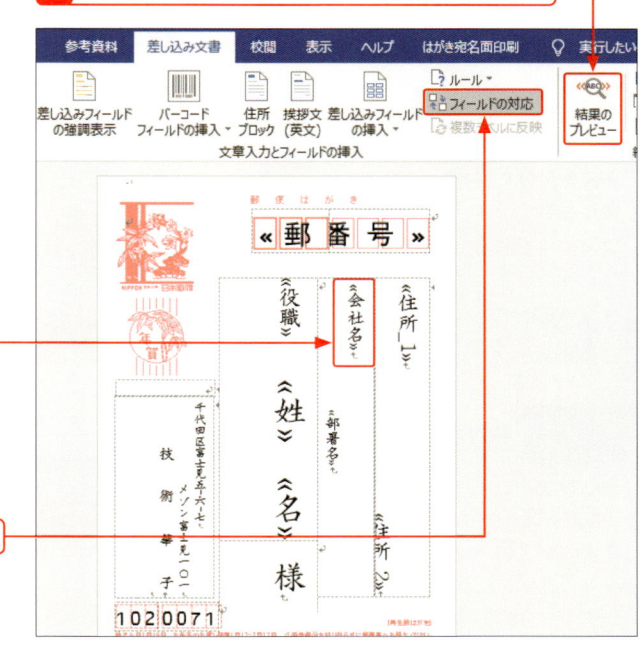

2 余計なデータが表示されているのは
《会社名》フィールドということが
確認できます。

3 ＜フィールドの対応＞をクリックします。

4 ＜会社名＞欄のここを
クリックして、

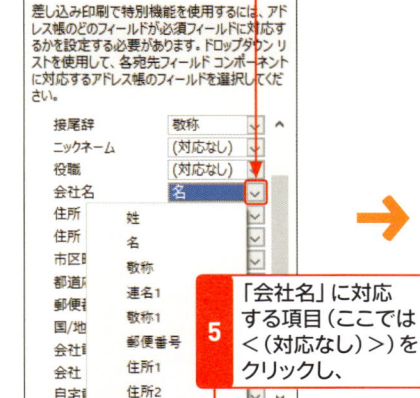

5 「会社名」に対応
する項目（ここでは
＜（対応なし）＞）を
クリックし、

6 ＜OK＞をクリックします。

7 ＜結果のプレビュー＞をクリックしてオンにし、

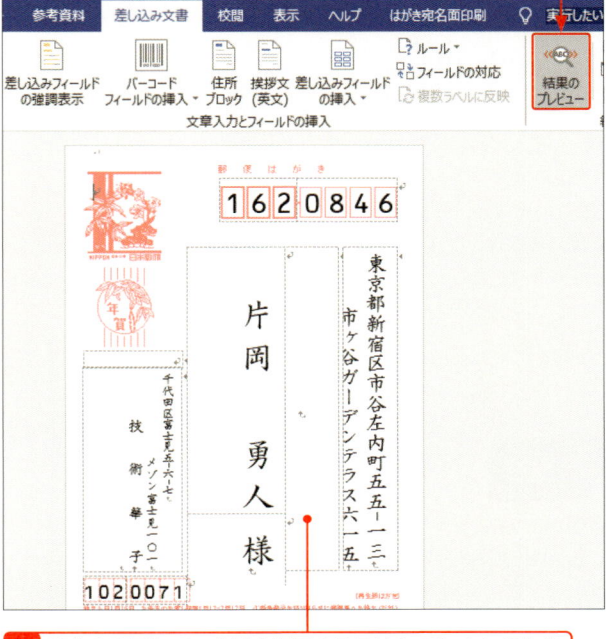

8 宛先を表示して、余計な項目が表示されていないことを
確認します。

宛名面の情報を保存する

はがきの宛名面が完成したら、わかりやすい名前（ファイル名）を付けて保存しておきます。宛名面はいつでも呼び出して利用できます。保存したファイルは、宛名面のレイアウトと差し込んだ名簿データがセットになっています。ファイルの保存先やファイル名は変更しないようにします。

1 名前を付けて保存する

メモ 保存場所を指定する

文書にファイル名を付けて保存する場合、保存場所を先に指定します。パソコンに保存する場合は、＜このPC＞をクリックします。OneDrive（インターネット上の保存場所）に保存する場合は、＜OneDrive-個人用＞をクリックします。

メモ Word 2013／2010の場合

Word 2013の場合は、右の手順 3 で＜コンピューター＞をクリックします。Word 2010の場合は、手順 2 のあとに＜名前を付けて保存＞ダイアログボックスが表示されます。

メモ 保存先が＜OneDrive＞の＜ドキュメント＞になる

お使いのパソコンの環境によっては、＜OneDrive＞の＜ドキュメント＞フォルダーが既定の保存先に指定されます。OneDriveに保存したくない場合は、手順 5 の画面で保存先を指定し直しましょう。

1 ＜ファイル＞タブをクリックして、

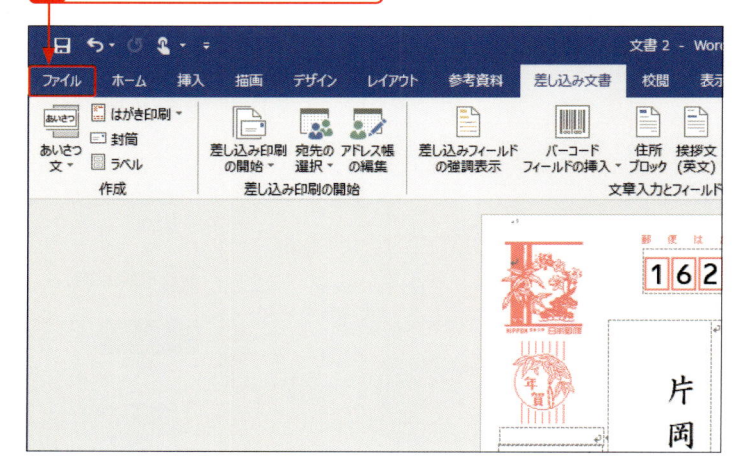

2 ＜名前を付けて保存＞をクリックし、　**3** ＜このPC＞をクリックして、

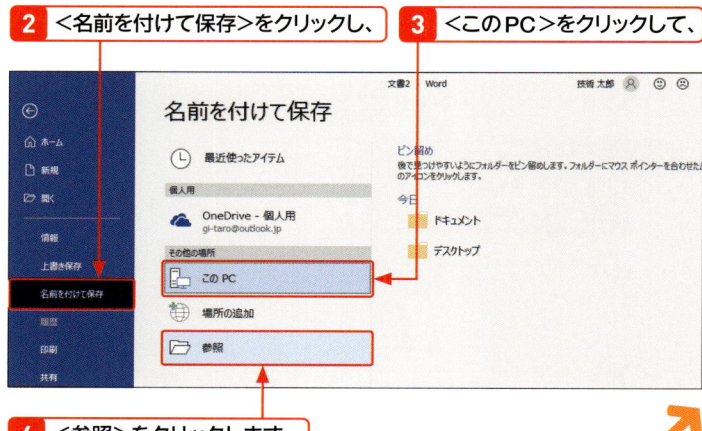

4 ＜参照＞をクリックします。

5 保存先のフォルダーを指定して、

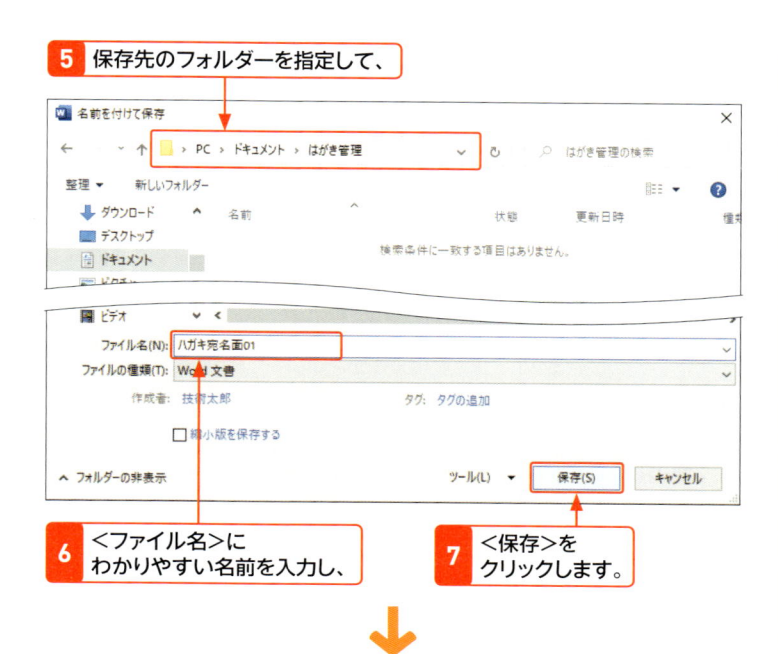

6 <ファイル名>に
わかりやすい名前を入力し、

7 <保存>を
クリックします。

8 宛名面が保存され、文書のタイトル名が
保存したファイル名に変わります。

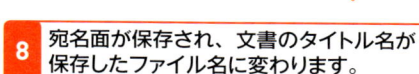

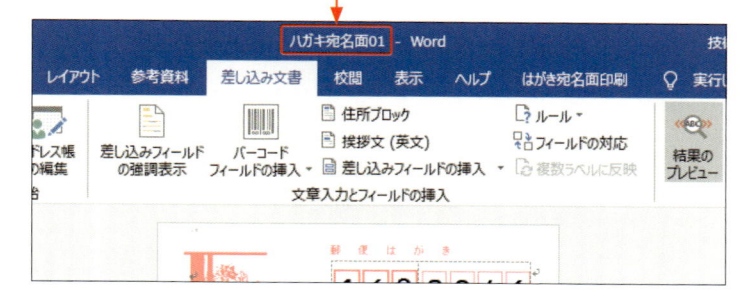

2　はがきの宛名面を閉じる

1 <ファイル>タブをクリックして、

2 <閉じる>をクリックすると、

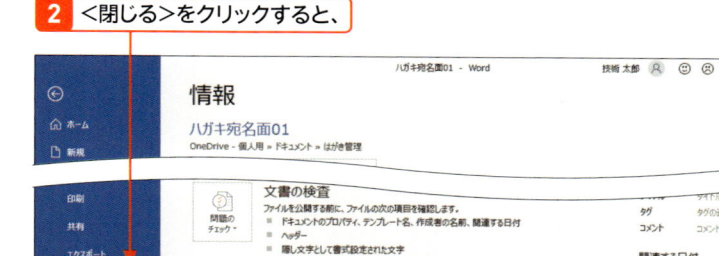

3 宛名面が閉じます。

メモ　宛名面を閉じる

はがきを保存して作業を終えたら、文書
画面を閉じます。画面右上の<閉じる>
⊠をクリックしても同じです。

3 保存したはがきの宛名面を開く

保存してあるはがきの宛名面を開くには、この手順で操作します。
宛名面のファイルを開こうとすると、名簿ファイルを使用してよいかどうかを確認するダイアログボックスが表示されます。<はい>をクリックすると、名簿のデータが挿入されたはがきの宛名面が開きます。

1 <ファイル>タブをクリックして、

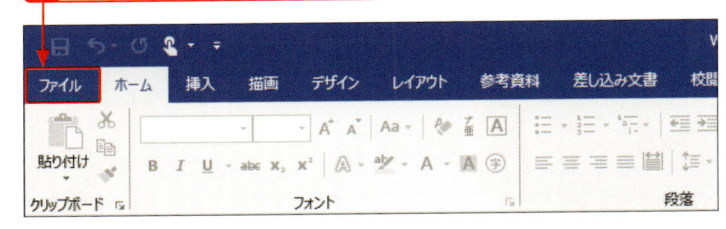

2 <開く>をクリックします。

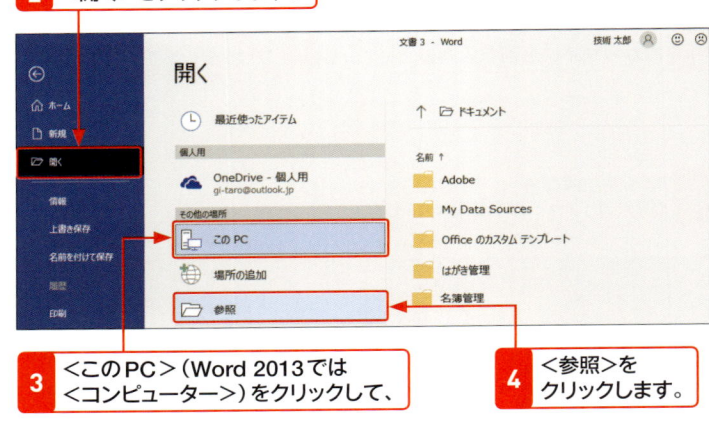

3 <このPC>（Word 2013では<コンピューター>）をクリックして、

4 <参照>をクリックします。

Word 2010の場合は、手順**3**、**4**は不要です。

5 はがき宛名面の保存先フォルダーを指定して、

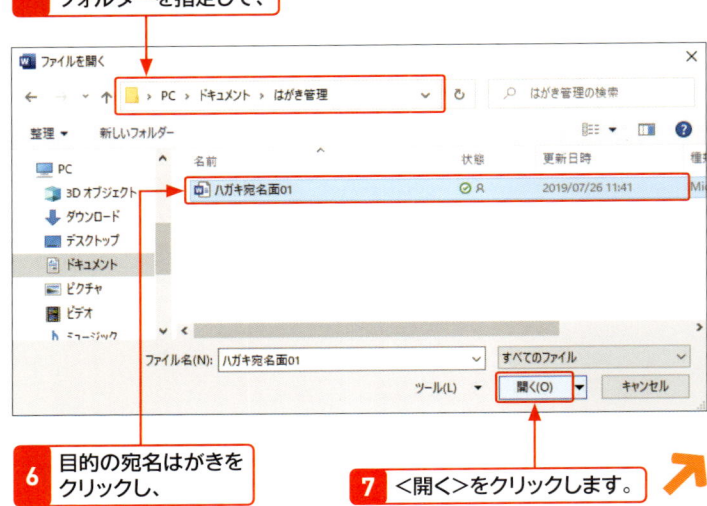

6 目的の宛名はがきをクリックし、

7 <開く>をクリックします。

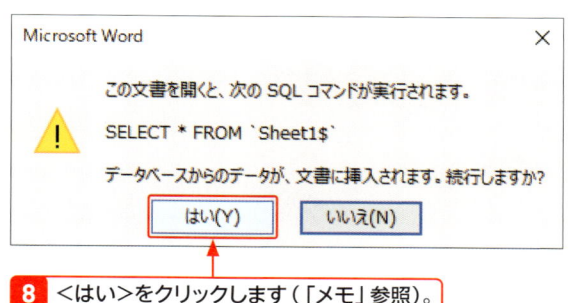

8 <はい>をクリックします（「メモ」参照）。

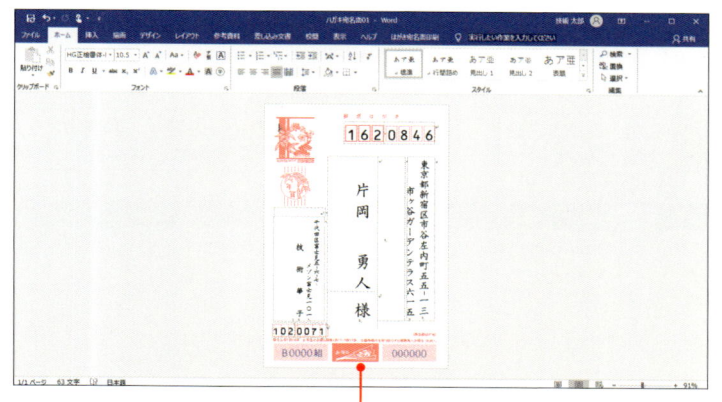

9 はがきの宛名面が開きます。

メモ セキュリティ警告

手順 **8** のあとに、<セキュリティの警告>メッセージバーが表示される場合があります。はがき宛名面の場合は、マクロ（繰り返しの作業を自動化するためのコマンド）が含まれているため、「マクロが無効にされました。」と表示されています。この場合は、自分が作成したファイルなので、<コンテンツの有効化>をクリックします。

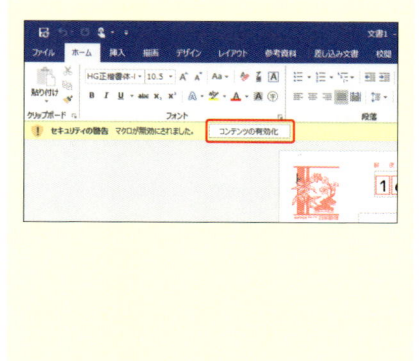

ヒント 名簿ファイルの保存先を変更した場合

はがき宛名面を作成した際に指定した名簿ファイルをほかのフォルダーに移動すると、宛名面を開く際に支障が生じるため、保存先は変更しないでください。
もし保存先を変更した場合は、手順 **8** の確認メッセージで<いいえ>をクリックします。宛名面の文書が開きますが、ここでは1人目が表示されるだけなので、<差し込み文書>タブの<宛先の選択>をクリックして、変更した保存先を指定し、ファイルを開きます。

1 <差し込み文書>タブの<宛先の選択>をクリックします。

2 変更した保存先を指定します。

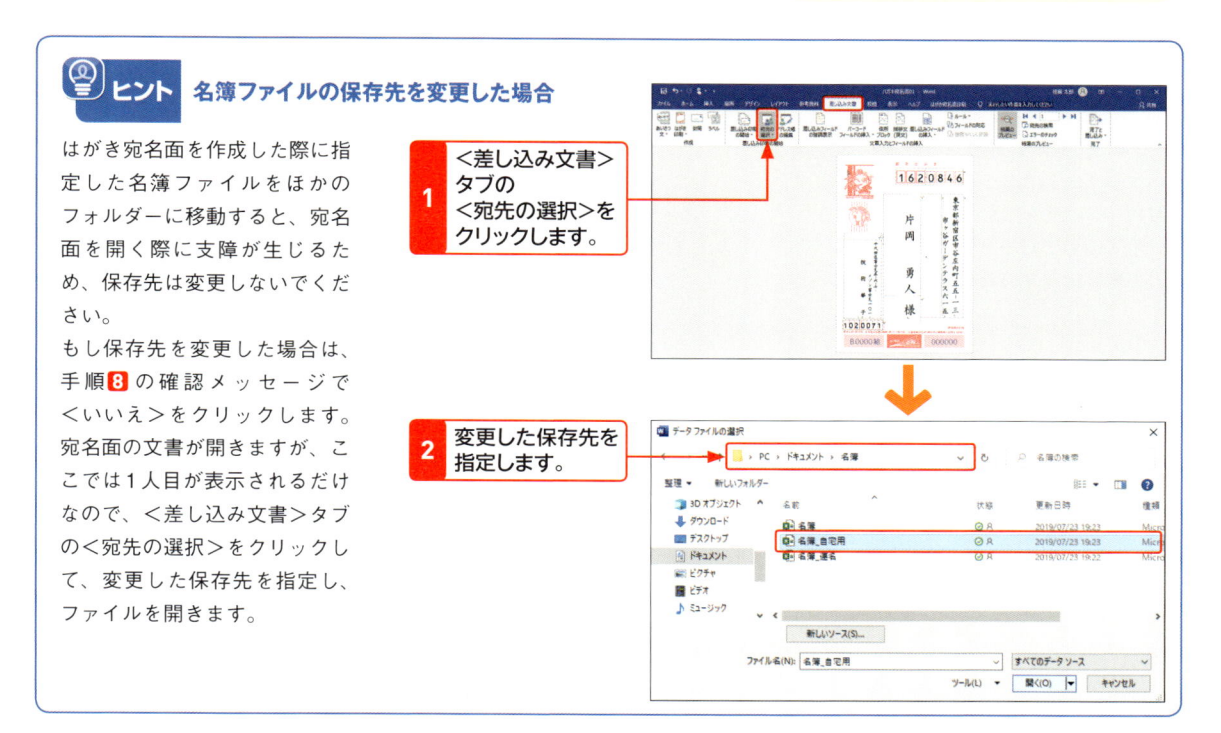

はがきの宛名面を連名にする

覚えておきたいキーワード
☑ 連名
☑ 編集記号の表示／非表示
☑ 差し込みフィールドの挿入

はがきの宛名面をウィザードで作成すると、標準の設定では連名が表示されません。連名を表示させるには、連名フィールドを追加する必要があります。ここでは、はがきの宛名面に連名を表示させる方法を解説します。また、宛名面に表示しない項目を削除して見栄えをすっきりさせましょう。

1 編集記号を表示する

メモ 連名を表示しない場合

連名を表示する必要がない場合は、ここで説明する操作は行わなくてもかまいません。必要に応じて、不要な項目を削除する方法だけを参考にしてください。
なお、3名以上の連名を表示する方法については、P.178を参照してください。

ヒント 編集記号の表示

Wordの初期の状態では、編集記号は表示されていません。ここでは、不要な項目やスペースを削除するなどの操作を行いやすくするために、タブやスペースなどの編集記号を表示します。

ヒント 差し込みフィールドの強調表示

＜差し込み文書＞タブの＜差し込みフィールドの強調表示＞をクリックすると、差し込みフィールドがグレーで強調表示されます。差し込みフィールドが判別しづらい場合に利用するとよいでしょう。

1 ＜ホーム＞タブをクリックして、

2 ＜編集記号の表示／非表示＞をクリックすると、

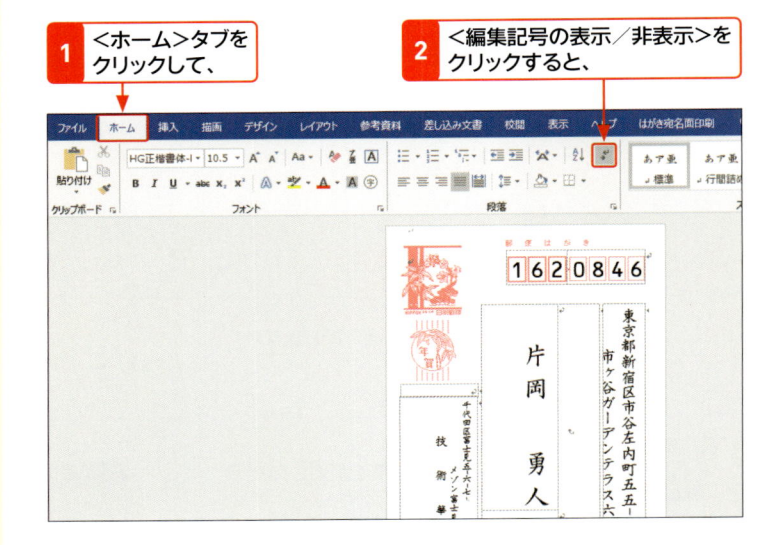

3 タブやスペースなどの編集記号が表示されます。

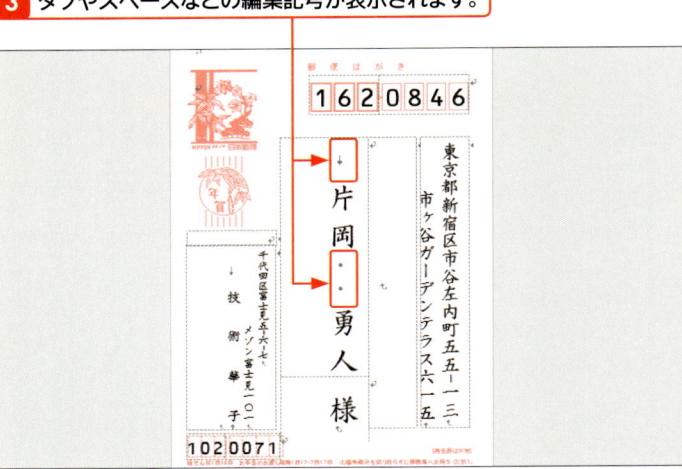

2 不要なフィールドを削除する

1 ＜差し込み文書＞タブをクリックして、

2 ＜結果のプレビュー＞をクリックしてオフにし、

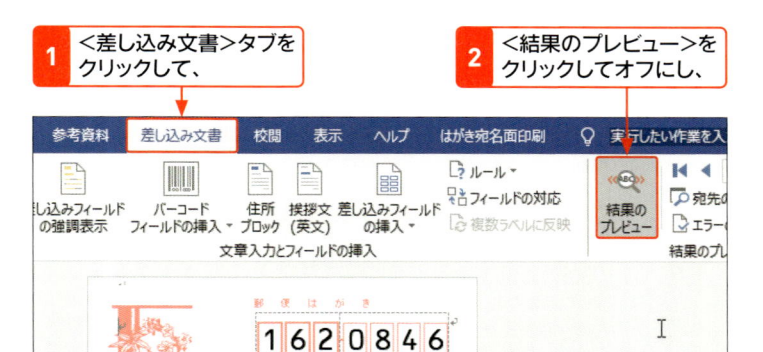

3 差し込みフィールドを表示します。

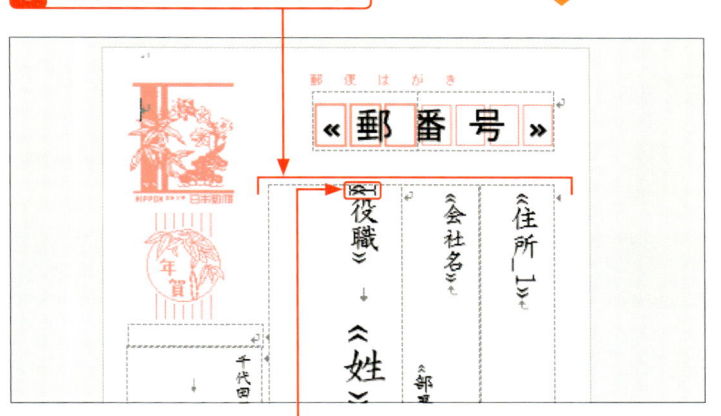

4 《役職》の上にマウスポインターを合わせ、ポインターの形が ⊢ に変わった状態で、

5 下方向にドラッグして、《役職》とタブ部分を選択し、

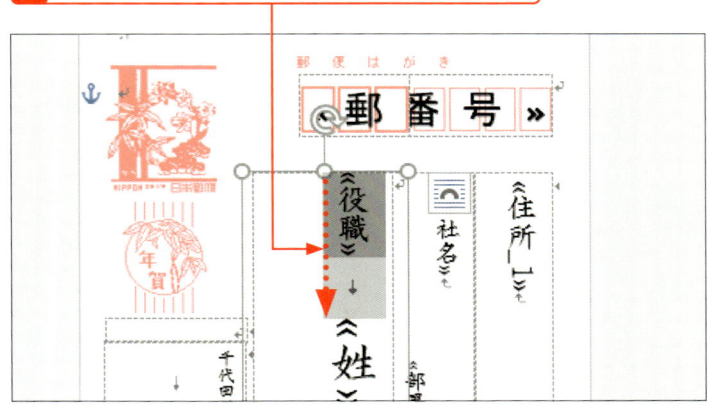

6 Delete を押します。

🔍 **キーワード　差し込みフィールド**

「差し込みフィールド」とは、データを差し込む場所のことです。＜差し込み文書＞タブの＜結果のプレビュー＞をクリックしてオフにすると、差し込みフィールドが表示され、どこに何の項目が入っているかがわかるようになります。

💡 **ヒント　フィールドの削除**

本書の例では、「役職」を利用しないため、《役職》フィールドを削除しています。利用する場合は削除しないでください。また、《会社名》と《部署名》フィールドが不要な場合は、テキストボックスごと削除します（P.67参照）。

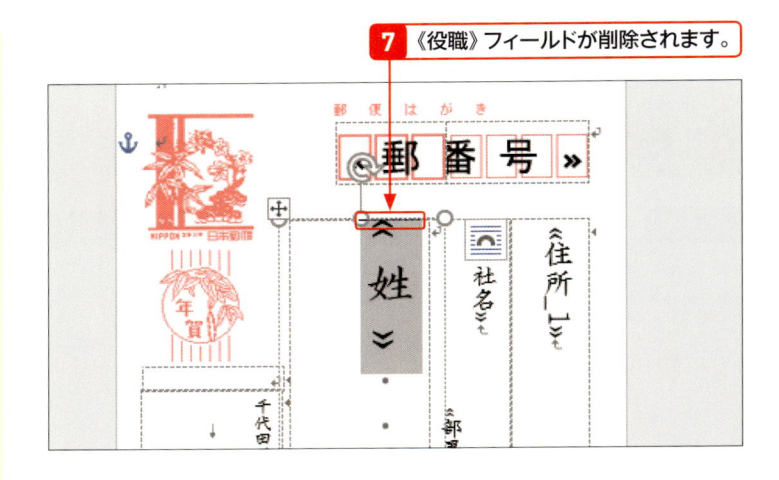

7 《役職》フィールドが削除されます。

---

3 連名フィールドを追加する

メモ　タブの名称

テキストボックス内にカーソルを移動すると、Word 2019では手順 **2** の図のように＜図形の書式＞と＜テーブルデザイン＞、＜レイアウト＞のタブが表示されます。Word 2016／2013／2010や Office 365の一部のバージョンでは描画ツールの＜書式＞タブ、表ツールの＜デザイン＞と＜レイアウト＞タブが表示されます。

メモ　グリッド線の表示

＜罫線なし＞を選択して罫線を引くと、グリッド線が表示されます。グリッド線は、Wordの画面上でのみ表示され、実際には印刷されない罫線のことです。

ヒント　名前と連名の位置を揃える

連名を追加する場合、通常は《名》の下で改行して、《連名》フィールドを挿入し、先頭を字下げします。しかし、きれいに揃わないことが多いので、ここでは《姓》と《名》の間を分けて、間を空けるために罫線を2本引いています。

1 名前のテキストボックスをクリックします。

2 ＜テーブルデザイン＞タブをクリックして（左上の「メモ」参照）、

3 ＜罫線＞の下の部分をクリックし、

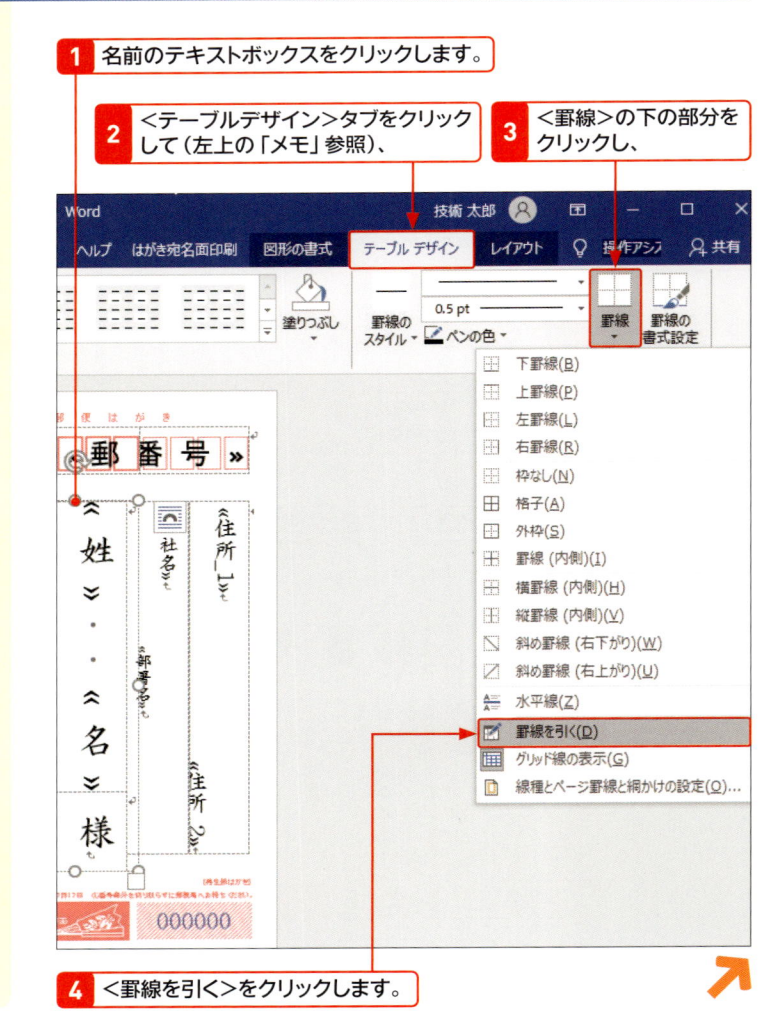

4 ＜罫線を引く＞をクリックします。

5 <テーブルデザイン>タブの<ペンの
スタイル>のここをクリックして、

6 <罫線なし>を
クリックします。

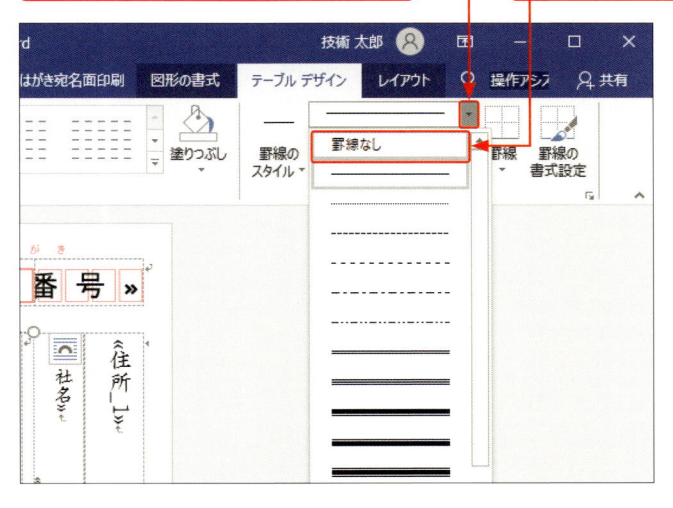

7 マウスポインターの形が🖊に変わった状態で、
《姓》の下をドラッグして罫線を引きます。

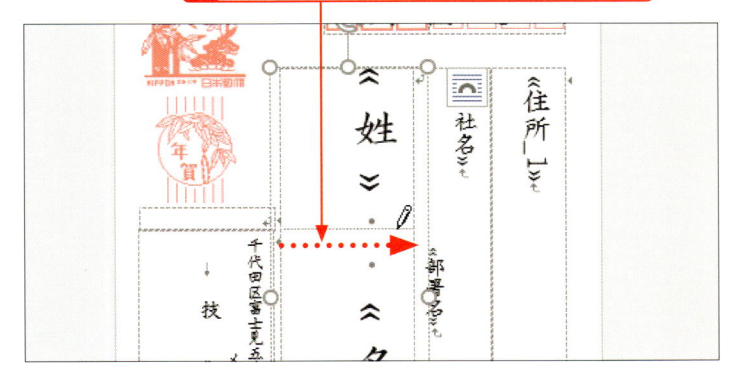

8 姓と名の間に空きを入れるために、《名》のすぐ上を
ドラッグして、もう1本罫線を引きます。

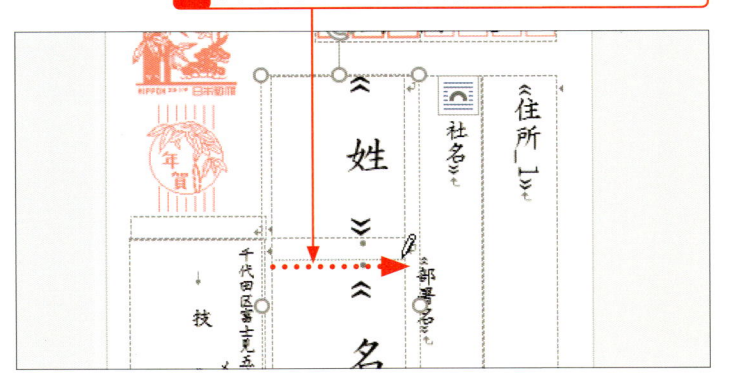

9 罫線を引き終わったら[Esc]を押して、
ポインターの形をもとに戻します。

📝 **メモ** **《姓》と《名》が
横に並んだ場合**

左の手順**7**で罫線を引いたあと、下図
のように《姓》と《名》が横に並んでしま
う場合があります。この場合は、手順
8の方法でもう1本罫線を引いたあと、
《名》をドラッグして選択し、[Ctrl]+[X]（ま
たは<ホーム>タブの<切り取り>）を
クリックします。続いて、《名》が表示
される位置をクリックして、[Ctrl]+[V]（ま
たは<ホーム>タブの<貼り付け>）を
クリックします。

1 《名》をドラッグして選択し、

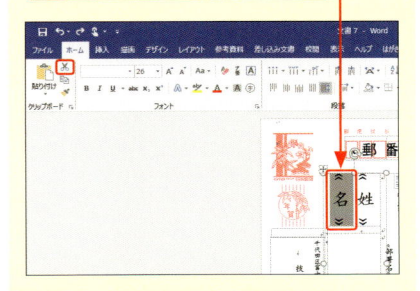

2 [Ctrl]+[X]を押して切り取ります。

3 《名》が表示される位置を
クリックして、[Ctrl]+[V]を
押して、

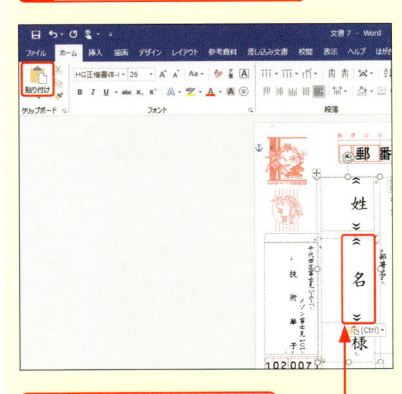

4 《名》を貼り付けます。

メモ　セルの高さの調整

右の手順では、《姓》のセルの高さを調整していますが、《姓》と《名》の間の空き、《名》や《敬称》などのセルの高さも必要に応じて調整します。

ヒント　グリッド線が表示されない?

グリッド線が表示されない場合は、＜テーブルデザイン＞タブの＜罫線＞の下の部分をクリックして、＜グリッド線の表示＞をクリックしてオンにします。

メモ　《名》の下のクリック

右の手順 12 で《名》の下をクリックすると、画面上は何も変わらない状態になります。《名》が選択された状態になる場合は、クリックした位置が違っています。選択を解除して、手順 12 の操作を再度行ってください。

位置を間違えてクリックした場合は文字が選択されます。

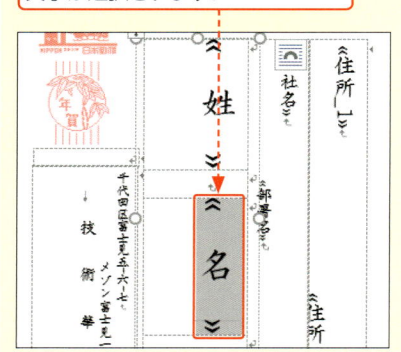

10 《姓》の下の罫線上（グリッド線）にマウスポインターを合わせ、ポインターの形が ÷ に変わった状態で、

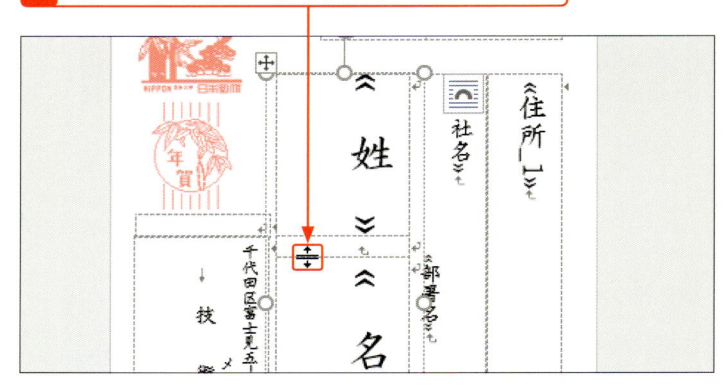

11 上下にドラッグして高さを調整します。

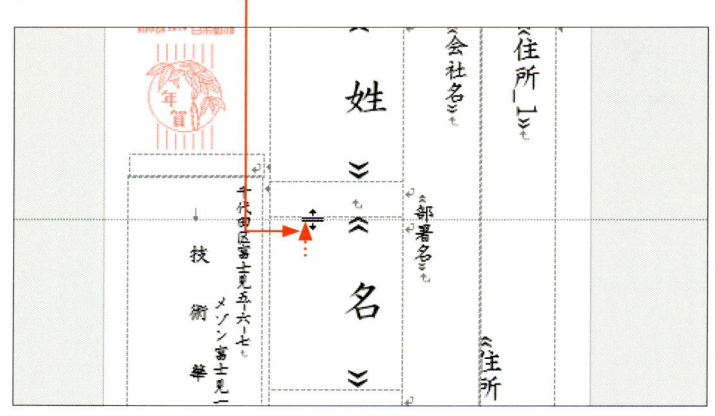

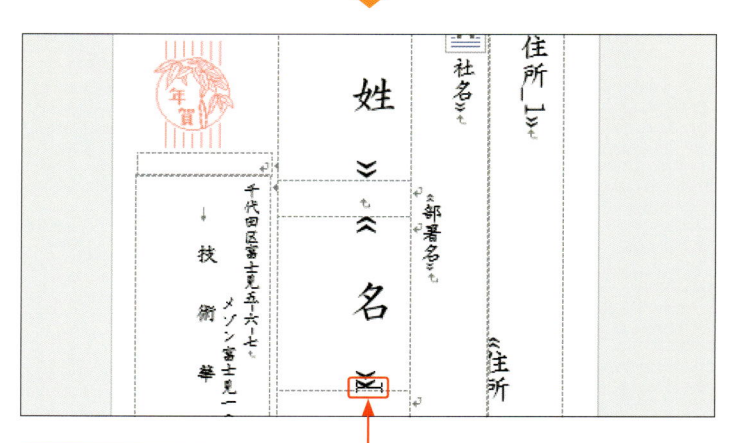

12 《名》の下にマウスポインターを合わせ、ポインターの形が ⊢ に変わった状態でクリックします（左下の「メモ」参照）。

13 Enter を押して改行します。

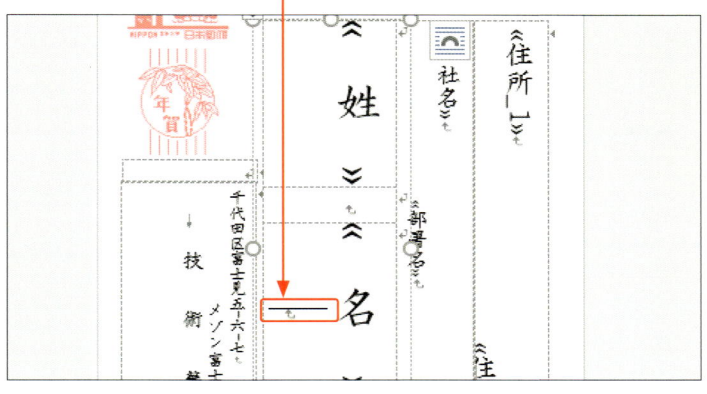

14 <差し込み文書>タブを
クリックして、

15 <差し込みフィールドの挿入>の
下の部分をクリックし、

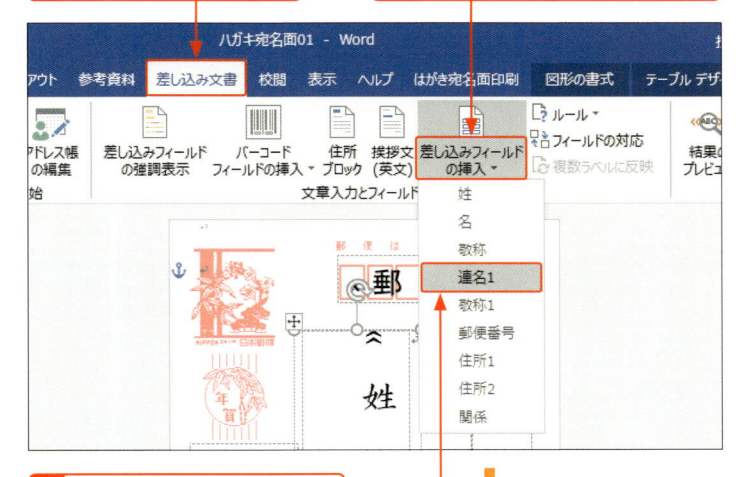

16 <連名1>をクリックすると、

17 《連名1》フィールドが挿入されます（右下の「メモ」参照）。

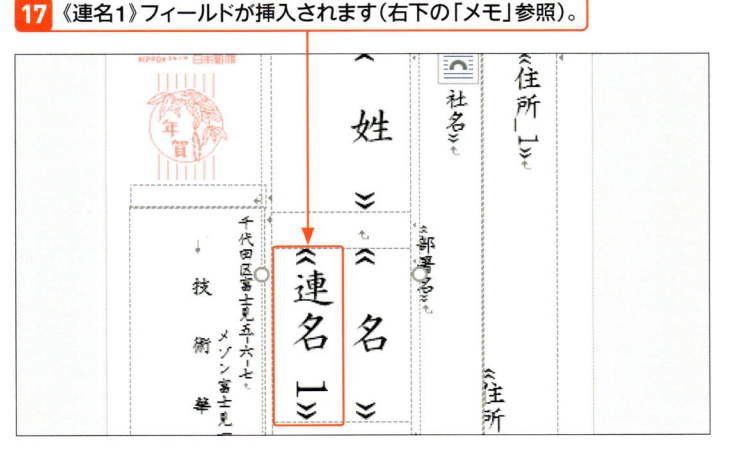

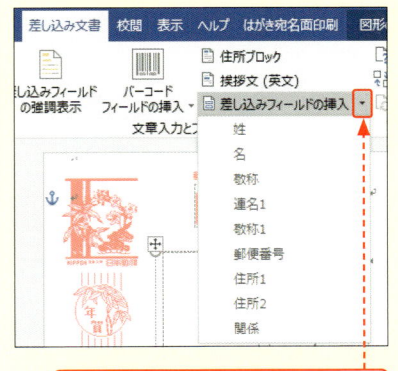

4 連名の敬称フィールドを追加する

**メモ　連名の敬称**

宛先の敬称は、宛名面を作成したときに指定した敬称が自動的に表示されますが、連名の敬称は右の手順で追加する必要があります。

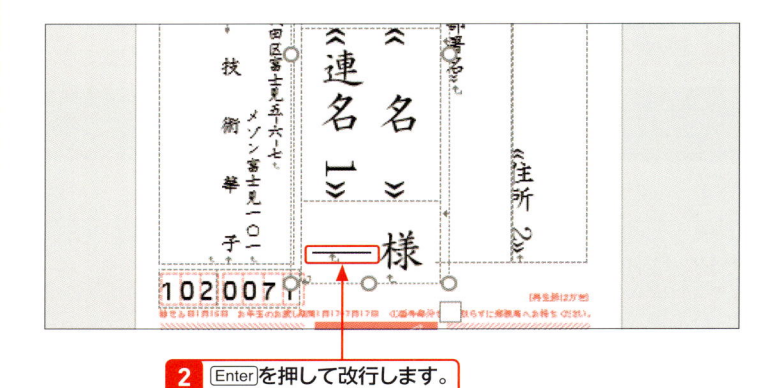

1 《様》の下をクリックしてカーソルを移動し、

2 Enter を押して改行します。

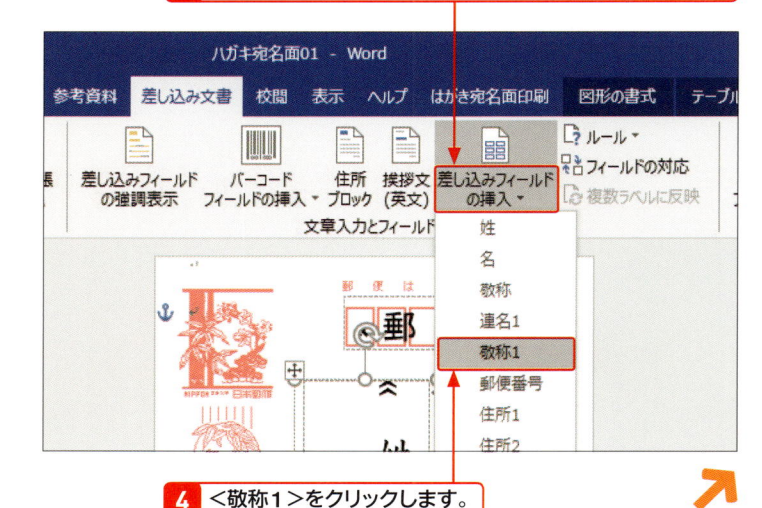

3 ＜差し込み文書＞タブの＜差し込みフィールドの挿入＞の下の部分をクリックして、

4 ＜敬称1＞をクリックします。

**ステップ
アップ　敬称を直接入力する**

名簿の入力時に連名の「敬称1」を入力していない場合は、手順 2 のあとに直接敬称を入力できます。この場合は、すべてのはがきにその敬称が反映されます。

**メモ　全体のバランスの調整**

宛名を表示した際に、「姓」と「名」、「様」のバランスが悪い場合は、P.56の手順 ⑩、⑪ の方法でグリッド線をドラッグして調整してください。

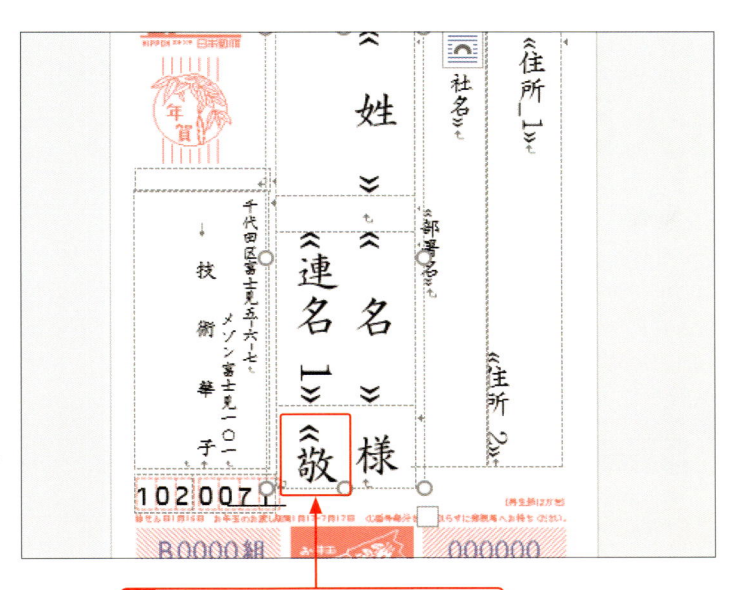

5 《敬称1》フィールドが挿入されます。

6 <差し込み文書>タブの<結果のプレビュー>をクリックしてオンにし、

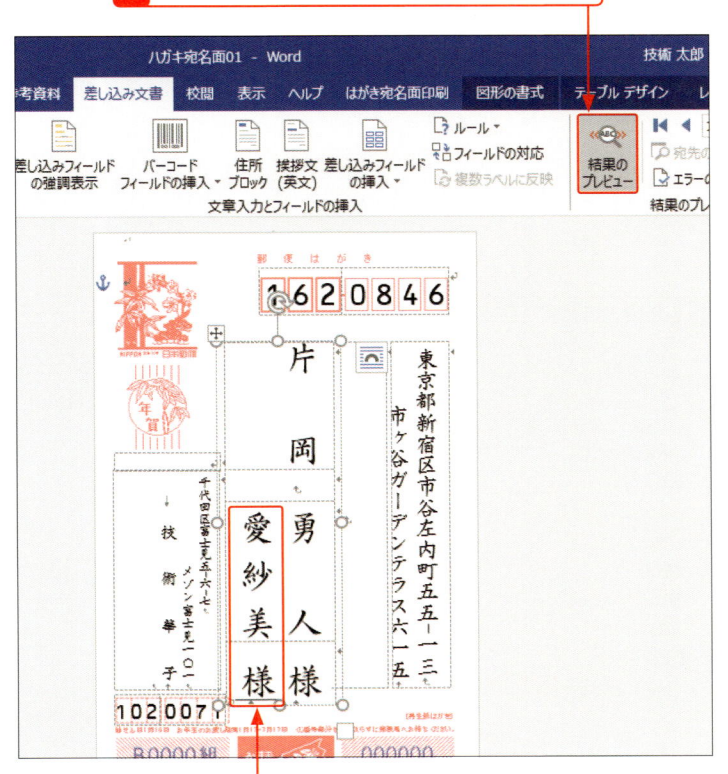

7 宛先を表示して、連名が表示されていることを確認します。

メモ 差し込みフィールドの表示

手順 **5** の「《敬」のように、差し込みフィールドの一部が表示されない場合がありますが、宛先をプレビューした際に文字がきちんと表示されれば問題ありません。プレビューで文字が切れてしまうときは、グリッド線をドラッグして調整します。

ヒント 連名の敬称が「ちゃん」や「くん」の場合

連名の敬称に「ちゃん」や「くん」を付ける場合は、セルの高さの調整がさらに必要です。P.56の手順 **10**、**11** の方法で《姓》《名》《敬称》のグリッド線を適宜ドラッグして、「ちゃん」や「くん」がすべて表示されるように調整してください。
なお、文字の大きさなどの変更については、P.64 を参照してください。

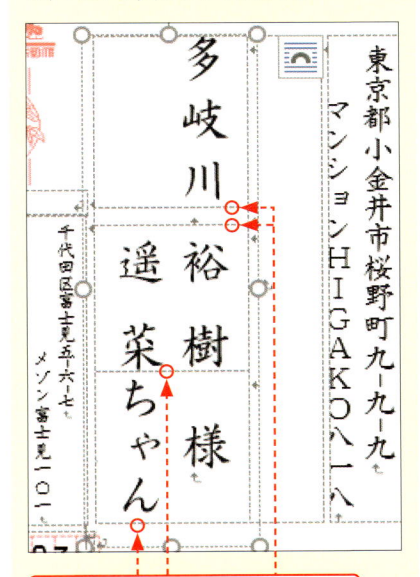

これらをドラッグして、スペースを調整します。

ヒント 連名宛名を保存する

連名を設定した宛名面は、一人の宛名面とは別のファイル名で保存しておくとよいでしょう。

差出人の情報を編集する

はがきの宛名面を作成したあとに、差出人の名前や住所などを変更するには、<差出人住所の入力>ダイアログボックスを利用します。また、はがきの差出人欄で直接変更することもできます。差出人を文面に印刷するなどで不要になった場合は、差出人欄を削除することもできます。

1 ＜差出人住所の入力＞ダイアログボックスで編集する

メモ 差出人の変更

はがきの宛名面を作ったあとに、差出人の名前や住所などを変更するには、右の手順で<差出人住所の入力>ダイアログボックスを表示して、差出人情報を変更します。

1 ＜はがき宛名面印刷＞タブをクリックして、

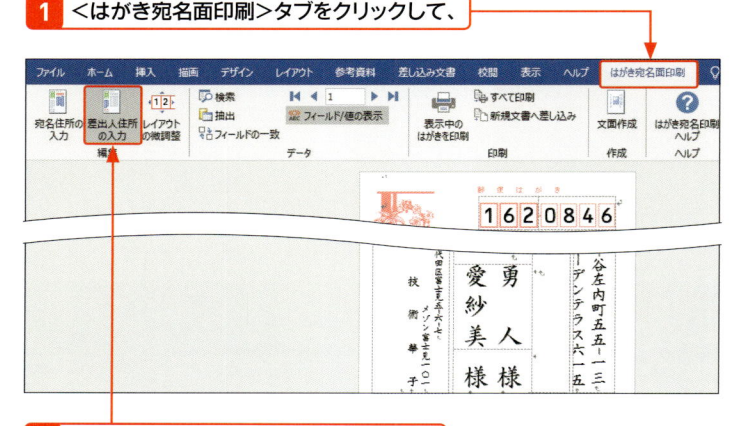

2 ＜差出人住所の入力＞をクリックします。

3 差出人情報を変更して、

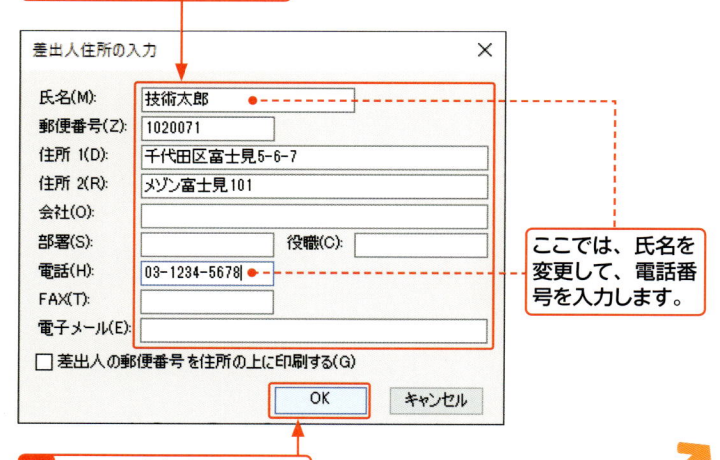

ここでは、氏名を変更して、電話番号を入力します。

4 ＜OK＞をクリックします。

ヒント 差出人の郵便番号を住所の上に印刷する

手順 **3** の図の<差出人の郵便番号を住所の上に印刷する>をクリックしてオンにすると、差出人の郵便番号を住所の上に印刷することができます（P.41の「ヒント」参照）。

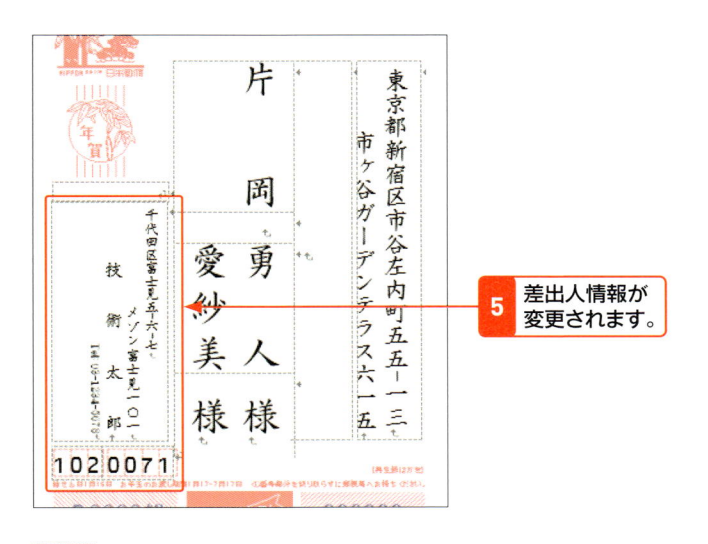

5 差出人情報が
変更されます。

メモ **連名を設定している場合**

差出人に連名を表示している場合は（Sec.13参照）、左の方法で差出人を変更すると、連名が消えてしまいます。連名を残しておきたい場合は、差出人欄で直接編集します。

2 差出人欄で直接編集する

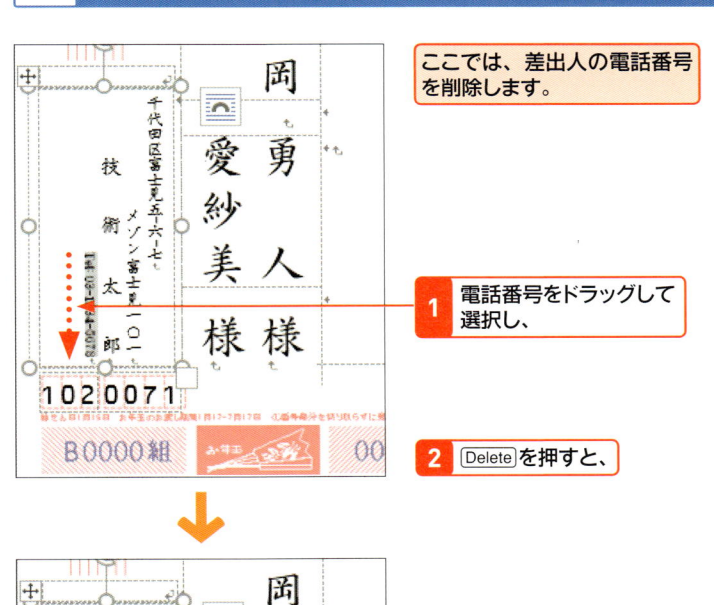

ここでは、差出人の電話番号
を削除します。

1 電話番号をドラッグして
選択し、

2 Delete を押すと、

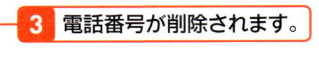

3 電話番号が削除されます。

新しく情報を追加する場合は、
追加する位置にカーソルを移
動して文字を入力します。

メモ **差出人欄を消去する**

差出人を文面に印刷するなどで不要になった場合は、差出人欄を削除できます。差出人欄をクリックして、枠線上にマウスポインターを合わせ、ポインターの形が に変わった状態でクリックしてテキストボックスを選択し、Delete を押します。同様に操作して、郵便番号も削除します。

ポインターの形が に変わった状態で
クリックすると、テキストボックスが選
択されます。

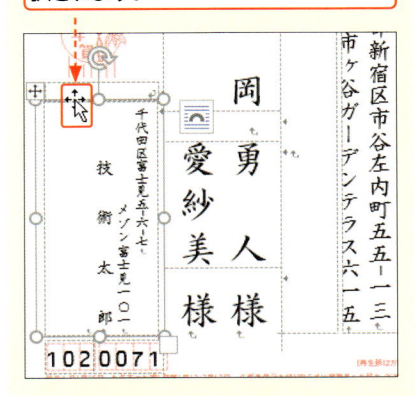

差出人を連名にする

覚えておきたいキーワード

☑ 差出人
☑ 連名
☑ 姓を含めた連名

差出人に連名を表示させるには、差出人欄に直接名前を入力します。入力した直後は、頭の位置が揃っていないので、Ctrl を押しながら Tab を押したり、Space を押して、差出人の名前と連名の位置を揃えます。連名は1人だけでなく、複数人追加することもできます。

1 連名を入力する

メモ 差出人を連名にしない場合

差出人を連名にしない場合は、ここでの操作は行う必要はありません。

メモ 差出人の末尾にカーソルを移動する

差出人の末尾にマウスポインターを合わせ、ポインターの形が ↤ に変わった状態でクリックすると、差出人の末尾にカーソルが移動します。

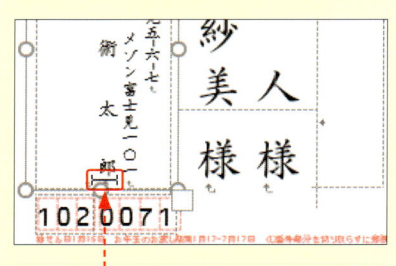

ポインターの形が ↤ に変わった状態でクリックします。

メモ 編集記号の表示

ここでは、空きの状態がわかりやすいように、編集記号を表示しています。編集記号の表示／非表示は、＜ホーム＞タブの＜段落＞グループにある＜編集記号の表示／非表示＞ ⟨⟩ をクリックしてオンにします（P.52参照）。

1 差出人の末尾にカーソルを移動し、Enter を押して、

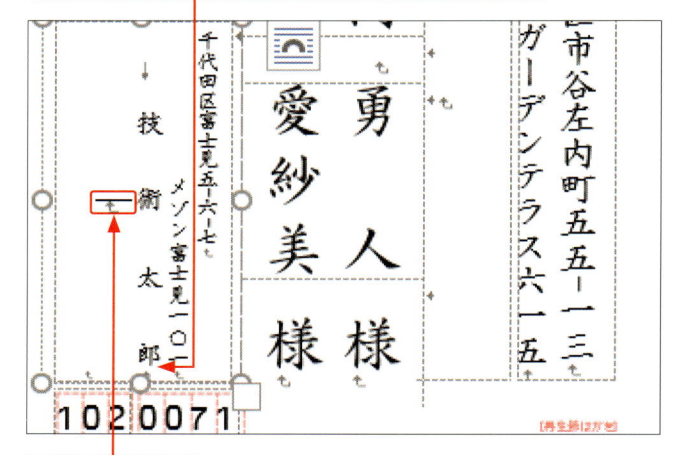

2 改行します。

3 連名を入力します。

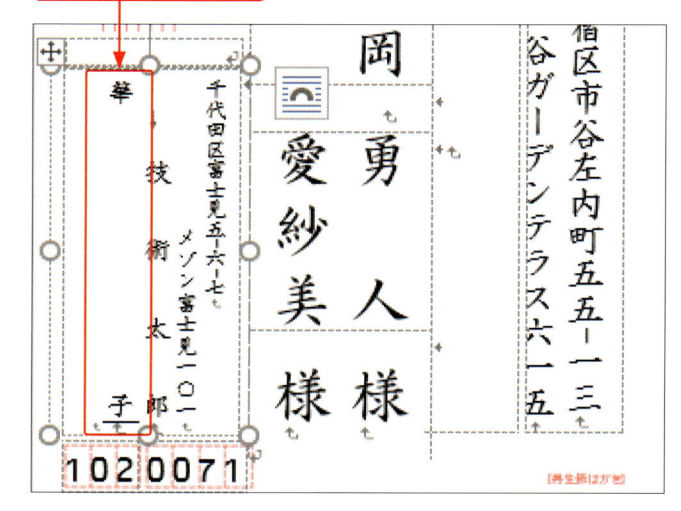

2 差出人の名前と連名の位置を揃える

1 連名の先頭をクリックしてカーソルを移動し、

2 Ctrl + Tab を押すと、

3 差出人の名字と連名の頭の位置が揃います。

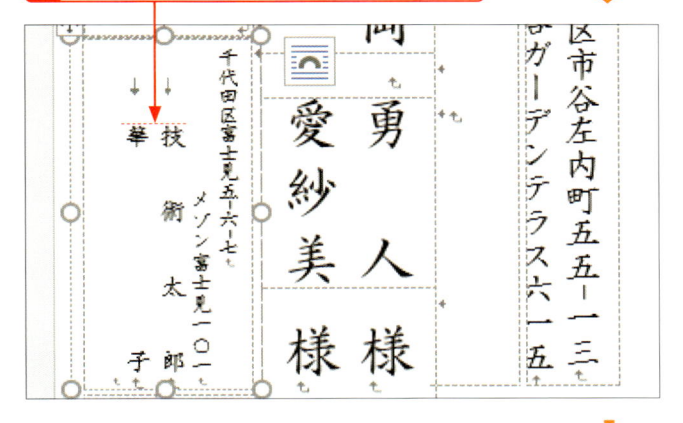

4 Space を数回押して(ここでは全角のスペース2回)、

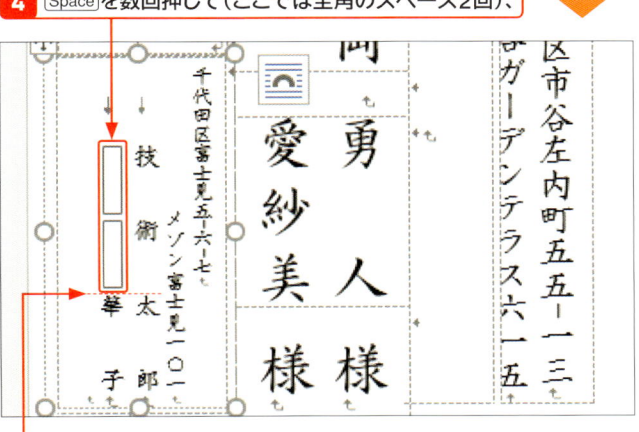

5 差出人の名前と連名の位置を揃えます。

ステップアップ 姓も含めて差出人を連名にする

名前だけでなく、姓も含めた連名を表示する場合も同様に、ここで解説した手順で入力、設定します。

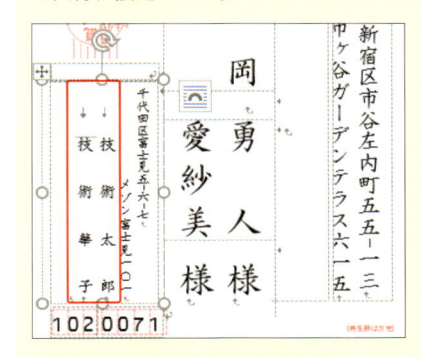

ヒント 位置がうまく揃わない!

連名の文字数によっては、Space を押しても、位置がうまく揃わない場合があります。その場合は、半角スペースを入力したり、<ホーム>タブの<フォントサイズ>でスペースのサイズで調整したりします。

ヒント 差出人を3名以上にする場合

連名を追加する方法で3名や4名の連名にできますが、差出人ボックスからはみ出してしまう場合があります。この場合は、テキストボックスを広げたり、フォントサイズを変更したり、行間を調整したりします(P.180参照)。

Section 14 宛名の文字の大きさや種類を変更する

宛名面を作成したあとでも、宛名や差出人のフォントサイズやフォントを変更することができます。はじめに、フォントサイズやフォントを変えたい部分のテキストボックスを選択してから、目的のフォントサイズやフォントを指定します。好みやバランスなどを考慮して、適宜変更しましょう。

1 フォントサイズを変える

🔍 キーワード フォント

「フォント」とは、画面の表示や印刷に使われる書体のことです。フォントは、日本語の表示に使用するものと、英数字の表示に使用するものに分けられます。

📝 メモ フォントサイズの変更

文字のサイズ（フォントサイズ）を変更するには、変更する箇所のテキストボックスをクリックして選択し、＜ホーム＞タブの＜フォントサイズ＞から目的のサイズを選択します。
文字列の一部分のフォントサイズを変更する場合は、目的の文字を選択してから、フォントサイズを指定します。

📝 メモ テキストボックスの選択

テキストボックスを選択するには、テキストボックス内をクリックしたあと、枠線上にマウスポインターを合わせ、ポインターの形が 🖑 に変わった状態でクリックします。テキストボックスが選択されると、枠線が破線から実線に変わります。

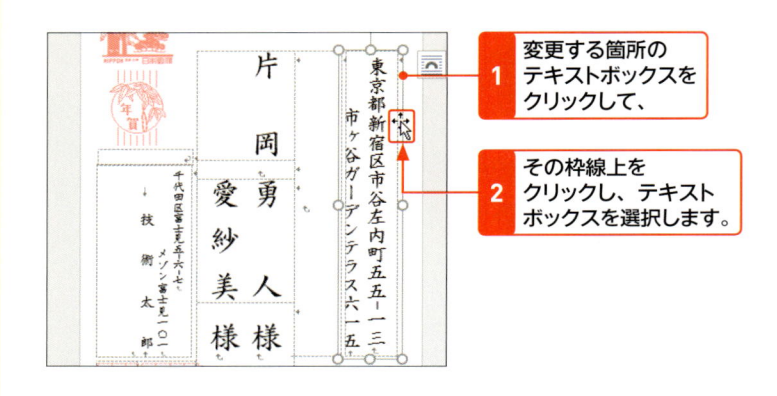

1 変更する箇所のテキストボックスをクリックして、

2 その枠線上をクリックし、テキストボックスを選択します。

3 ＜ホーム＞タブをクリックして、

4 ＜フォントサイズ＞のここをクリックし、

5 数値にマウスポインターを合わせると、

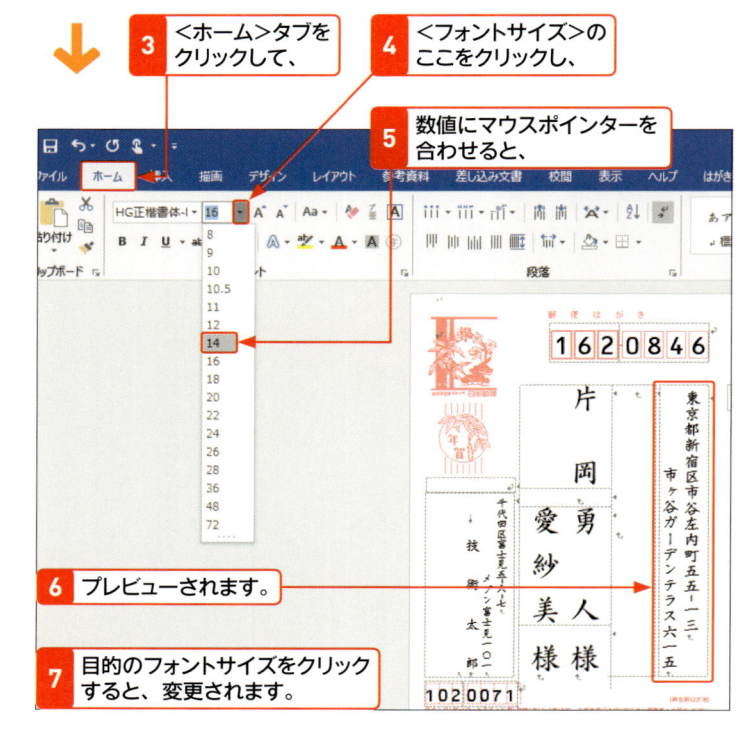

6 プレビューされます。

7 目的のフォントサイズをクリックすると、変更されます。

2 フォント（書体）を変える

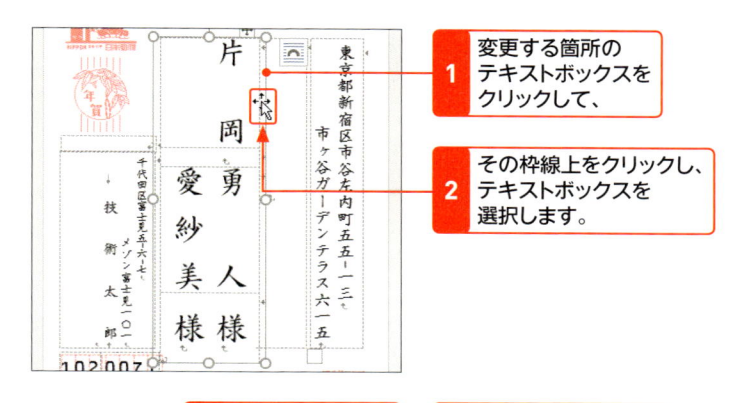

1 変更する箇所の
テキストボックスを
クリックして、

2 その枠線上をクリックし、
テキストボックスを
選択します。

3 ＜ホーム＞タブの
＜フォント＞の
ここをクリックし、

4 フォントに
マウスポインターを
合わせると、

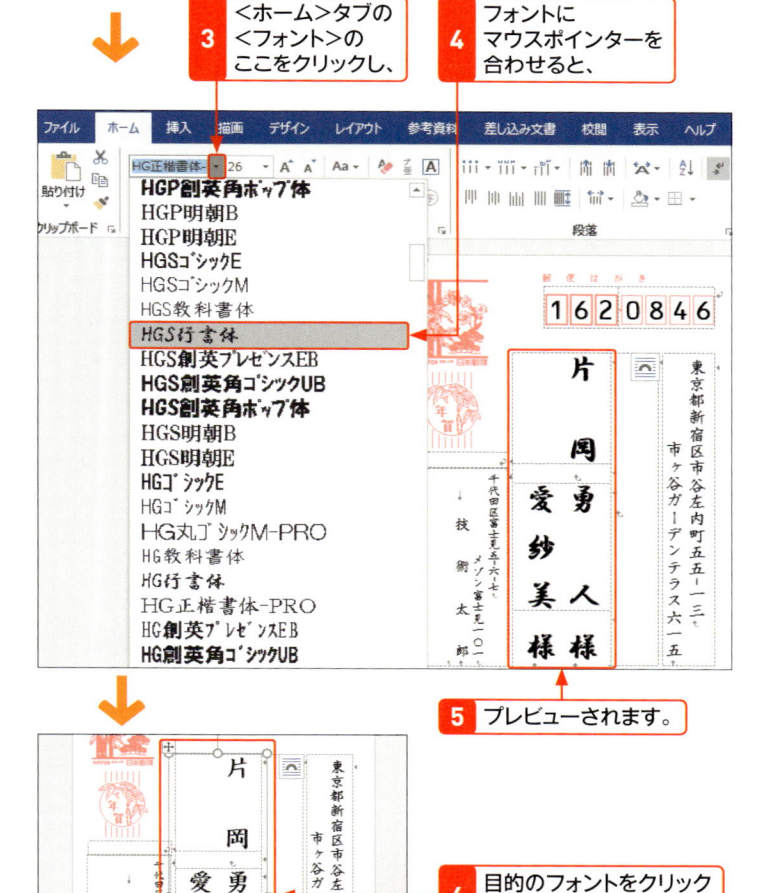

5 プレビューされます。

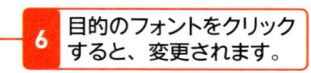

6 目的のフォントをクリック
すると、変更されます。

メモ　フォントの変更

宛名面のフォント（書体）を変更するには、変更する箇所のテキストボックスをクリックして選択し、＜ホーム＞タブの＜フォント＞から目的のフォントを選択します。

文字列の一部分のフォントを変更する場合は、目的の文字を選択してから、フォントを指定します。

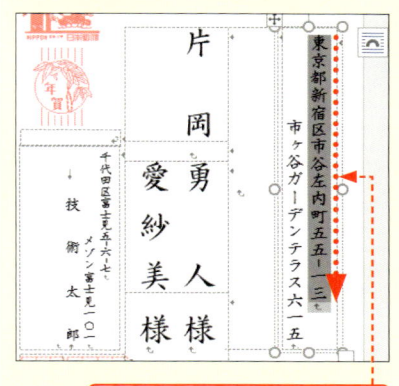

文字列の一部分をドラッグして
選択します。

ヒント　文字がはみ出る場合

フォントサイズやフォントを変更した結果、テキストボックスから文字がはみ出る場合は、テキストボックスとグリッド線のサイズを調整します（Sec.15参照）。

メモ　以降のフォントとフォントサイズ

ここでは、フォントサイズとフォントの変更方法を紹介しています。

本書では、住所フィールドは「14」pt、宛名フォントは「HG正解書体-PRO」の設定で解説します。

宛名の文字の位置を調整する

覚えておきたいキーワード
- ☑ グリッド線
- ☑ 配置ガイド
- ☑ レイアウトの微調整

はがきの宛名面の住所や名前の一部が切れている場合は、テキストボックスとグリッド線をドラッグして文字が入るように調整します。また、画面上では郵便番号が枠内にきちんと収まっていても、印刷すると印字位置が微妙にずれる場合があります。このような場合は、ずれを微調整しましょう。

1 宛名の入るスペースを広げる

メモ テキストボックスの選択

テキストボックスを選択するには、テキストボックス内をクリックしたあと、枠線上にマウスポインターを合わせて、ポインターの形が ✛ に変わった状態でクリックします。

ステップアップ 宛先を検索する

はがき宛名面で、特定の宛先を検索して表示することができます。<差し込み文書>タブの<宛先の検索>をクリックします。<エントリ>に検索する文字を入力して、<検索先>を指定し、<次を検索>をクリックします。

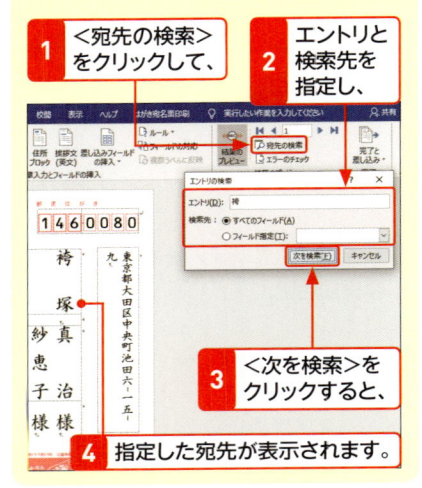

1 <宛先の検索>をクリックして、

2 エントリと検索先を指定し、

3 <次を検索>をクリックすると、

4 指定した宛先が表示されます。

1 <差し込み文書>タブをクリックし、

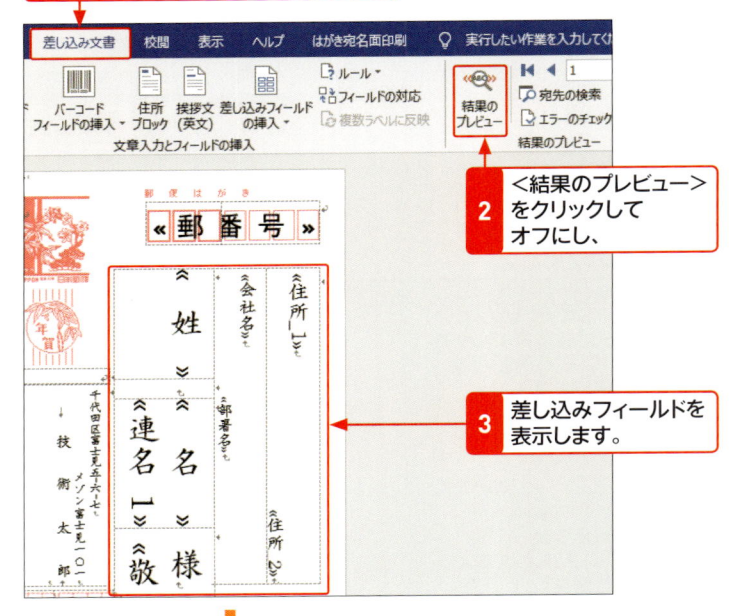

2 <結果のプレビュー>をクリックしてオフにし、

3 差し込みフィールドを表示します。

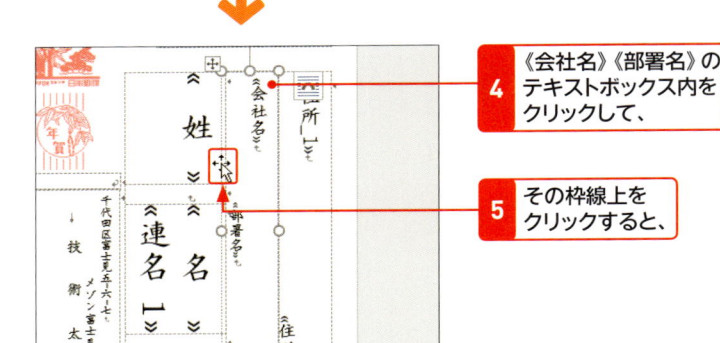

4 《会社名》《部署名》のテキストボックス内をクリックして、

5 その枠線上をクリックすると、

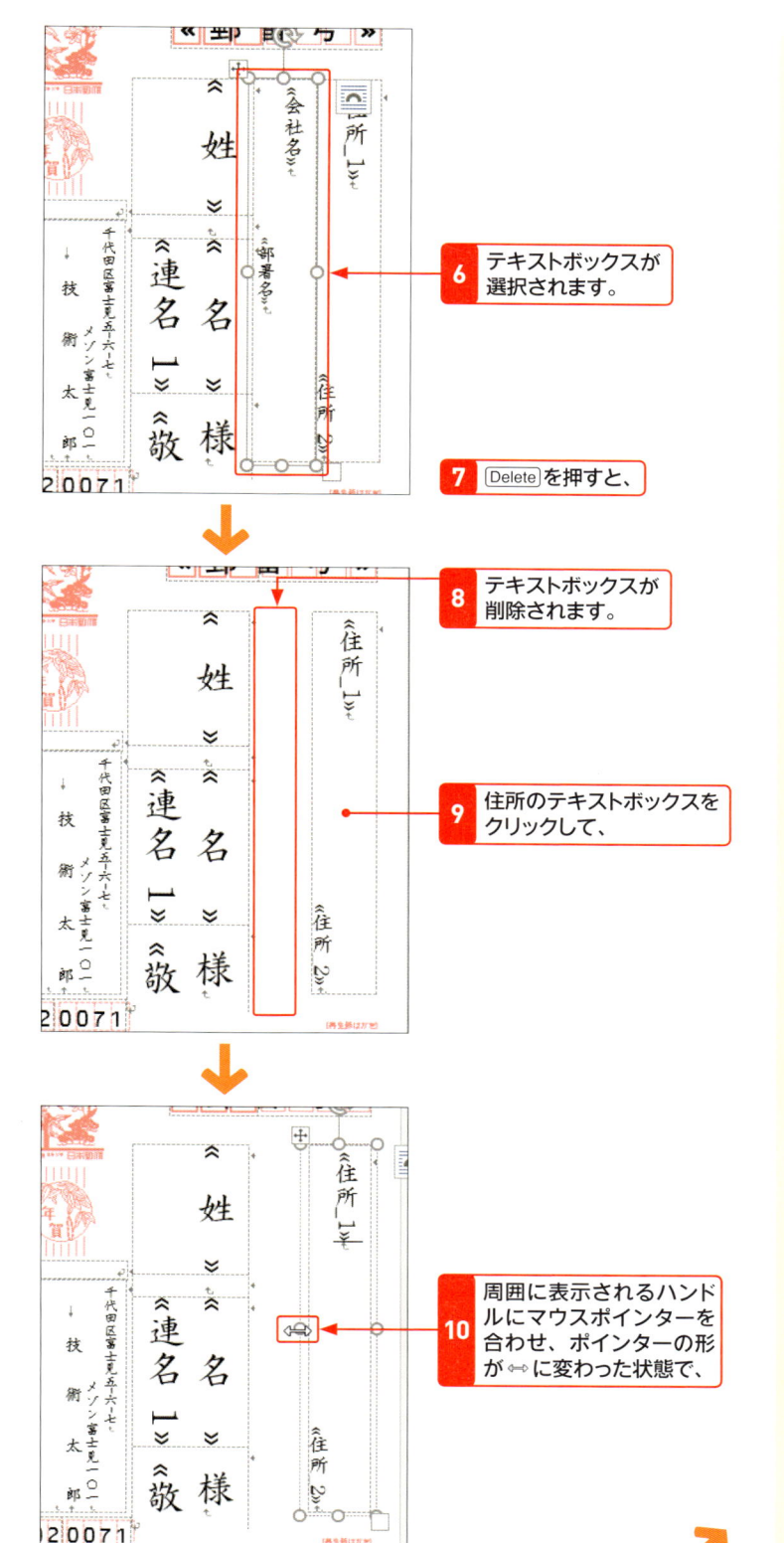

6 テキストボックスが選択されます。

7 Delete を押すと、

8 テキストボックスが削除されます。

9 住所のテキストボックスをクリックして、

10 周囲に表示されるハンドルにマウスポインターを合わせ、ポインターの形が ⟷ に変わった状態で、

メモ **不要なフィールドの削除**

ここで作成している宛名には《会社名》と《部署名》フィールドは必要ないので、会社名と部署名が入るテキストボックスを削除して、住所が入るスペースを広げます。このフィールドを利用する場合は削除せずに、住所や名前のテキストボックスを移動したり、全体のフォントサイズを下げてテキストボックスを小さくしたりして調整します。

ステップアップ **エラーをチェックする**

Wordには、差し込み印刷のエラーをチェックする機能が用意されています。＜差し込み文書＞タブの＜エラーのチェック＞をクリックして、確認方法を指定し、＜OK＞をクリックします。

1 ＜エラーのチェック＞をクリックして、

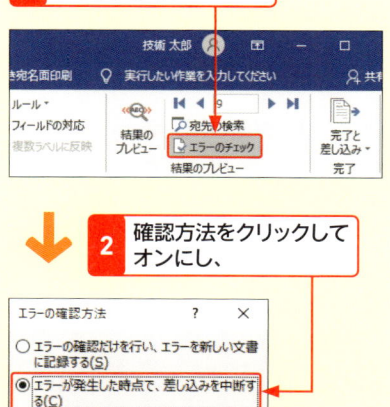

2 確認方法をクリックしてオンにし、

エラーの確認方法　　　　　　？　　×
○ エラーの確認だけを行い、エラーを新しい文書に記録する(S)
● エラーが発生した時点で、差し込みを中断する(C)
○ 中断せずに差し込みを行い、エラーは新しい文書に記録する(M)
　　OK　　　　キャンセル

3 ＜OK＞をクリックします。

メモ　テキストボックスを広げる

宛名面を作成した直後や、宛名の文字サイズを変更した結果、テキストボックスから文字がはみ出る場合があります。このような場合は、テキストボックスのサイズとグリッド線を広げて、文字のはみ出しを解消します。

メモ　文字枠を広げる

グリッド線にマウスポインターを合わせ、ポインターの形が ✛ に変わった状態でドラッグすると、住所や名前の入る枠を広げることができます。

メモ　テキストボックスと文字枠

宛名面で表示されているテキストボックスと文字枠（グリッド線）は別のものです。テキストボックスは、住所や名前、差出人などが入る領域を示すものです。文字枠は、文字を配置する際に基準となる枠線です。

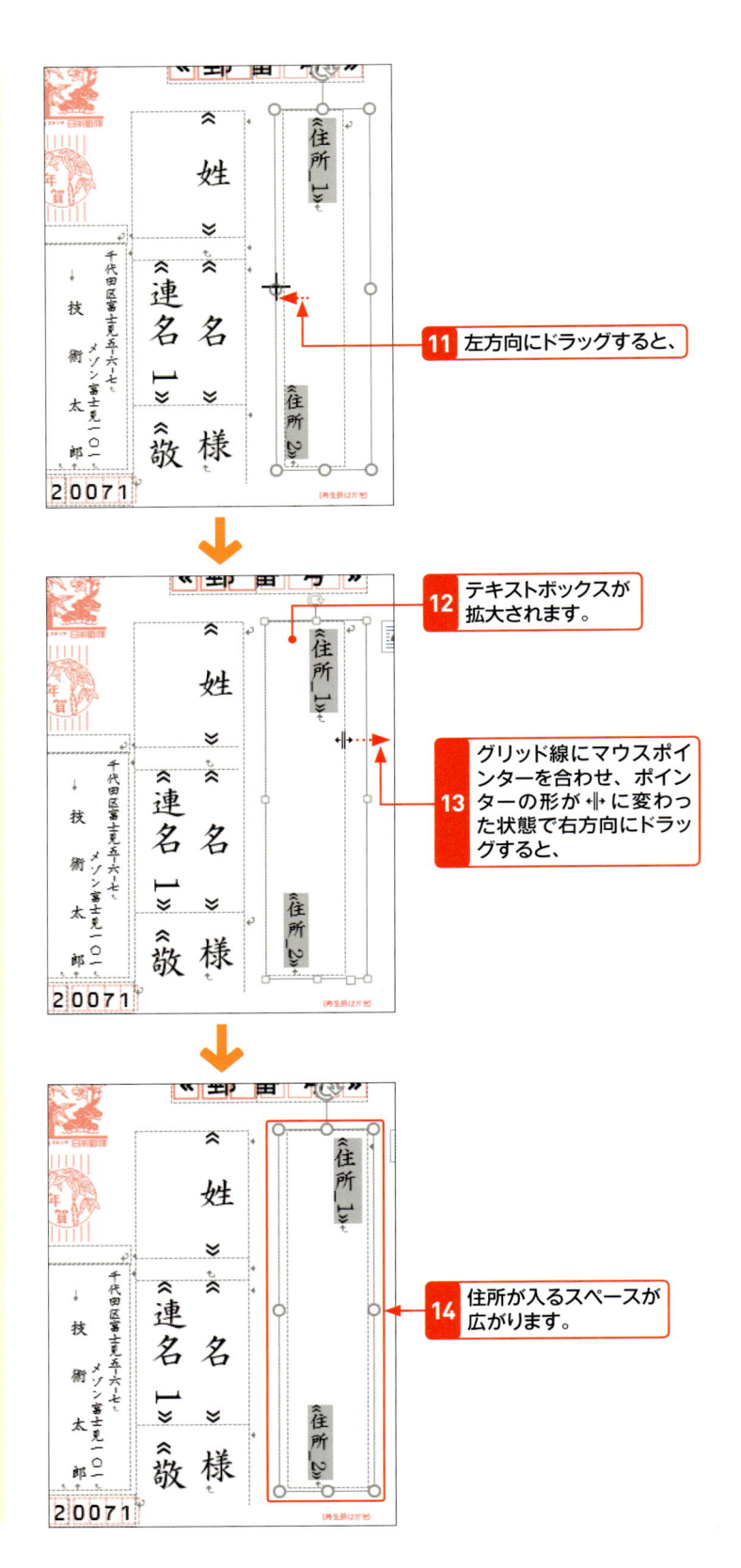

11 左方向にドラッグすると、

12 テキストボックスが拡大されます。

13 グリッド線にマウスポインターを合わせ、ポインターの形が ✛ に変わった状態で右方向にドラッグすると、

14 住所が入るスペースが広がります。

2 テキストボックスの位置を調整する

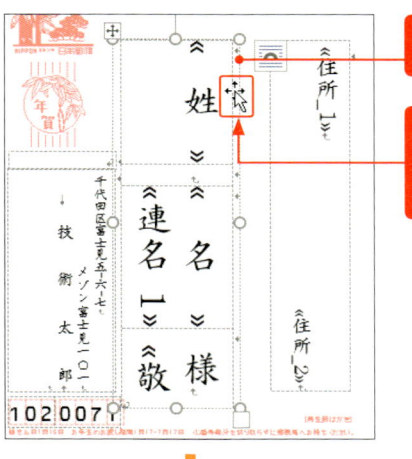

1 テキストボックスを選択して、

2 枠線上にマウスポインターを合わせ、ポインターの形が ✥ に変わった状態で、

メモ 位置を移動する

テキストボックスをクリックして枠線上にマウスポインターを合わせ、ポインターの形が ✥ に変わった状態でドラッグすると、テキストボックスを上下左右に移動することができます。

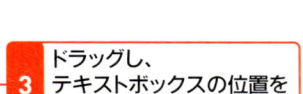

3 ドラッグし、テキストボックスの位置を調整します。

用紙の中央に移動すると、配置ガイドが表示されます（「ヒント」参照）。

ヒント 配置ガイド

イラストや画像を移動する際に、本文や余白の境界線、段落の先頭行、ページの中央に「配置ガイド」と呼ばれる緑色のラインが表示されます。このガイドラインに合わせることで、正確に配置することができます。配置ガイドが表示されない場合は、＜図形の書式＞タブ（Word 2016／2013では描画ツールの＜書式＞タブ）の＜配置＞をクリックして、＜配置ガイドの使用＞をクリックし、オンにします（Word 2010にはこの機能は搭載されていません）。

4 ＜差し込み文書＞タブの＜結果のプレビュー＞をクリックして、

5 宛名を表示し、文字の表示状態や位置を確認します。

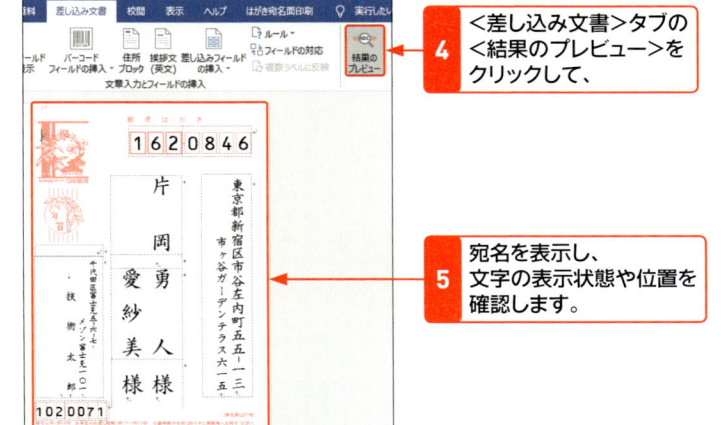

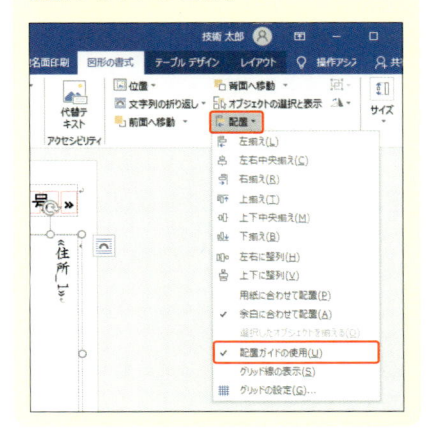

削除してしまった項目をもとに戻す

間違って宛先のフィールド（項目）を削除してしまった場合は、フィールドを挿入する位置にカーソルを置き、<差し込みフィールドの挿入>一覧から削除したフィールドを挿入します。テキストボックスに2つのフィールドが配置されている場合は、フィールドをもとに戻したあと、配置を調整します。

覚えておきたいキーワード
☑ 差し込みフィールドの挿入
☑ フィールドの配置
☑ フィールドの編集

1 削除したフィールド（項目）をもとに戻す

メモ 差し込みフィールドを表示する

差し込みフィールドを表示するには、<差し込み文書>タブの<結果のプレビュー>をクリックしてオフにします。

ヒント フィールドの挿入位置

削除してしまったフィールドをもとに戻す場合は、フィールドを挿入する位置にカーソルを置きます。

メモ 結果をプレビューする

フィールドをもとに戻したら、<差し込み文書>タブの<結果のプレビュー>をクリックしてオンにし、「姓」が正しく表示されることを確認しましょう。

ヒント 宛名面の作成をやり直す

宛名面のフィールドをいくつも削除してしまった場合など、もとに戻す操作よりも、文書を保存せずに閉じて、再度宛名面のファイルを開いてから、修正を加えたほうが無難です。

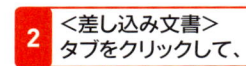

間違って《姓》フィールドを削除してしまいました。

1 差し込みフィールドを表示して、《姓》が挿入される位置をクリックします。

2 <差し込み文書>タブをクリックして、

3 <差し込みフィールドの挿入>の下の部分をクリックし、

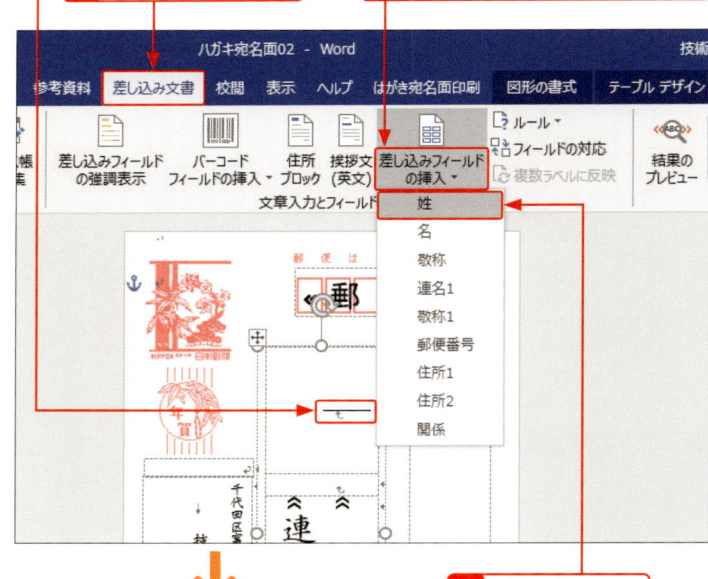

4 <姓>をクリックすると、

5 《姓》フィールドが挿入されます。

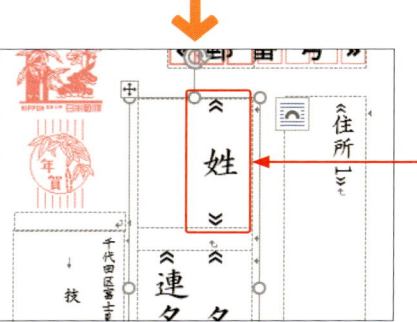

2 削除したフィールドをもとに戻して配置を調整する

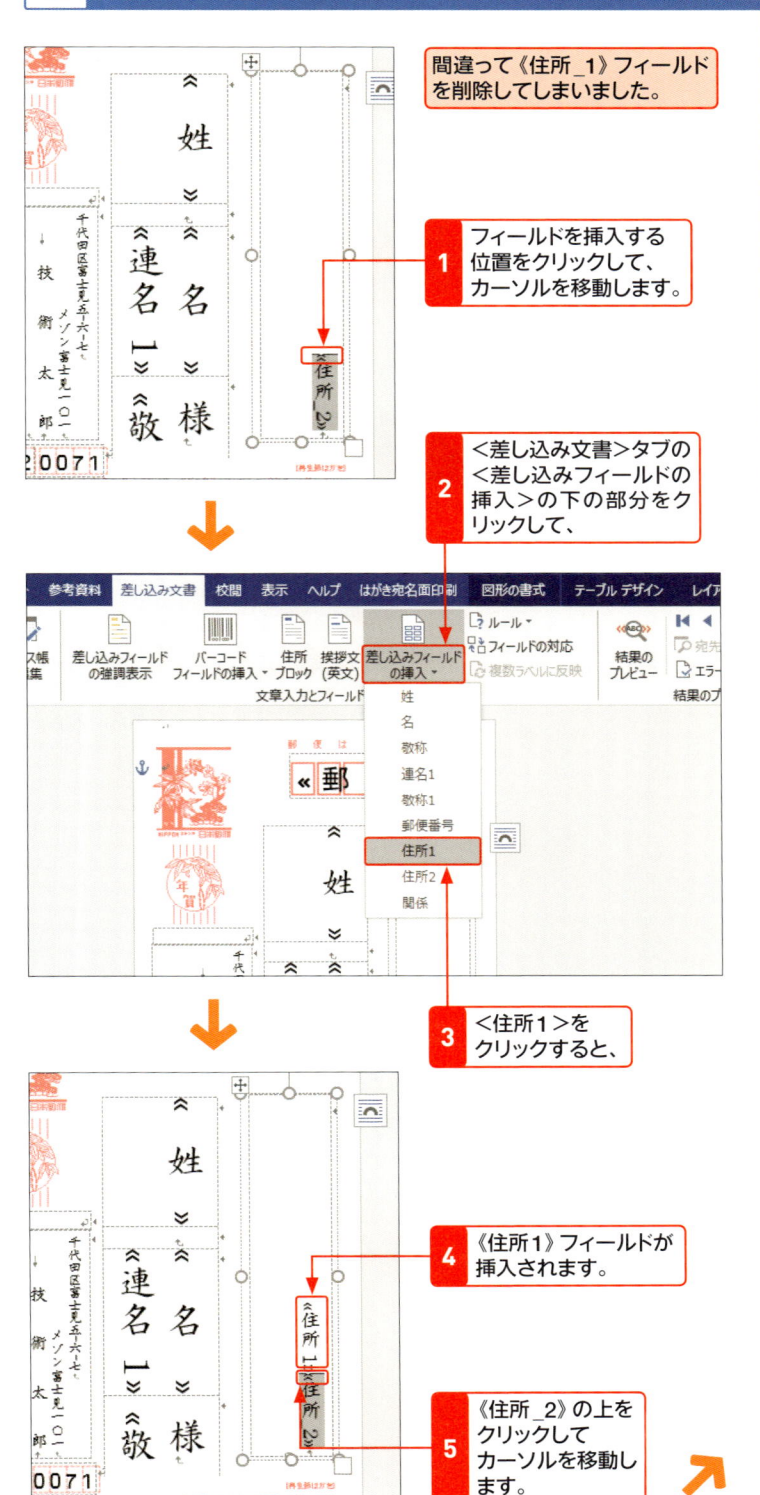

間違って《住所_1》フィールドを削除してしまいました。

1 フィールドを挿入する位置をクリックして、カーソルを移動します。

2 <差し込み文書>タブの<差し込みフィールドの挿入>の下の部分をクリックして、

3 <住所1>をクリックすると、

4 《住所1》フィールドが挿入されます。

5 《住所_2》の上をクリックしてカーソルを移動します。

メモ **削除したフィールドをもとに戻す**

もとに戻すことができるフィールドは、宛名面に利用している名簿ファイルに項目があるものだけです。項目がないものは、<差し込みフィールドの挿入>メニューには表示されません。

ヒント **操作をもとに戻す**

削除した直後であれば、クイックアクセスツールバーの<元に戻す> をクリックしても、もとに戻すことができます。

ヒント **もとの位置に配置されない!**

テキストボックスに2つのフィールドが配置されている場合、フィールドを挿入しても、もとの位置に配置されません。この場合は、フィールドをもとに戻したあとで、位置を調整します。

メモ **カーソルの位置に注意!**

P.72の手順**6**に進む前に、左の手順**5**で移動したカーソルの位置が ∨ と ∧ の間にあることを確認しておきましょう。

71

メモ　住所のフィールドの配置

既定では、《住所_1》は「上揃え」、《住所_2》は「下揃え」で配置されています。新しくフィールドを挿入した場合は、この設定が解除されるため、フィールドを選択するか、行（段落）内にカーソルを移動して、配置を設定し直します。

ヒント　文字揃え

縦書きの宛名面では、＜ホーム＞タブの＜段落＞グループにある下図のコマンドを利用して文字を揃えることができます。

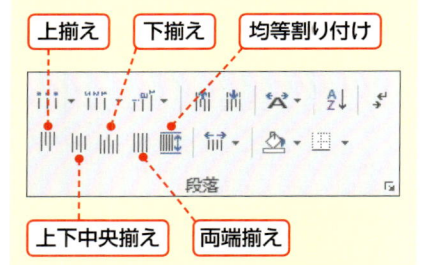

上揃え　下揃え　均等割り付け

上下中央揃え　両端揃え

メモ　フィールドの書式の維持

ここで挿入した《住所1》フィールドは、名簿データの「住所1」に対応していますが、＜はがき宛名面印刷ウィザード＞で指定した＜数字を漢数字に変換する＞は反映されません（P.42の手順 8 参照）。そのため、数字が横向きになります。これをフィールドの編集機能で変換できるようにします。

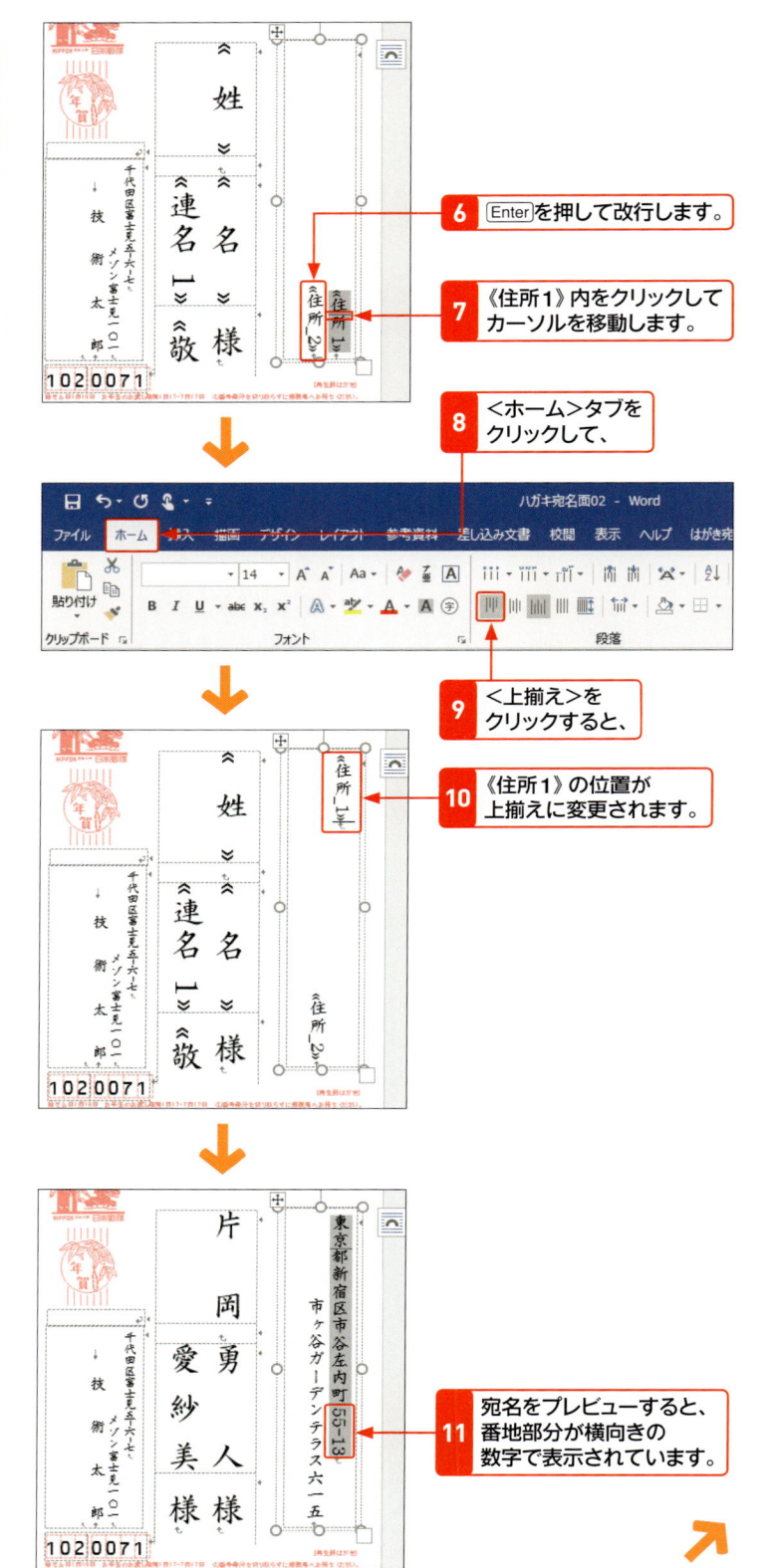

6　Enter を押して改行します。

7　《住所1》内をクリックしてカーソルを移動します。

8　＜ホーム＞タブをクリックして、

9　＜上揃え＞をクリックすると、

10　《住所1》の位置が上揃えに変更されます。

11　宛名をプレビューすると、番地部分が横向きの数字で表示されています。

12 番地の数字部分をドラッグして選択し、

13 右クリックして、

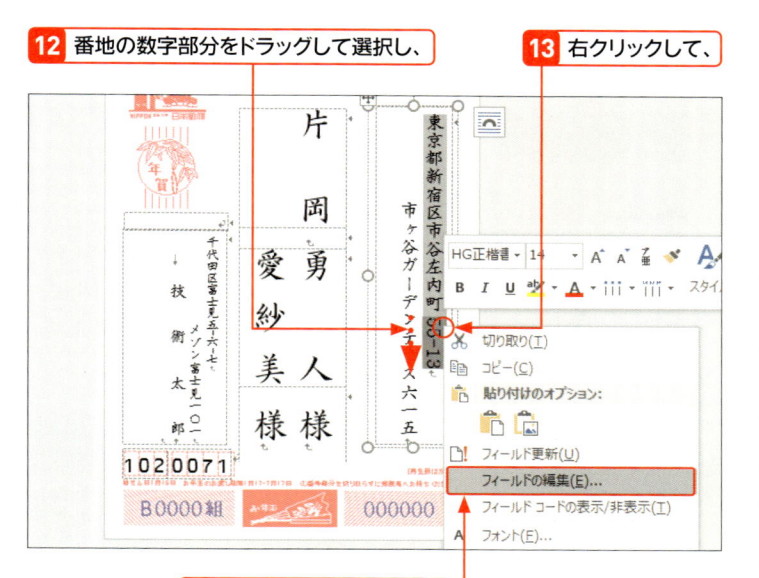

14 ＜フィールドの編集＞をクリックします。

15 ＜数字を漢数字に変換する＞をクリックしてオンにし、

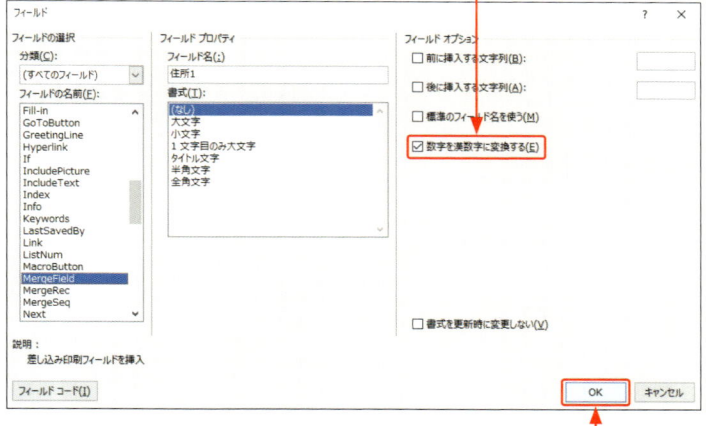

16 ＜OK＞をクリックすると、

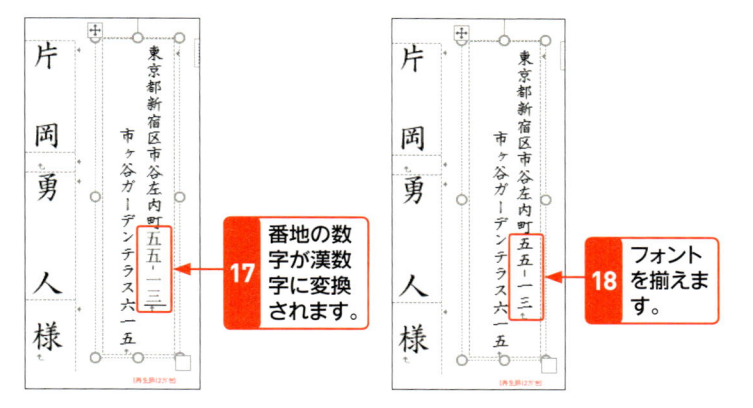

17 番地の数字が漢数字に変換されます。

18 フォントを揃えます。

メモ　番地部分を漢数字に変換する

新たに挿入した「住所1」の番部分は、数字が右に90度回転して表示されます。これを漢数字に変換するには、左の手順で＜フィールド＞ダイアログボックスを表示して、＜数字を漢数字に変換する＞をオンにします。

キーワード　フィールド

「フィールド」は、文書の中に変更される可能性のあるデータを埋め込みたいときに挿入する機能です。フィールドを挿入することによって、差し込み印刷やページ番号、文書パーツなどの挿入や目次の作成などを自動化できます。

既存のWordやExcelのバージョンでは、特定のコマンドを実行することによって自動的にフィールドが挿入されるので、手動でフィールドを挿入する必要はほとんどありません。フィールドを編集する際は、手順**15**の＜フィールド＞ダイアログボックスを利用します。

メモ　番地部分のフォントを変更する

手順**17**のように新たに挿入した番部分のフォントがほかの文字列と一致していない場合は、フォントを変更します（P.65参照）。

宛名面を作成したあとで、住所1と住所2のバランスが悪い場合や、住所1の一部の文字が次の行に送られてしまうような場合は、差し込み印刷で使用している名簿をWordで開いて編集すると効率的です。Wordで行った編集は、Excelの名簿にも反映されます。

1 データソースを編集する

🔍 キーワード データソース

「データソース」とは、文書に差し込む情報が格納されたファイルのことです。ここでは、Excelで作成した名簿ファイルのことを指します。

1 <差し込み文書>タブをクリックして、

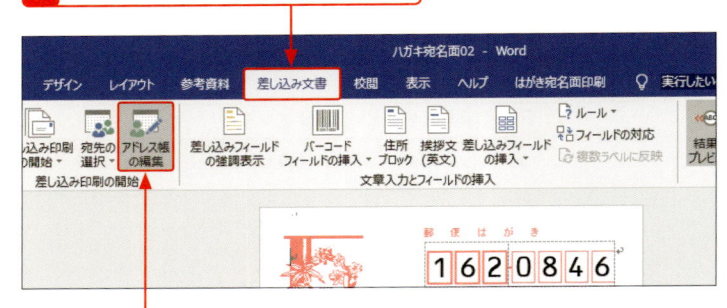

2 <アドレス帳の編集>をクリックします。

3 <名簿_自宅用.xlsx>をクリックして、

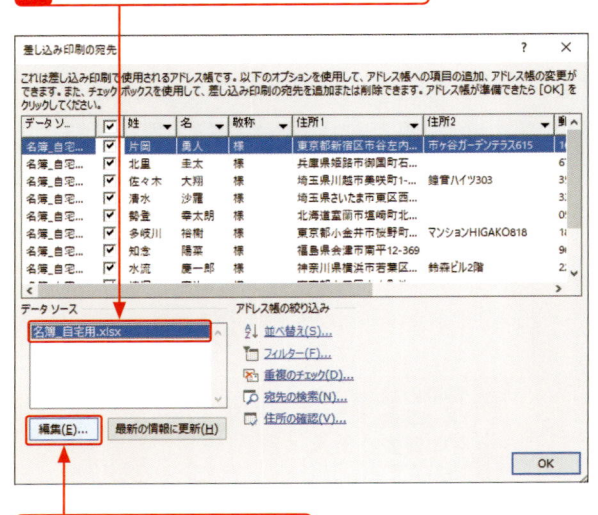

🔍 キーワード 差し込み印刷の宛先

手順**3**で表示される<差し込み印刷の宛先>は、差し込み印刷で使用されるアドレス帳です。このアドレス帳では、宛先の絞り込みや重複のチェック、宛先の検索なども行えます。

4 <編集>をクリックします。

5 隠れている部分を表示させたい場合は、列見出しの境界部分を右方向にドラッグします。

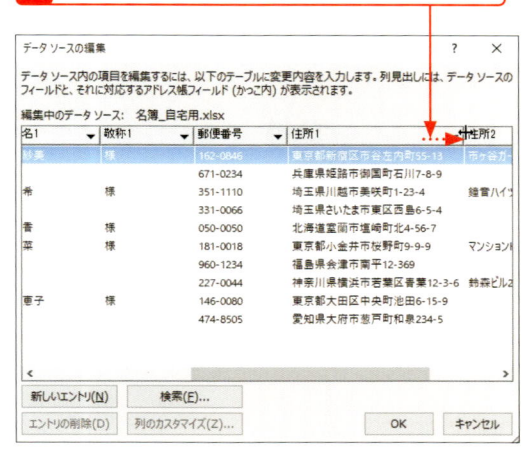

6 データをクリックして編集し、

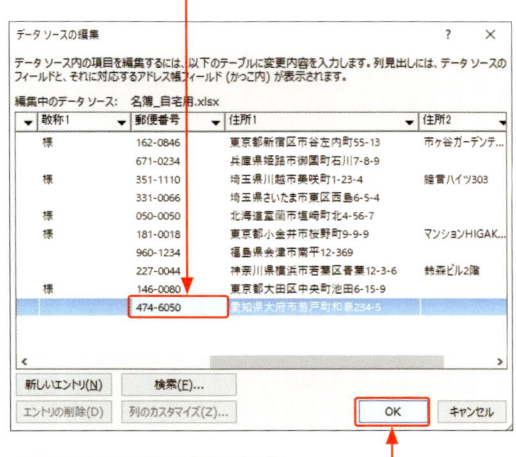

7 <OK>をクリックして、

8 <はい>をクリックします。

9 続いて表示される<差し込み印刷の宛先>ダイアログボックスの<OK>をクリックします。

 **メモ** 項目欄の調整

列に入力されている文字をすべて表示させたい場合は、列見出しの境界部分にマウスポインターを合わせ、ポインターの形が ✛ に変わった状態で右方向にドラッグします。

メモ データソースの編集

<データソースの編集>ダイアログボックスでは、はがきの宛名面に差し込まれているデータを修正することができます。宛名面を作成したあとで、住所1と住所2のバランスが悪い場合などは、ここで紹介する方法で対処するとよいでしょう。ここで行った編集は、Excel側にも反映されます。

ステップ アップ Excelで名簿を編集する

宛名面で使用している名簿は、<データソースの編集>ダイアログボックスで編集することができますが、連名を追加する場合など、比較的大きい変更はExcelファイルを開いて行うとよいでしょう（Sec.05参照）。

ただし、Excelで住所録を編集する場合は、いったん宛名面を閉じる必要があります。Excelで住所録を編集したあと、再度Wordで宛名面を開き、必要に応じてフィールドを追加します。

Section 18 印刷する相手を絞り込む

覚えておきたいキーワード
- ☑ アドレス帳の編集
- ☑ 差し込み印刷の宛先
- ☑ フィルター

名簿を作成すると、多くの相手の宛名を一度に印刷できますが、用途によっては、はがきを送る相手を限定したい場合があります。印刷する宛先は絞り込むことができます。差し込み印刷で使用している宛先を開いて、印刷しない宛先をオフにする方法と、フィルターを利用して絞り込む方法があります。

1 ＜差し込み印刷の宛先＞ダイアログボックスを表示する

メモ アドレス帳の編集

手順 2 で＜アドレス帳の編集＞をクリックすると、差し込み印刷で使用されるアドレス帳が表示されます。このアドレス帳を利用すると、差し込み印刷に利用する宛先を絞り込むことができます。なお、名簿の全員にはがきを送る場合は、ここでの操作を行う必要はありません。

1 ＜差し込み文書＞タブをクリックして、

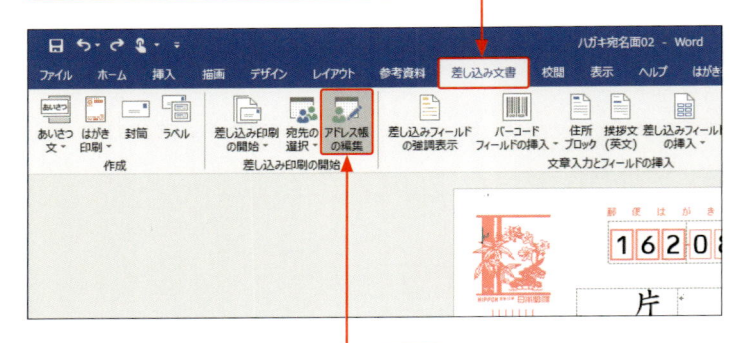

2 ＜アドレス帳の編集＞をクリックします。

3 隠れている部分を表示させたい場合は、列見出しの境界部分を右方向にドラッグします。

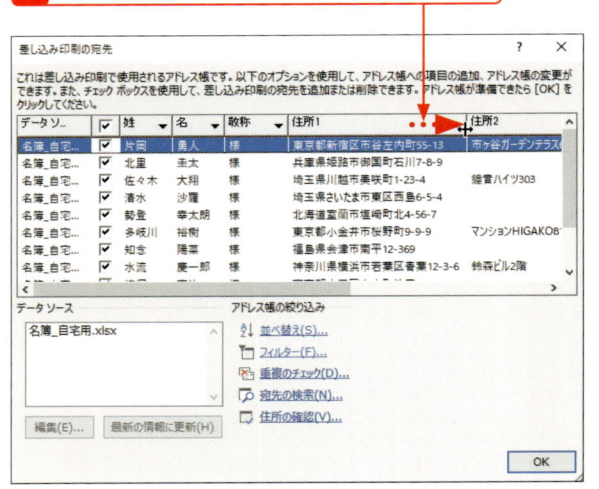

メモ 項目欄の調整

「住所1」などに入力されている文字をすべて表示させたい場合は、列見出しの境界部分にマウスポインターを合わせ、ポインターの形が ✛ に変わった状態で右方向にドラッグします。

2 印刷しない宛先を選ぶ

1 印刷しない宛先データのここをクリックしてオフにし、

2 ＜OK＞をクリックします。

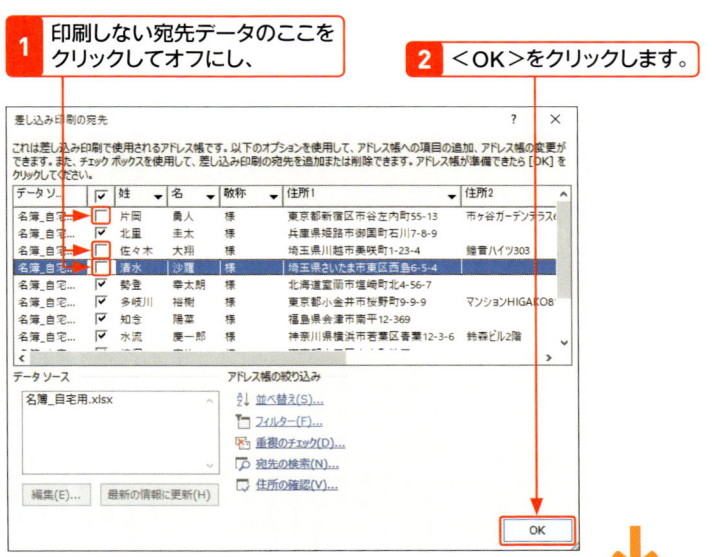

3 宛名面で宛先を表示すると、印刷する宛先を確認することができます。

4 ＜次のレコード＞をクリックすると、

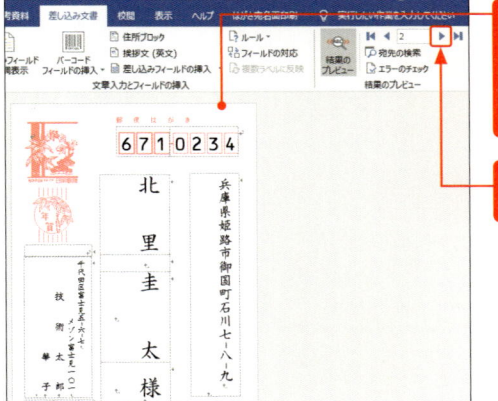

5 印刷する次の宛先が表示されます。

上記手順 **1** でオフにした宛先は表示されません。

メモ　印刷する宛先を絞り込む

手順 **1** でチェックボックスをオフにすると、その宛先は印刷されず、オンになっている宛先だけが印刷されます。

ヒント　宛先を順に表示する

宛名面で宛先を順に表示するには、＜差し込み文書＞タブの＜結果のプレビュー＞グループにある＜前のレコード＞ ◀ や＜次のレコード＞ ▶ をクリックします。

メモ　絞り込んだ宛先の保存

＜差し込み印刷の宛先＞ダイアログボックスで絞り込んだ宛先は、はがきの宛名面を保存する際に同時に保存されます。次回印刷時に、ここで絞り込んだ宛先を解除する場合は、＜差し込み印刷の宛先＞ダイアログボックスを表示して、各宛先のチェックボックスをオンにします。

3 フィルターで印刷しない宛先を外す

🔍 キーワード　フィルター

ここで利用する「フィルター」とは、指定した条件に合ったものだけを表示する機能のことをいいます。差し込み印刷では、フィールドが指定の条件に合致した宛先だけを印刷する場合などに利用します。

1 <差し込み文書>タブの<アドレス帳の編集>をクリックして、

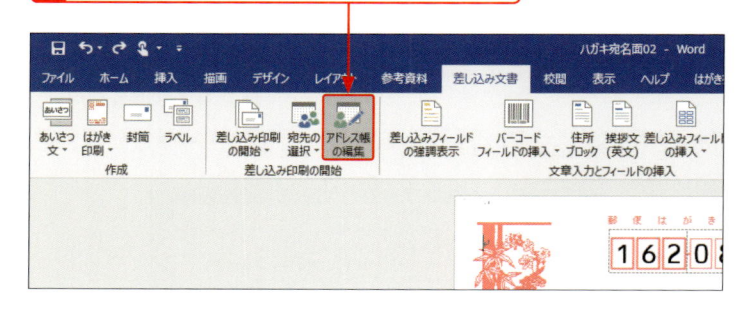

2 <フィルター>をクリックします。

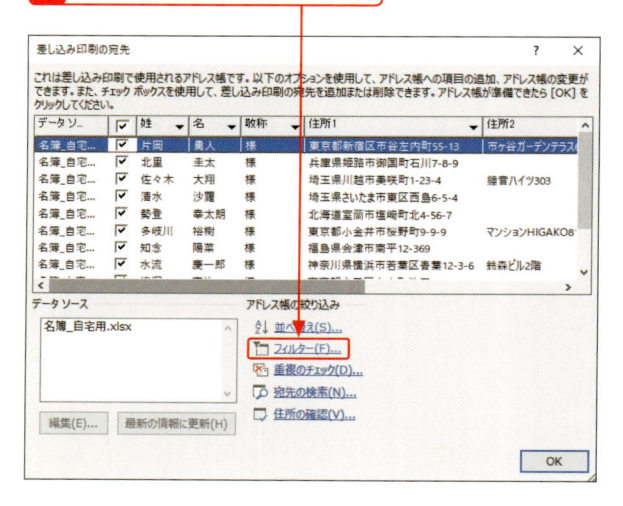

3 <フィールド>のここをクリックして、

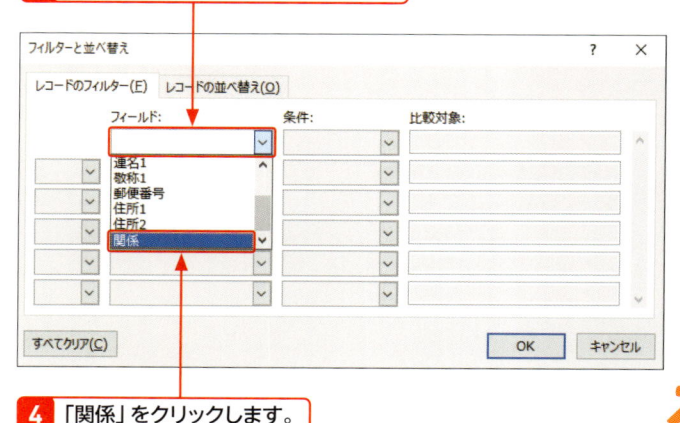

📝 メモ　宛先の絞り込み

ここでは、名簿の「関係」列に「友人」と入力している宛先だけを印刷するために、<フィールド>で「関係」を、<条件>で<が値と等しい>を選択し、<比較対象>に「友人」と入力します。

4 「関係」をクリックします。

5 ＜条件＞のここをクリックして、

6 ＜が値と等しい＞をクリックし、

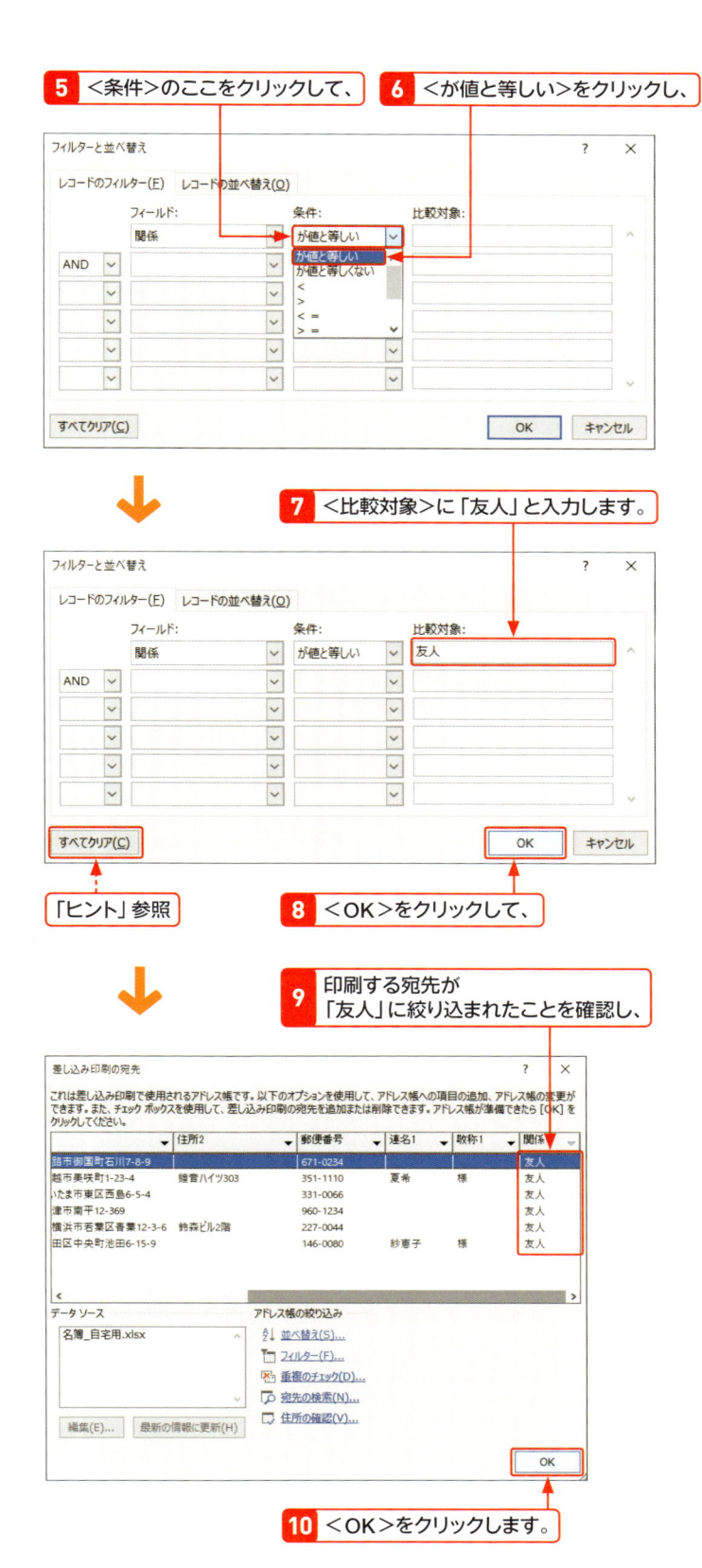

7 ＜比較対象＞に「友人」と入力します。

8 ＜OK＞をクリックして、

「ヒント」参照

9 印刷する宛先が「友人」に絞り込まれたことを確認し、

10 ＜OK＞をクリックします。

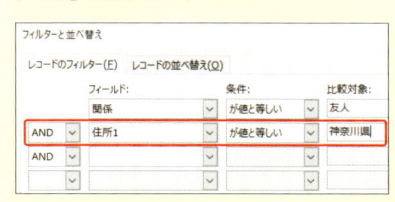

ステップアップ ANDやORを使った絞り込み

＜フィルターと並べ替え＞ダイアログボックスでは、AND（かつ）やOR（または）を使って、さらに条件を絞り込むことができます。たとえば、神奈川県に住む友人を絞り込む場合は、下図のように「AND」を使います。

ヒント 絞り込みを解除するには

ここで絞り込んだ宛先で印刷が終了したら（Sec.19）、絞り込みを解除しましょう。解除をしないと、絞り込んだリストで常に宛名面が表示されます。解除するには、＜フィルターと並べ替え＞ダイアログボックスを表示して、左下にある＜すべてクリア＞をクリックし、＜OK＞をクリックします。

はがきの宛名面を印刷する

はがきの宛名面を作成して、印刷する宛先を絞り込んだら、印刷しましょう。はがきを印刷するには、<プリンターのプロパティ>ダイアログボックスを開いて、用紙の種類と用紙サイズを設定する必要があります。実際に印刷する前に、試し印刷をすると印刷のミスを防ぐことができます。

1 試し印刷をする

メモ 試し印刷（試し刷り）

印刷のミスを防ぐために、最初は不要なはがきなどで試し印刷をするとよいでしょう。試し印刷をする場合は、<はがき宛名面印刷>タブの<表示中のはがきを印刷>をクリックすると、現在表示されている宛先だけが印刷されます。

試し印刷用の用紙は、市販のはがき用紙や書き損じのはがきを使うとよいでしょう。なければ、通常の印刷用紙をはがきサイズにカットして使用します。

1 <はがき宛名面印刷>タブをクリックして、

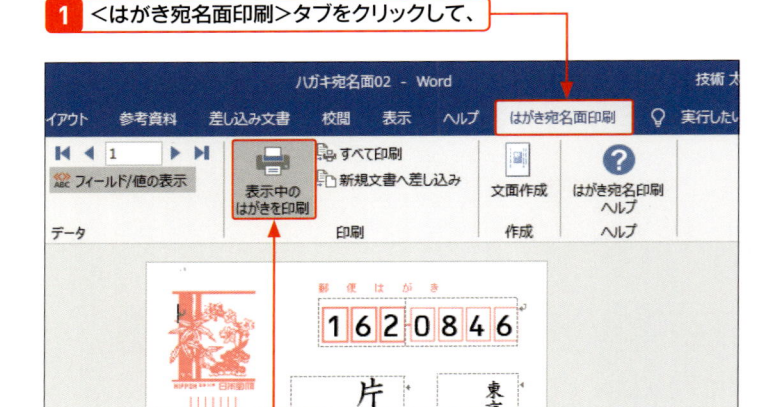

2 <表示中のはがきを印刷>をクリックし、

3 <プロパティ>をクリックします。

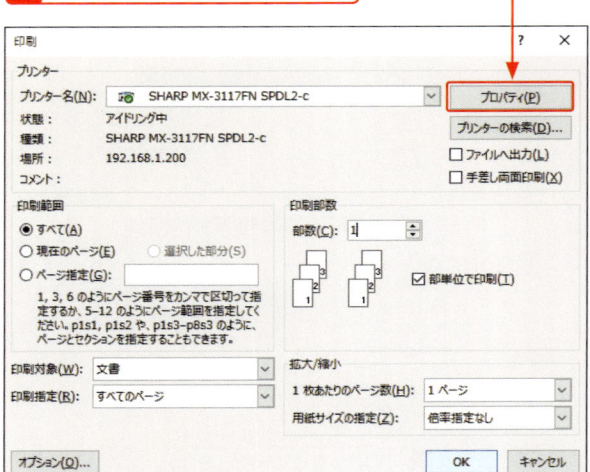

メモ プリンターの選択

使用しているプリンターが複数ある場合は、<プリンター名>ボックスをクリックして、はがき印刷に使用するプリンターを指定します。プリンターは、はがき印刷に対応したものを利用してください。

2 用紙の種類とサイズを指定して印刷を実行する

1 ＜用紙のサイズ＞のここをクリックして、

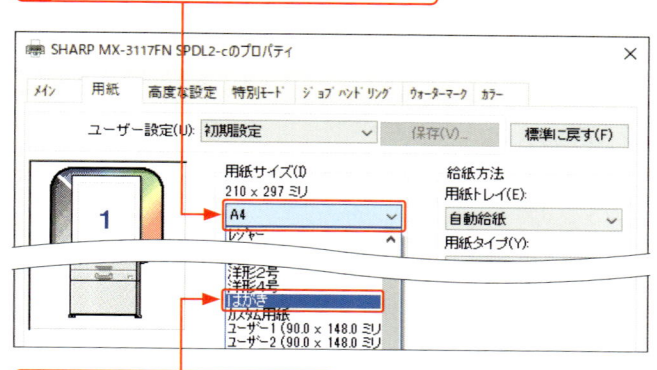

2 ＜はがき＞をクリックします。

3 ＜用紙タイプ＞を「はがき」に設定して、

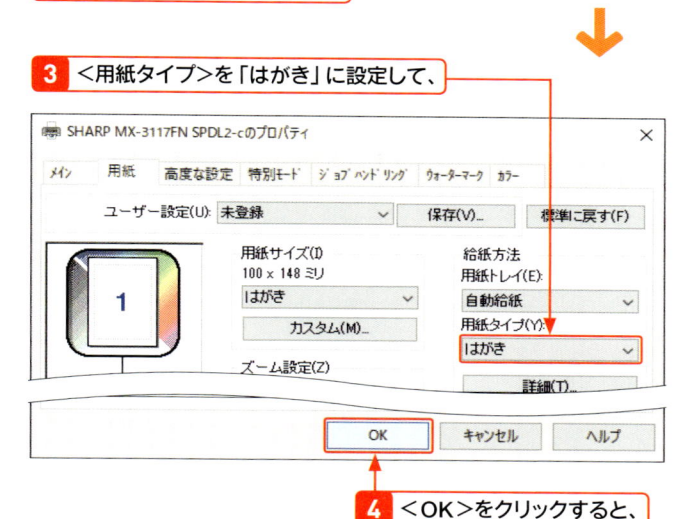

4 ＜OK＞をクリックすると、

5 ＜印刷＞ダイアログボックスに戻ります。

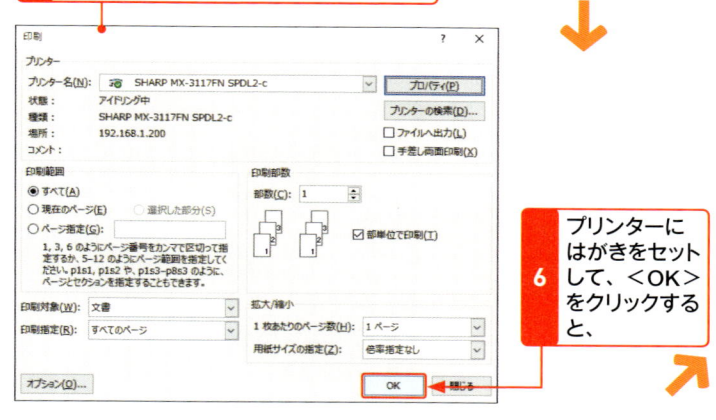

6 プリンターに
はがきをセット
して、＜OK＞
をクリックする
と、

📝 **メモ** **プリンターの
プロパティ**

＜プリンターのプロパティ＞ダイアログ
ボックスの内容（それぞれの項目名や機
能）は、プリンターの機種によって異な
ります。設定方法などは、お使いのプリ
ンターの取扱説明書などで確認してくだ
さい。

📝 **メモ** **用紙の設定**

用紙のサイズや用紙の種類など、名称や
表示される一覧は、プリンターによって
異なります。また、印刷品質や印刷の向
き、給紙方法など設定する必要がある場
合は設定してください。

📝 **メモ** **はがきのセット方法**

プリンターにはがきをセットする方法
は、プリンターの機種によって異なりま
す。プリンターの取扱説明書などで確認
してください。

メモ　印刷のずれの確認

印刷の実行時は、はがきがまっすぐ紙送りされたか見ておきましょう。正しく送られないと、印刷のずれの原因になります。この状態でずれの修正を行うと、無駄な印刷をすることになってしまいます。

メモ　試し印刷の結果を確認する

試し印刷をした結果、問題がなければ、続けてすべての宛名を印刷します（P.84参照）。印刷位置がずれている場合は、P.83を参照して調整します。また、文字の一部が切れてしまう場合や全体のバランスが悪い場合は、Sec.15を参照して調整します。

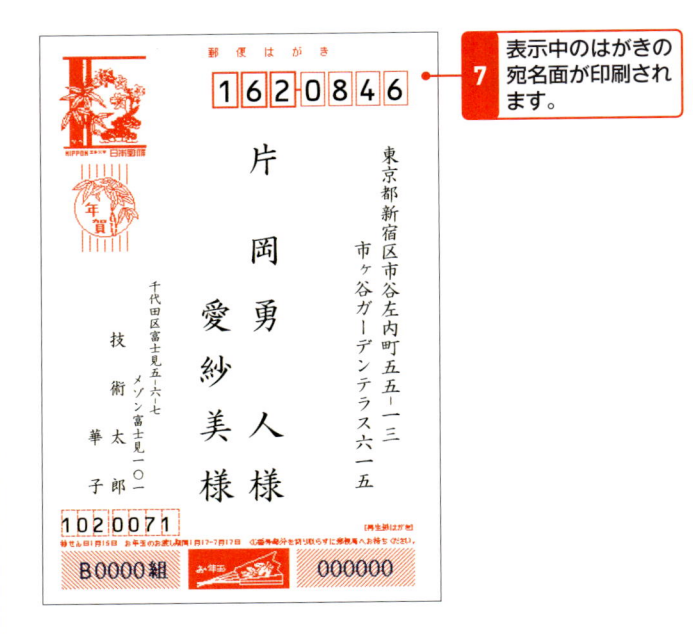

7 表示中のはがきの宛名面が印刷されます。

3　郵便番号の位置を微調整する

メモ　郵便番号の位置の調整

画面上では郵便番号が枠内にきちんと収まっていても、試し印刷すると印字位置が微妙にずれている場合があります。このような場合は、郵便番号や宛名面全体の位置を調整します。

1 郵便番号をクリックします。

2 枠線上にマウスポインターを合わせ、ポインターの形が変わった状態でクリックすると、

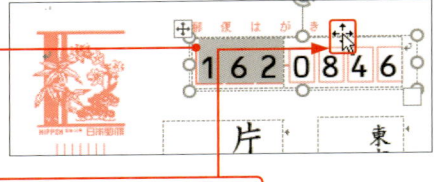

3 郵便番号全体が選択されるので、←↑→↓を押して微調整します。

メモ　テキストボックスで調整する

郵便番号のずれをテキストボックスで微調整するには、マウスによるドラッグ操作でも調整できますが、左の操作のように、キーボードの←↑→↓を押したほうがより細かく調整できます。

4 差出人の郵便番号も同様に調整します。

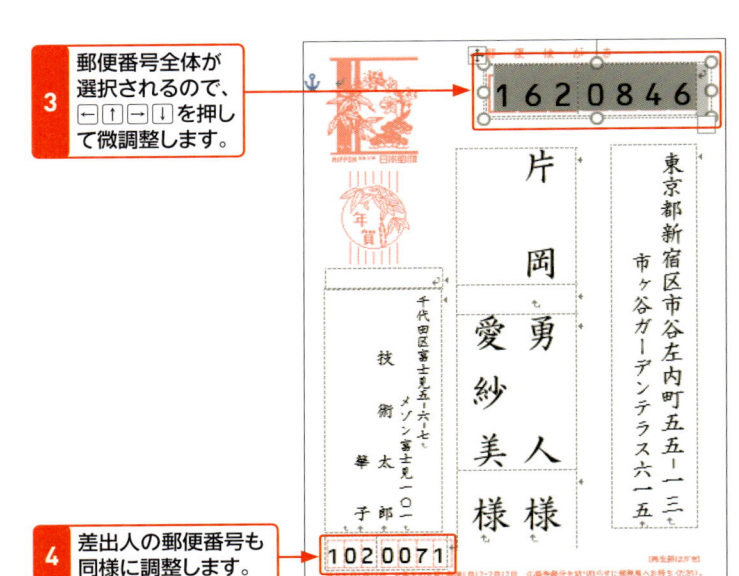

4 宛名面全体の印刷位置を微調整する

1 <はがき宛名面印刷>タブをクリックして、

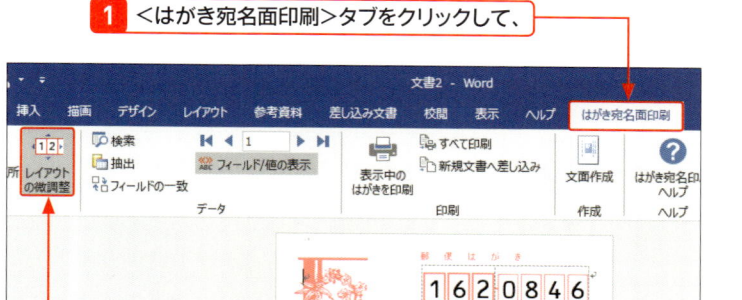

2 <レイアウトの微調整>をクリックします。

3 実際にどのようにずれているかを<縦位置>のここを
クリックして、再現します。

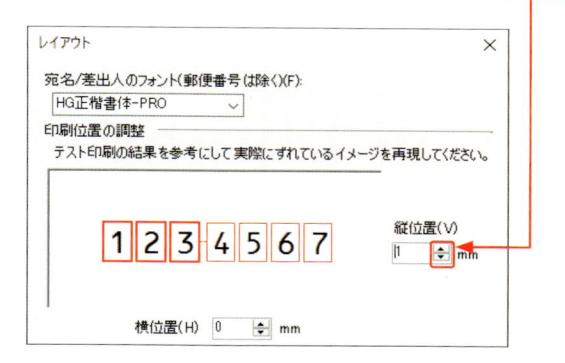

4 同様に、<横位置>のここを
クリックして、位置を再現します。

5 ここをクリックして
オンにし、

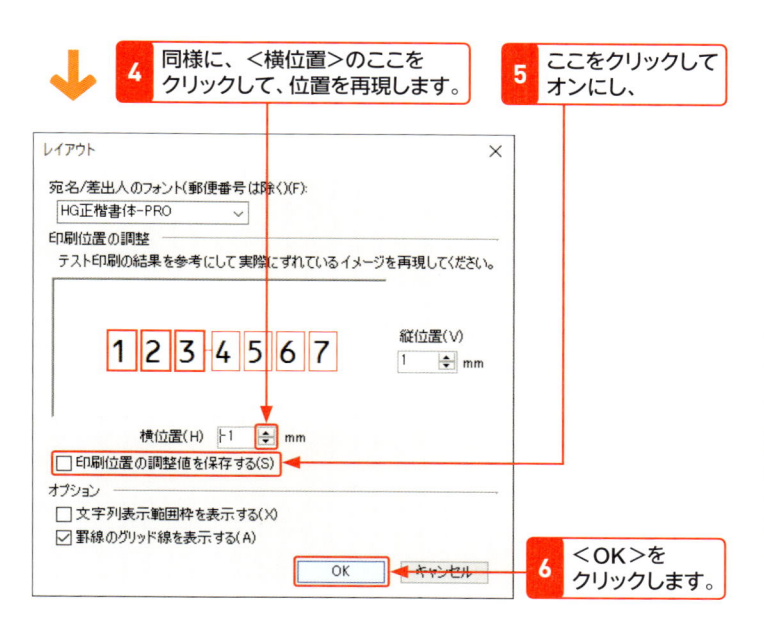

6 <OK>を
クリックします。

 メモ 全体の印刷位置を
調整する

<レイアウト>ダイアログボックスを利
用すると、宛名面全体の印刷位置を微調
整することができます。<横位置>と
<縦位置>の⬦をクリックし、実際に
ずれている状況を再現します。印刷位置
を調整したら、試し刷りをして確認しま
しょう。

メモ 印刷位置の調整値を
保存する

左の手順**5**で<印刷位置の調整値を保
存する>をオンすると、微調整を繰り返
す際に再び<レイアウト>ダイアログ
ボックスを表示させると、<縦位置>と
<横位置>に設定した数値がそのまま残
ります。オフにした場合は、<縦位置>
と<横位置>の数値が「0」に戻ります。

**ステップ
アップ** 宛名と差出人の
フォントを変更する

<レイアウト>ダイアログボックスで
は、郵便番号を除いた宛名と差出人の
フォントを変更することもできます。
<宛名／差出人のフォント(郵便番号は
除く)>の⬦をクリックして、一覧から
フォントを指定します。

5 すべてのはがき宛名面を印刷する

メモ 用紙の種類と用紙サイズ

用紙の種類と用紙サイズは、P.81で設定した内容がそのまま踏襲されるので、再度設定する必要はありません。

試し印刷をして問題がなければ、実際に印刷を行います。

1 <はがき宛名面印刷>タブの<すべて印刷>をクリックします。

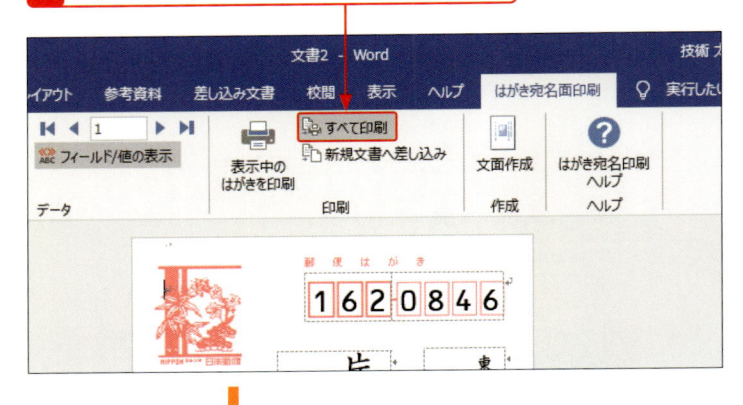

2 <すべて>をクリックしてオンにし、

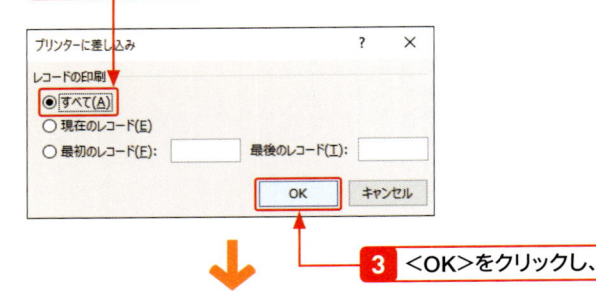

3 <OK>をクリックし、

ヒント 印刷する宛先を指定する

本章では、印刷する宛先を<差し込み印刷の宛先>ダイアログボックスから絞り込みましたが（Sec.18参照）、連続するデータを選択する場合は、<プリンターに差し込み>ダイアログボックスの<最初のレコード>と<最後のレコード>ボックスに印刷したいレコード（何件目の宛先を印刷するか）を指定することでも、絞り込むことができます。

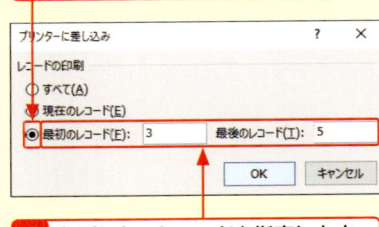

1 ここをクリックしてオンにし、

2 印刷したいレコードを指定します。

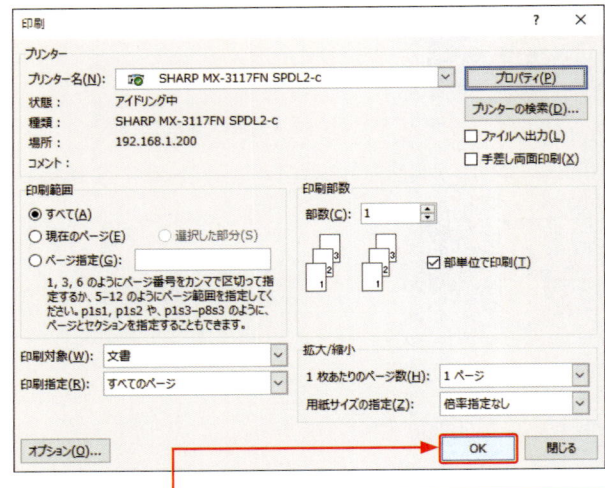

4 <OK>をクリックすると、 **5** はがきの宛名面が印刷されます。

Chapter 03

第3章

はがきの文面を作る

Section 20 はがき文面作成の手順

21 はがきの文面を作成する

22 はがきの文面を修正する

23 文字の種類や大きさを変更する

24 文面の題字を変更する

25 文面のイラストを写真に変更する

26 はがきの文面を保存して印刷する

はがき文面作成の手順

はがきの宛名面が完成したら、文面を作成しましょう。はがきの文面は、はがき文面作成印刷ウィザードを使って自動的にレイアウトされて作成できます。文面や題字を変更したり、イラストを写真に入れ替えたりできます。また、自分ではがきを設定したり、テンプレートを使ったりすることもできます。

1 はがき文面の基本的なレイアウト

● 年賀状の例

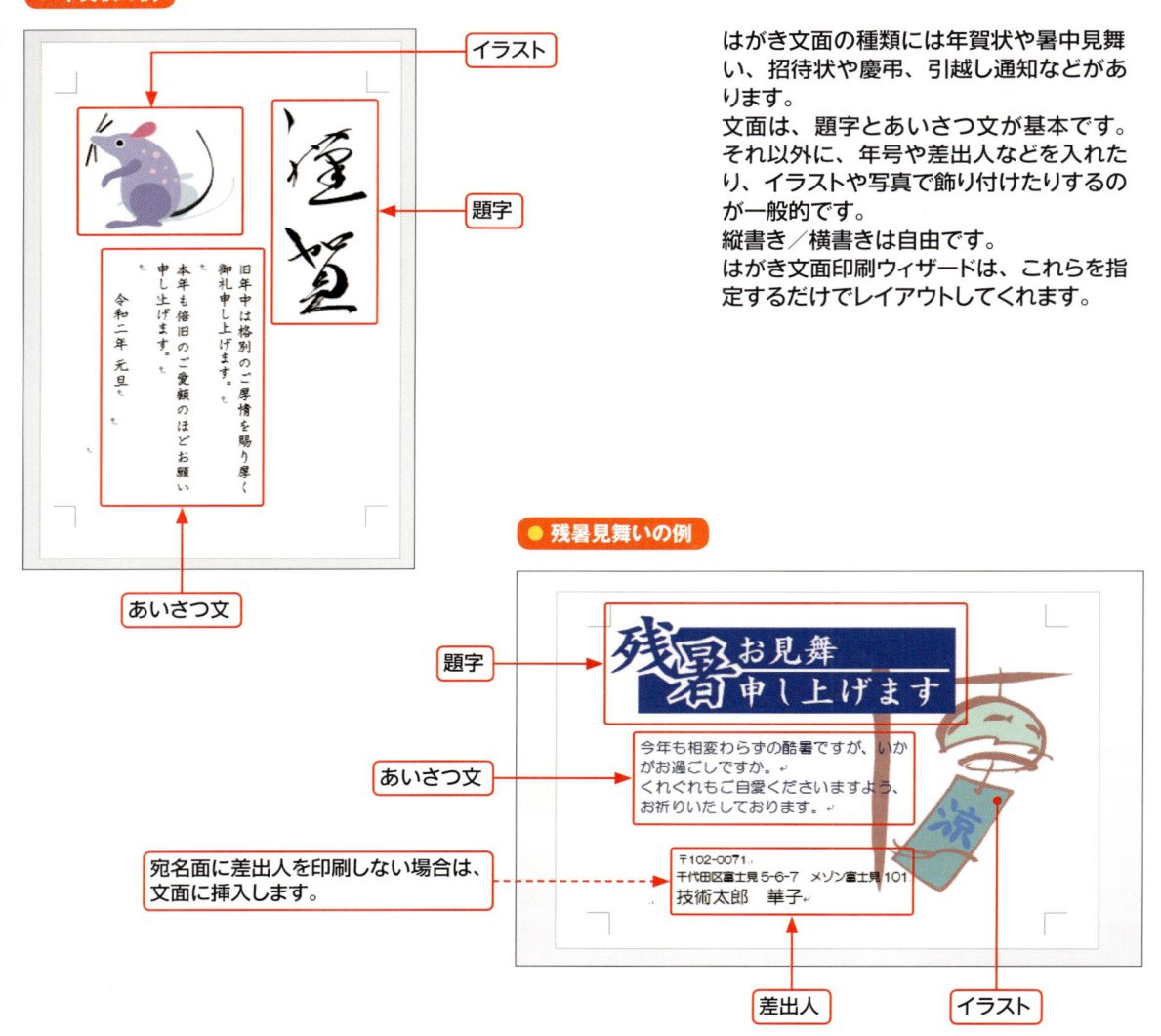

イラスト

題字

旧年中は格別のご厚情を賜り厚く御礼申し上げます。

本年も倍旧のご愛顧のほどお願い申し上げます。

令和二年 元旦

あいさつ文

はがき文面の種類には年賀状や暑中見舞い、招待状や慶弔、引越し通知などがあります。
文面は、題字とあいさつ文が基本です。それ以外に、年号や差出人などを入れたり、イラストや写真で飾り付けたりするのが一般的です。
縦書き／横書きは自由です。
はがき文面印刷ウィザードは、これらを指定するだけでレイアウトしてくれます。

● 残暑見舞いの例

題字

残暑お見舞
暑申し上げます

あいさつ文

今年も相変わらずの酷暑ですが、いかがお過ごしですか。
くれぐれもご自愛くださいますよう、お祈りいたしております。

宛名面に差出人を印刷しない場合は、文面に挿入します。

〒102-0071
千代田区富士見 5-6-7 メゾン富士見 101
技術太郎 華子

差出人

イラスト

2 はがき文面作成の流れ

はがきの文面をレイアウトする

Wordに用意されているはがき文面印刷ウィザードを使って、レイアウト、文面や題字、イラストを選んで文面を作成します。はがき文面は名前を付けて保存します（Sec.21 参照）。

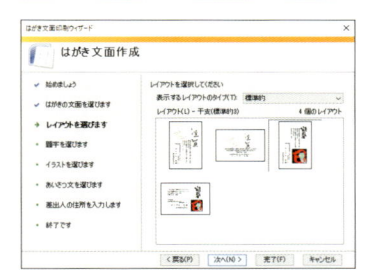
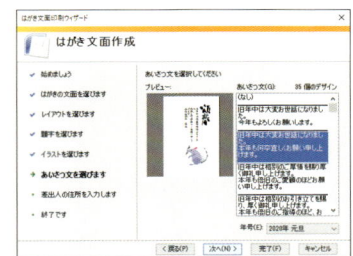

文面を編集する

文面のフォントやフォントサイズを変更したり、配置した題字を削除して、文字を入力し直したりします（Sec.22〜24参照）。

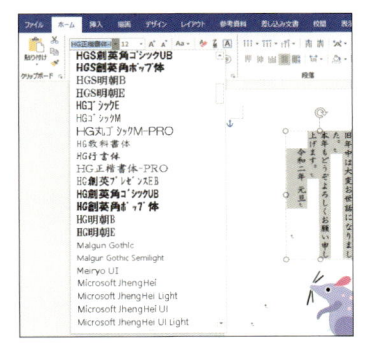

イラストを写真に変更する

配置したイラストを削除して、写真を挿入し編集します（Sec.25参照）。

作成した文面を印刷する

はがきの文面が完成したら保存して、プリンターを設定し、印刷を実行します（Sec.26参照）。

はがきの文面を作成する

はがきの文面は、Wordに用意されているはがき文面印刷ウィザードを使って作成します。はがきの種類に合わせた文面、題字、イラストなどを順に指定していくだけで、レイアウトされた文面がかんたんに作成できます。題字や文面を変更したり、イラストを写真に差し替えたりすることができます。

1 ＜はがき文面印刷ウィザード＞を起動する

**🔍 キーワード　はがき文面
印刷ウィザード**

「はがき文面印刷ウィザード」は、はがきの文面を作成するための要素を指示に従って選択するだけで文面が作成できる機能です。挿入した文面や題字、イラストなどは、あとで変更することができます。

1 ＜差し込み文書＞タブをクリックして、

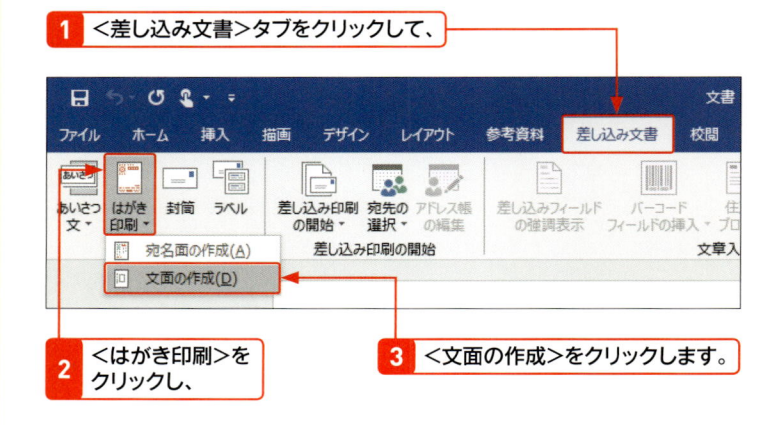

2 ＜はがき印刷＞を
クリックし、

3 ＜文面の作成＞をクリックします。

4 ＜はがき文面印刷ウィザード＞が起動するので、

💡 ヒント　＜はがき印刷＞がない？

コマンドの表示は、画面のサイズによって変わります。画面のサイズを小さくしている場合は、＜作成＞をクリックして、＜はがき印刷＞をクリックし、＜文面の作成＞をクリックします。

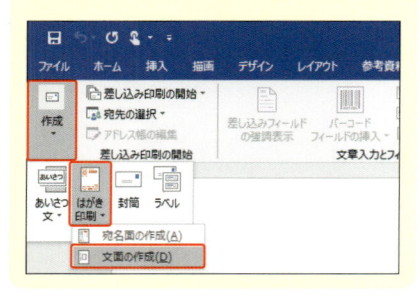

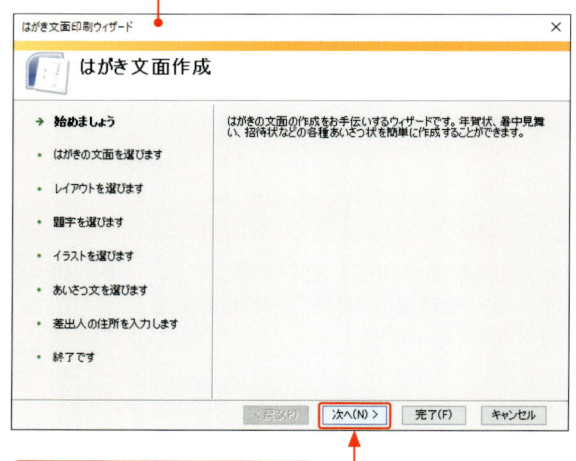

5 ＜次へ＞をクリックします。

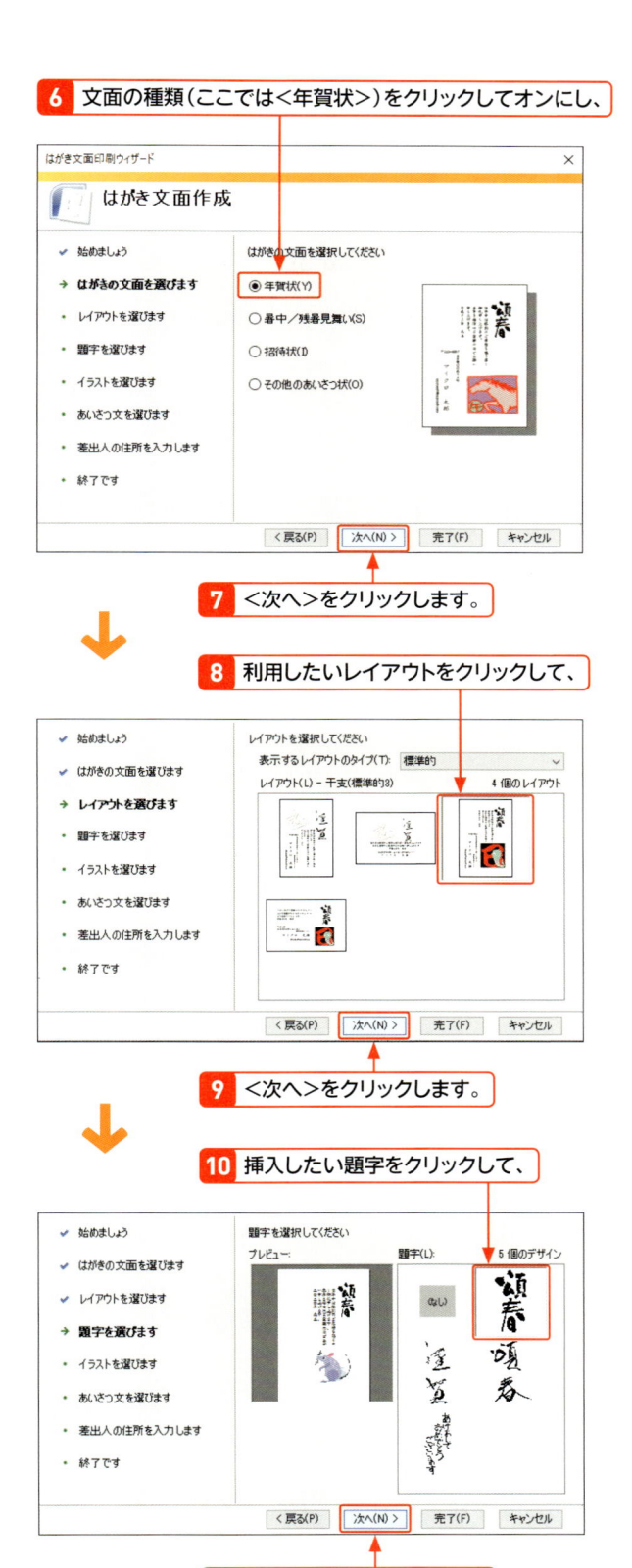

6 文面の種類（ここでは＜年賀状＞）をクリックしてオンにし、

7 ＜次へ＞をクリックします。

8 利用したいレイアウトをクリックして、

9 ＜次へ＞をクリックします。

10 挿入したい題字をクリックして、

11 ＜次へ＞をクリックします。

メモ　はがきの文面

手順 **6** では、はがきの文面を選択します。はがきの用途によって、文面を構成する要素も変わってきます。ここでは年賀状を例として作成しますが、暑中見舞い、招待状、移転通知など目的に合わせた種類を選んでください。

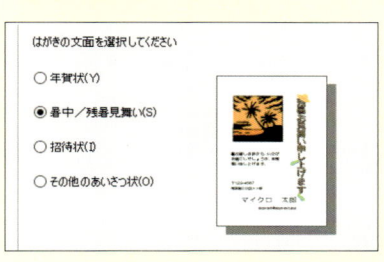

メモ　はがきのレイアウト

手順 **8** の画面では、はがきのレイアウトを選択します。＜表示するレイアウトのタイプ＞をクリックして、＜伝統的＞＜ポピュラー＞＜かわいい＞＜すべて＞のいずれかをクリックすると、ほかのレイアウトを選ぶことができます。

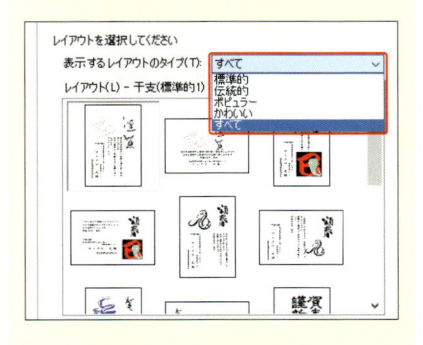

メモ　はがきの題字

手順 **10** の題字は、はがきの種類に合わせてそれぞれ用意されています。題字を入れない場合は、＜なし＞をクリックします。

メモ　はがきのイラスト

年賀状を作成する場合、作成時期によっては、翌年の干支になっていない場合があります。仮に挿入しておいて、あとから自分が持っているイラストや写真に差し替えるとよいでしょう（Sec.25参照）。イラストを入れない場合は、左上の＜（なし）＞をクリックします。

12 挿入したいイラストをクリックして、

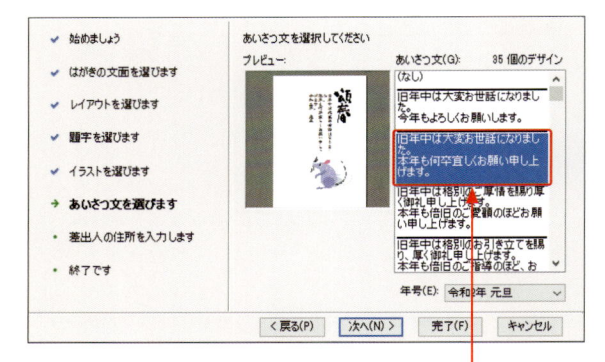

13 ＜次へ＞をクリックします。

 メモ　はがきのあいさつ文

手順**14**では、はがきのあいさつ文を選択します。あいさつ文を入れたくない場合は、＜なし＞をクリックします。挿入したあいさつ文は、テキストボックスで配置されます。テキストボックスの文面は自由に変更できるので、ここでは仮として内容や分量が近いものを挿入しておくとよいでしょう。

14 挿入したいあいさつ文をクリックして、

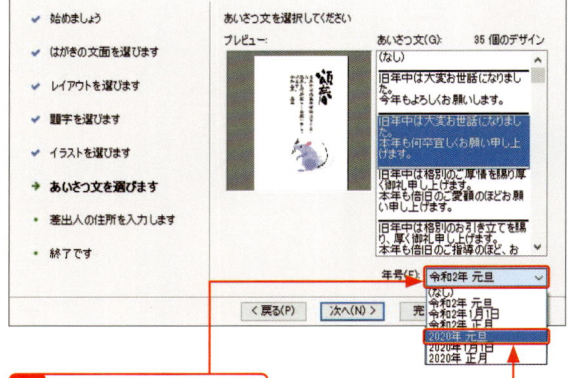

 **ヒント　はがきの年号**

年賀状を作成する場合は、あいさつ文の選択画面で＜年号＞の選択も行います。なお、縦書きの場合、数字は漢数字に変換されます。

15 ＜年号＞をクリックし、

16 年号の種類をクリックします（「ヒント」参照）。

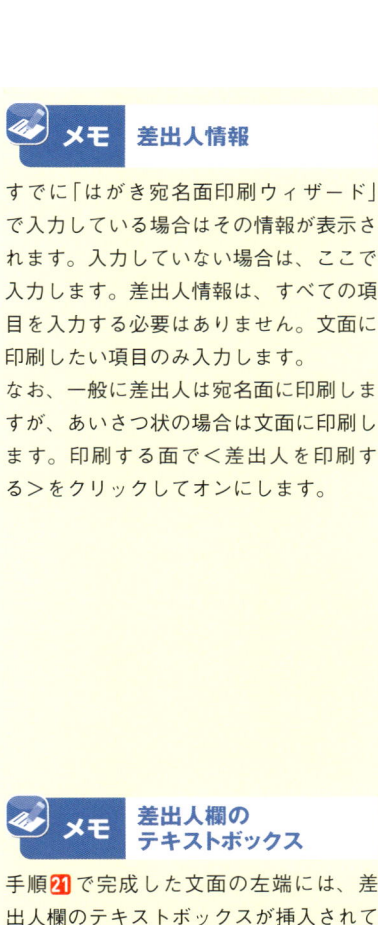

17 ＜次へ＞をクリックします。

18 ここでは差出人情報を印刷しないので、＜差出人を印刷する＞をクリックしてオフにし、

✔ 始めましょう	差出人情報を入力してください。
✔ はがきの文面を選びます	□ 差出人を印刷する(D)
✔ レイアウトを選びます	氏名(M): 技術太郎
✔ 題字を選びます	郵便番号(Z): 1020071
✔ イラストを選びます	住所 1(D): 千代田区富士見5-6-7
✔ あいさつ文を選びます	住所 2(R): メゾン富士見101
→ 差出人の住所を入力します	会社(O):
・ 終了です	部署(S): 役職(C):
	電話(H):
	FAX(T):
	電子メール(E):

19 ＜次へ＞をクリックします。

設定は終了しました。
作成したはがき文面を編集するには、［はがき文面印刷］タブの［編集］グループから［デザインの変更］コマンドを使用してください。

20 ＜完了＞をクリックします。

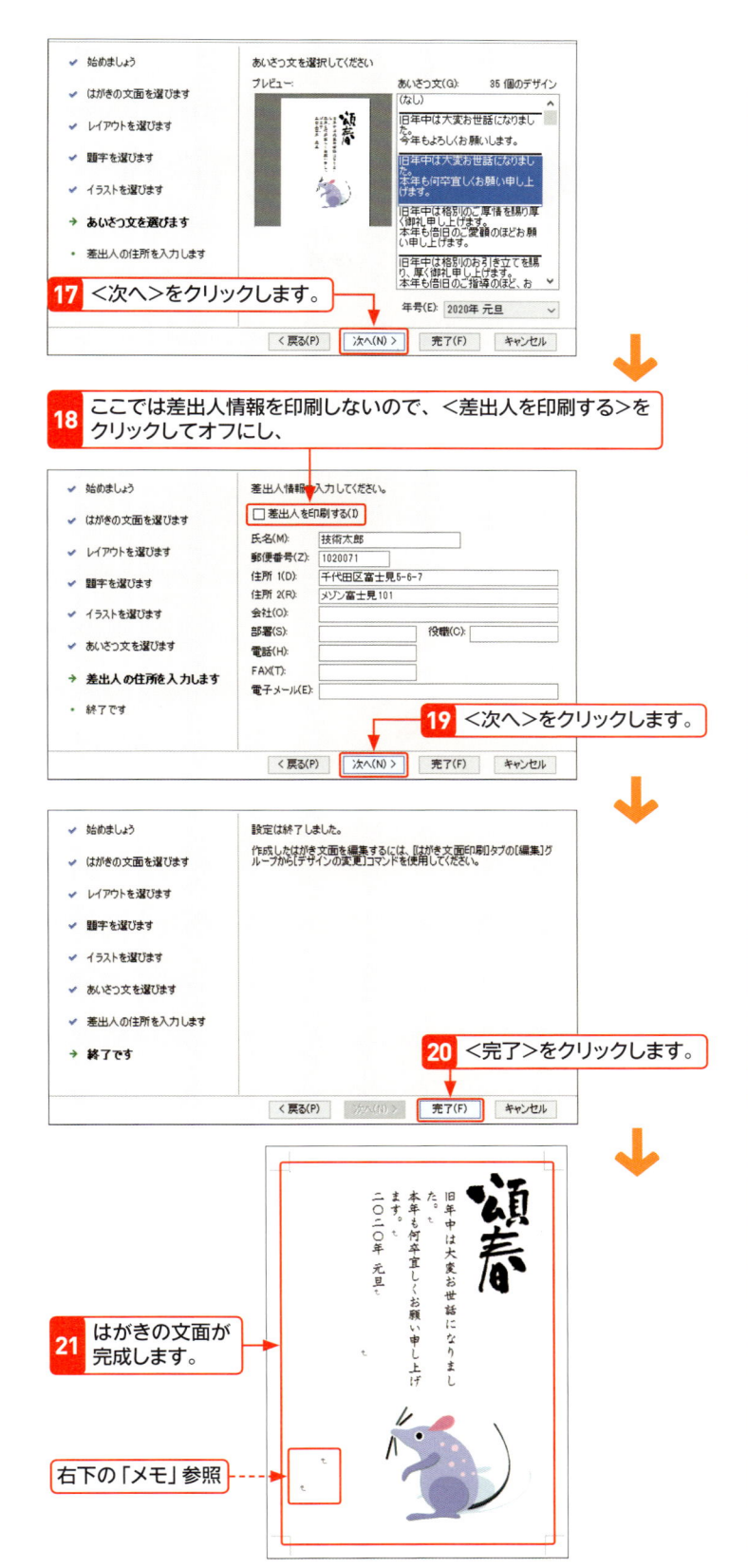

21 はがきの文面が完成します。

右下の「メモ」参照

メモ　差出人情報

すでに「はがき宛名面印刷ウィザード」で入力している場合はその情報が表示されます。入力していない場合は、ここで入力します。差出人情報は、すべての項目を入力する必要はありません。文面に印刷したい項目のみ入力します。
なお、一般に差出人は宛名面に印刷しますが、あいさつ状の場合は文面に印刷します。印刷する面で＜差出人を印刷する＞をクリックしてオンにします。

メモ　差出人欄のテキストボックス

手順 **21** で完成した文面の左端には、差出人欄のテキストボックスが挿入されています。無視してかまいませんが、邪魔な場合はそれぞれのテキストボックスを選択し、[Delete]を押して、削除するとよいでしょう。

ヒント　文面を保存する

文面が完成したら、ファイルとして保存しておくとよいでしょう。また、次ページ以降で編集する場合も、その都度名前を変えて保存しておくと、もとの状態に戻りやすくなります。保存の方法は、P.110を参照してください。

はがきの文面を修正する

はがきの文面が完成したら、自分用に文面（あいさつ文）を修正してみましょう。不要な文字を削除して、新しく入力し直します。文面はテキストボックスに配置されているので、文字数に合わせてサイズを広げたり、移動したりすることができます。差出人も挿入している場合は、同様に修正します。

1 文面の文字を変更する

 **キーワード** テキストボックス

はがきの文面の文章は、テキストボックスに配置されています。文字を修正する場合は、テキストボックス内をクリックし、カーソルを移動して行います。

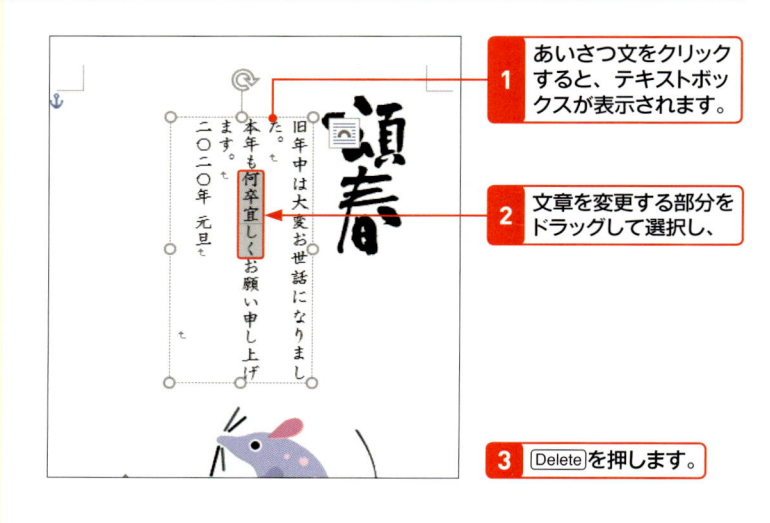

1 あいさつ文をクリックすると、テキストボックスが表示されます。

2 文章を変更する部分をドラッグして選択し、

3 Delete を押します。

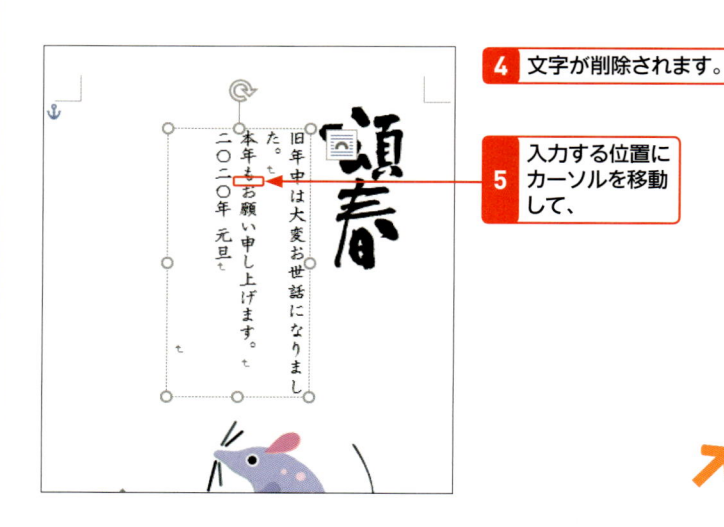

4 文字が削除されます。

5 入力する位置にカーソルを移動して、

 ヒント はがきの文面を修正する

はがき文面印刷ウィザードを使って、はがきの文面を作成したら、自分用に文面を修正します。不要な文字を削除して、新しい文章を入力します。文章を差し替えたい場合は、不要部分を選択した状態で、新しい文字を入力すると上書きされます。

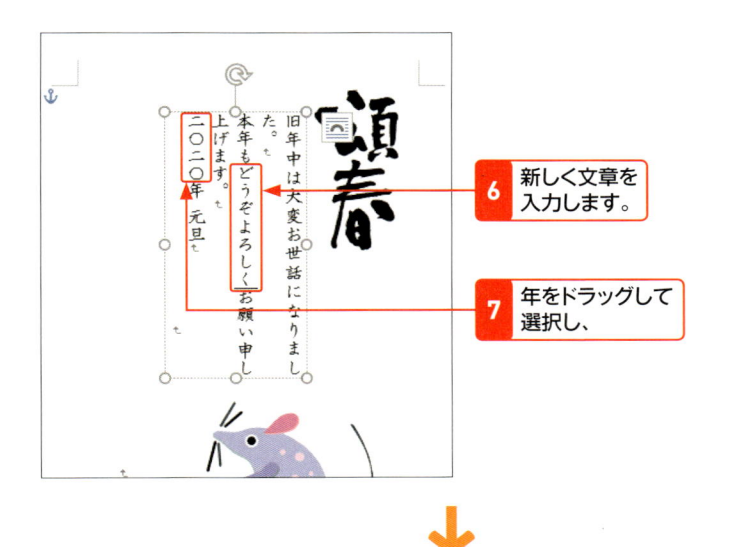

6 新しく文章を
入力します。

7 年をドラッグして
選択し、

一般に、年号は本文の先頭位置よりも2
文字程度下げます。また、フォントサイ
ズも小さくしたほうが見栄えがよくなり
ます。フォントサイズについては、
Sec.23を参照してください。

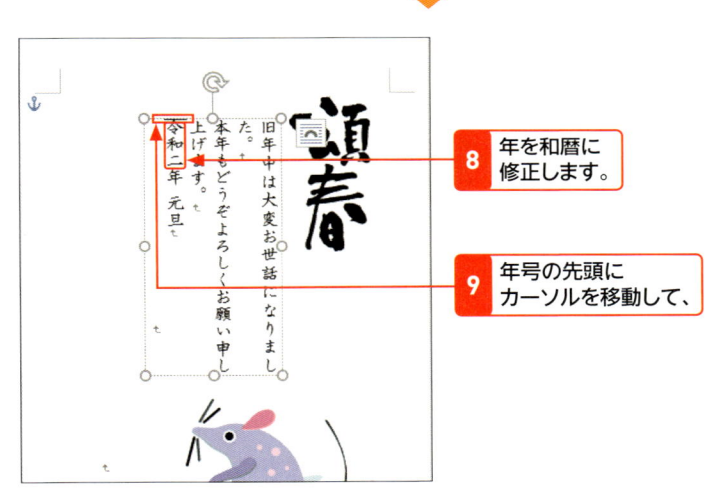

8 年を和暦に
修正します。

9 年号の先頭に
カーソルを移動して、

ヒント　テキストボックスの
サイズを調整する

追加した文章が多く、テキストボックス
からはみ出してしまった場合は、サイズ
を広げて文字が表示されるようにしま
す。サイズを変更するには、テキストボッ
クスをクリックすると表示される枠線の
ハンドル ◯ にマウスポインターを合わ
せてドラッグします。

10 Space を2回押して
2文字分字下げします。

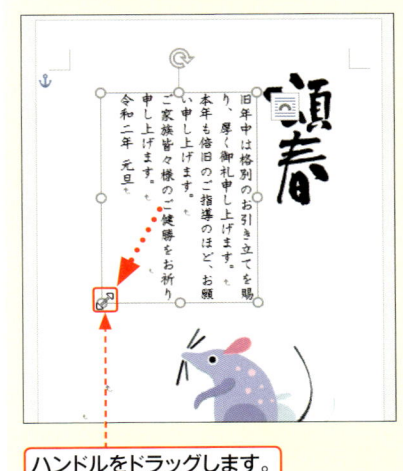

ハンドルをドラッグします。

文字の種類や大きさを変更する

覚えておきたいキーワード
☑ フォント／フォントサイズ
☑ フォントの色
☑ 行と段落の間隔

テキストボックスに入力した文章の文字の種類やサイズを変更して見やすくしましょう。テキストボックス内の文字は、通常の文章と同様にフォントの種類、フォントサイズ、フォントの色を変更することができます。また、行間や配置などの書式を設定することもできます。

1 フォントとフォントサイズを変更する

💡 ヒント **フォントや
フォントサイズの変更**

フォントやフォントサイズを変更する場合、テキストボックスを選択した状態で変更することもできます。テキストボックスを選択するには、テキストボックス内をクリックしてから、枠線上をクリックします。テキストボックスを選択すると、枠線が破線から実線に変わります。

1 テキストボックス内を
クリックしてから、

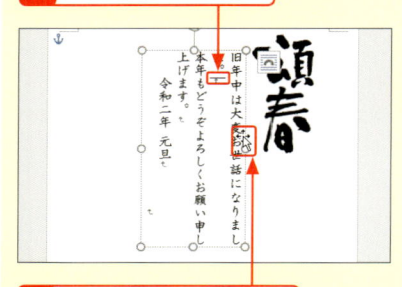

2 枠線上をクリックすると、

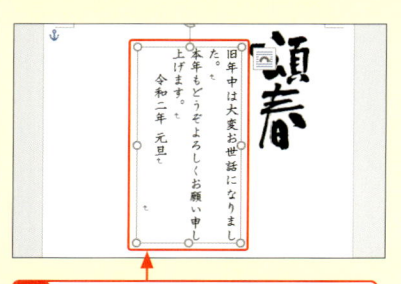

3 テキストボックスが選択されます。

1 フォントを変更したい文字列をドラッグして選択します。

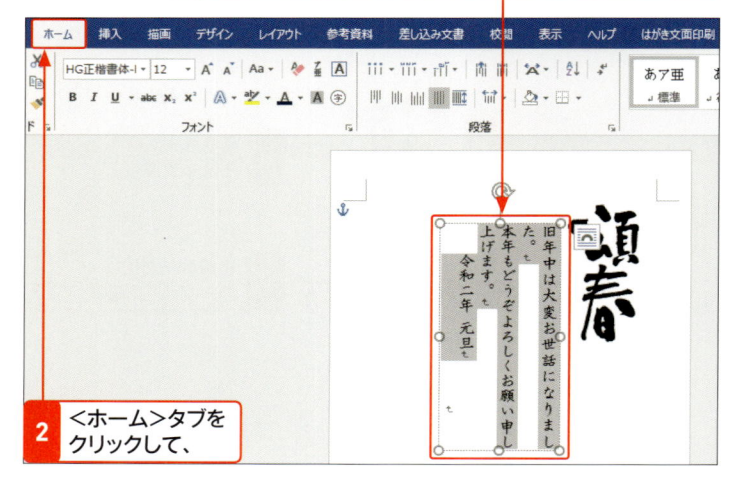

2 ＜ホーム＞タブを
クリックして、

3 ＜フォント＞のここをクリックし、

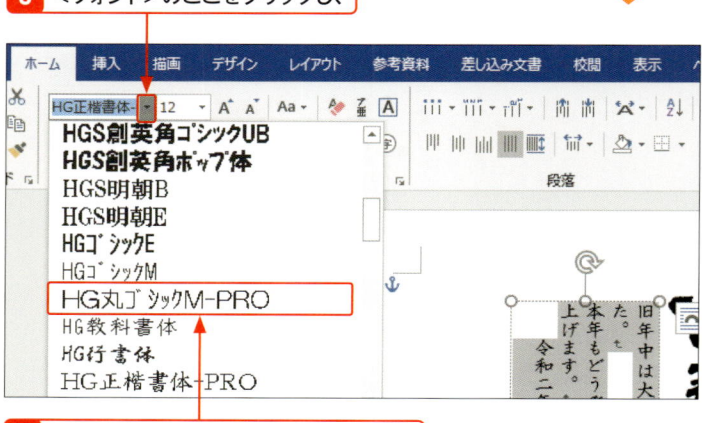

4 フォントをクリックします
（ここでは＜HG丸ゴシックM-PRO＞）。

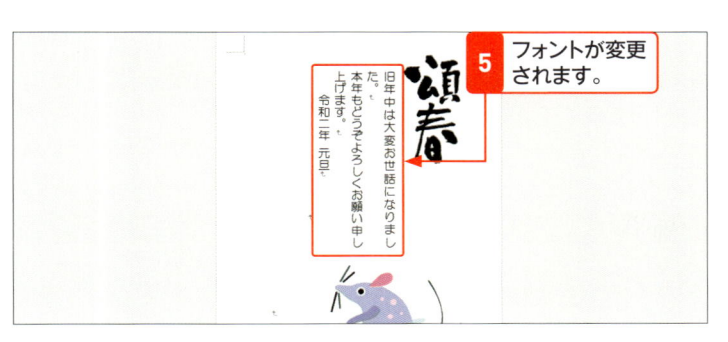

5 フォントが変更されます。

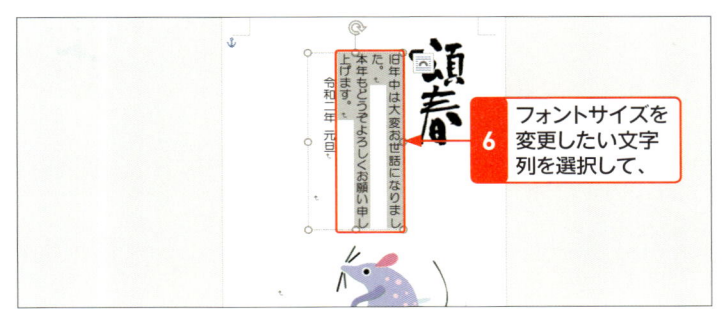

6 フォントサイズを変更したい文字列を選択して、

7 ＜ホーム＞タブの＜フォントサイズ＞のここをクリックして、

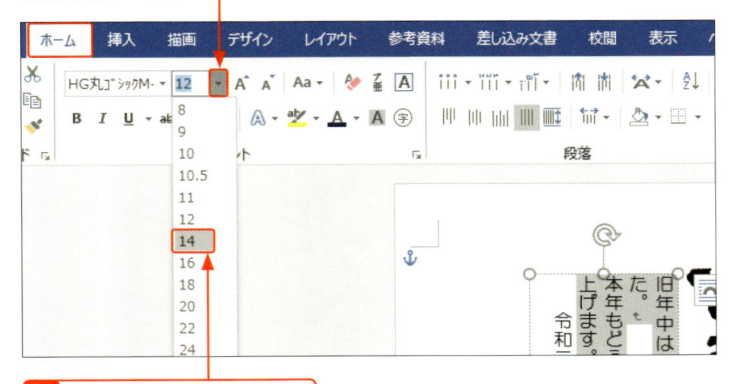

8 フォントサイズをクリックします（ここでは＜14＞）。

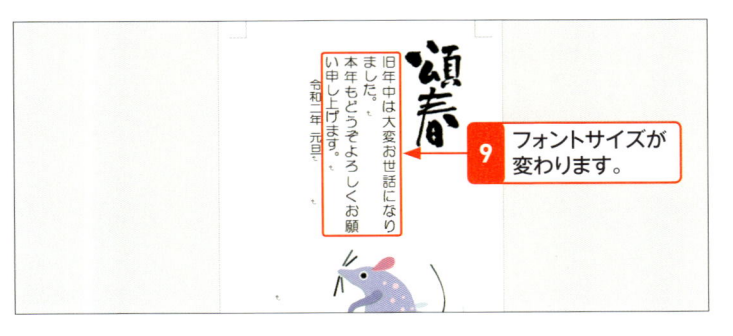

9 フォントサイズが変わります。

メモ　配置の変更

テキストボックス内の文字列の配置は、自由に変更することができます。特に横書きでは、中央揃えにすると見栄えがよくなります。その際、区切りのよい位置で改行しておくとよいでしょう。

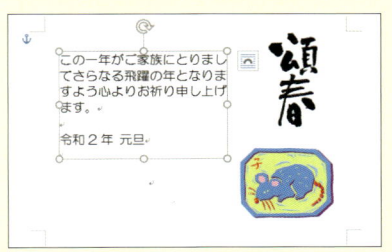

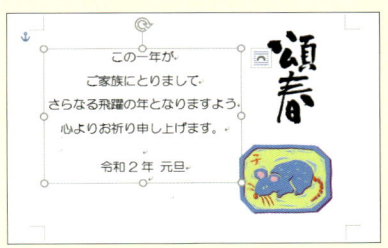

ヒント　テキストボックスのサイズを調整する

フォントを大きくしたり、行間を広げたり（P.97参照）した結果、文章がテキストボックスからはみ出してしまった場合は、サイズを広げて文字が表示されるようにします。サイズを変更するには、テキストボックスをクリックすると表示される枠線のハンドル ○ にマウスポインターを合わせてドラッグします。

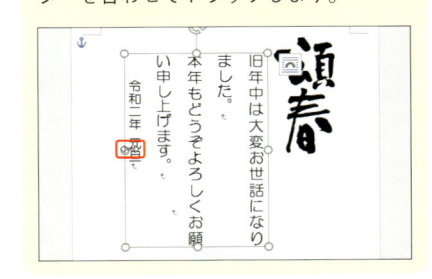

2 フォントの色を変更する

メモ 対象文字列の選択

フォントの色を変更する場合、対象の文字列を選択します。ここでは、テキストボックス内すべての文字列の色を変更するため、手順 **1** でテキストボックスを選択します。

メモ フォントの色

フォントの色は、初期設定で「自動（黒）」になっています。手順 **4** の色パレットから好みの色をクリックして反映します。フォントの色をもとに戻したい場合は、文字列を選択して、色パレットの＜自動＞をクリックします。

ヒント 文字を目立たせる

フォントが細い場合は、太字にするとよいでしょう。また、案内はがきなどで目立たせたい場合は、重要な文字列に色を付けたり、太字にしたりするほか、下線を引いたりするとよいでしょう。いずれも、文字列を選択して、＜ホーム＞タブの＜太字＞、＜下線＞をクリックします。

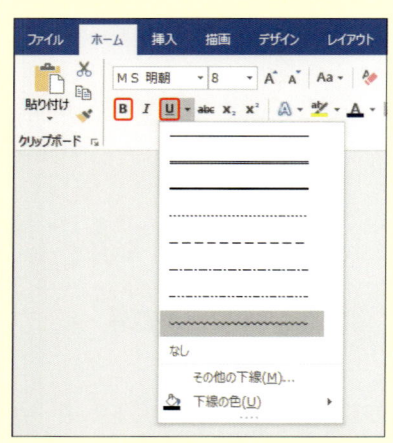

1 変更したいテキストボックスを選択します。

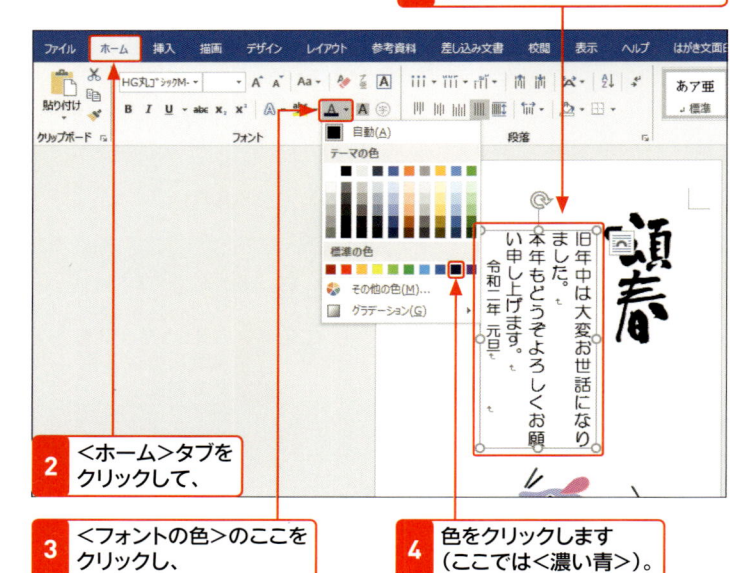

2 ＜ホーム＞タブをクリックして、

3 ＜フォントの色＞のここをクリックし、

4 色をクリックします（ここでは＜濃い青＞）。

5 フォントの色が変わります。

3 行間を調整する

1 行間を調整する行を選択します。

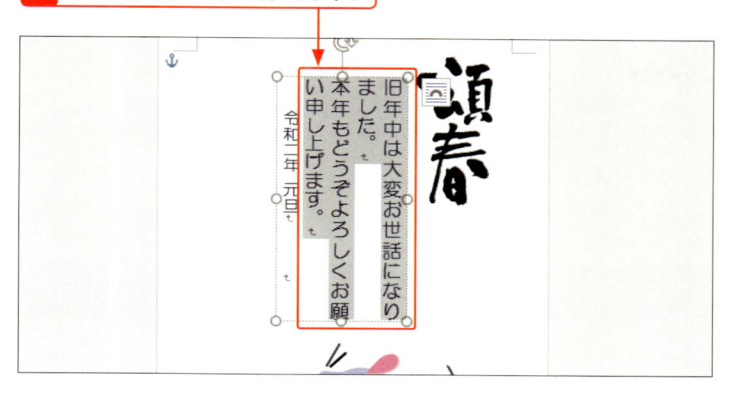

2 ＜ホーム＞タブの＜行と段落の間隔＞をクリックして、

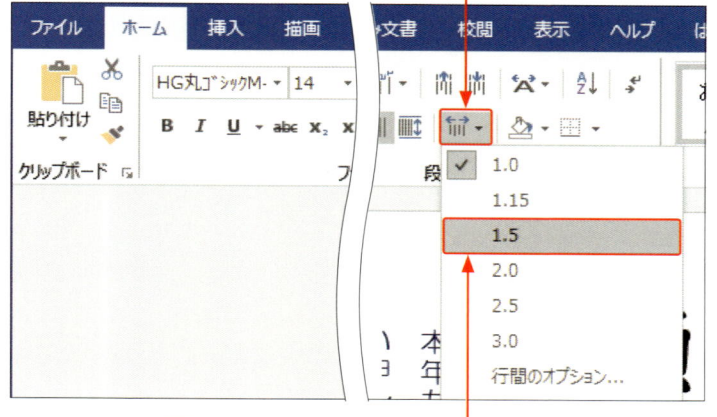

3 行間隔をクリックすると（ここでは＜1.5＞）、

4 前の行との間隔が広がります。

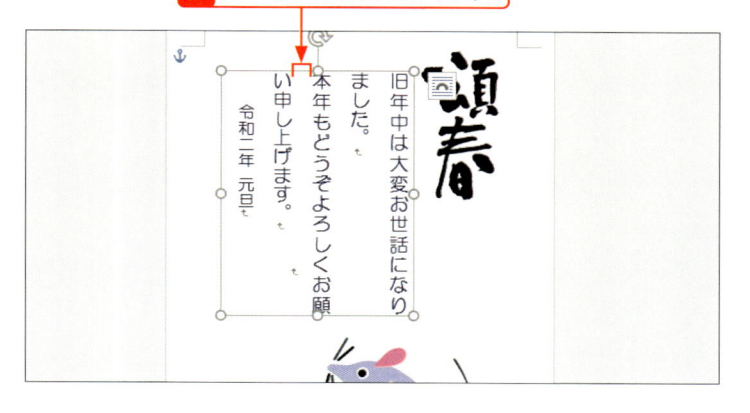

メモ 行間の調整

行間を調整するのは、行間が詰まりすぎて読みにくい場合などに、通常は1.0の行間を広げます。1行を選択した場合は、行間の調整が反映されない場合があります。そのときは、手順**3**で＜段落前に間隔を追加＞あるいは＜段落後に間隔を追加＞をクリックします。

ヒント 行間隔を細かく調整する

手順**3**で＜行間のオプション＞をクリックすると、＜段落＞ダイアログボックスが表示されます。＜インデントと行間隔＞の＜間隔＞欄にある＜行間＞と＜間隔＞を利用すると、行間を細かく調整することができます。

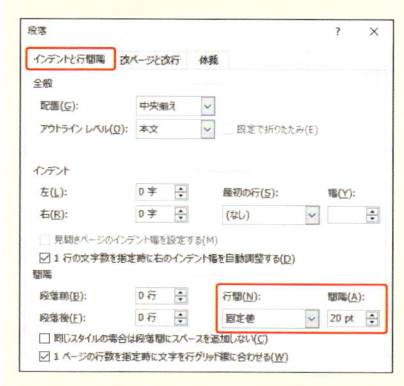

メモ 文章がはみ出した場合

行間を広げてテキストボックスから文章がはみ出した場合は、テキストボックスのサイズを広げます（P.95「ヒント」参照）。

文面の題字を変更する

挿入した題字は、図として扱われます。ほかのデザインに差し替えることもできますが、変更する場合は題字を削除して、テキストボックスに文字を入力するか、ワードアートを利用します。ワードアートにはさまざまな文字の効果が適用されているので、見栄えのよい文字を表現できます。

1 題字を削除する

メモ 題字を変更する

題字は図として挿入されています。そのため、題字を変更するには題字を削除して、文字を入力し直す必要があります。題字を削除するには、Delete もしくは BackSpace を押します。

ステップアップ 題字をほかのデザインに変更する

挿入した題字をほかのデザインに変更したい場合は、＜はがき文面印刷＞タブをクリックして、＜デザインの変更＞をクリックします。表示される＜デザインの変更＞ダイアログボックスの＜題字＞タブにサンプルが表示されるので、変更したい題字をクリックし、＜置換＞をクリックして、＜閉じる＞をクリックします。

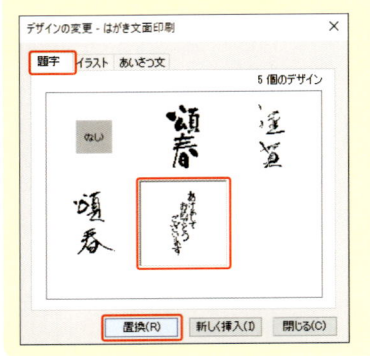

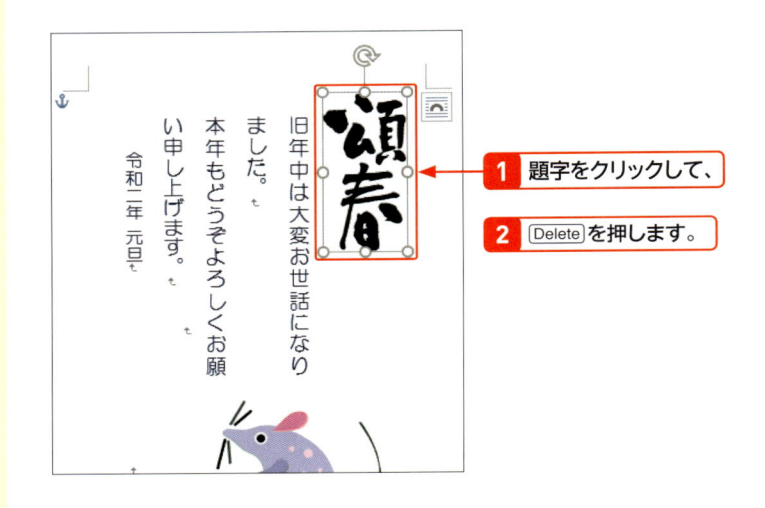

1 題字をクリックして、

2 Delete を押します。

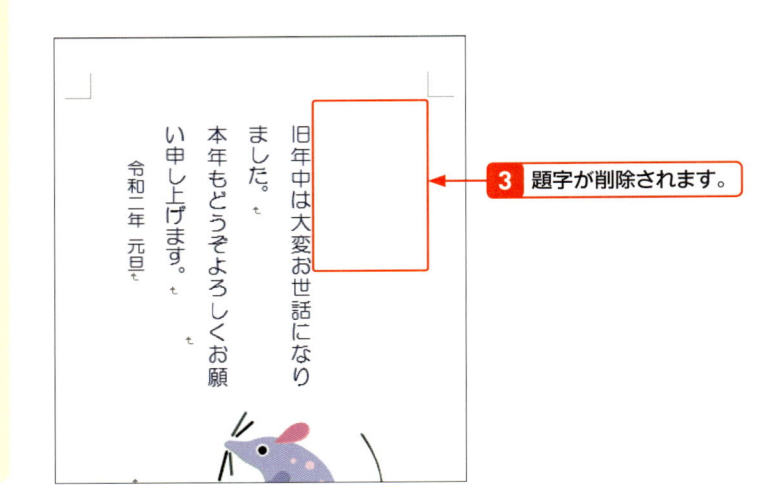

3 題字が削除されます。

2 ワードアートを挿入する

1 ＜挿入＞タブをクリックして、

2 ＜ワードアート＞をクリックし、

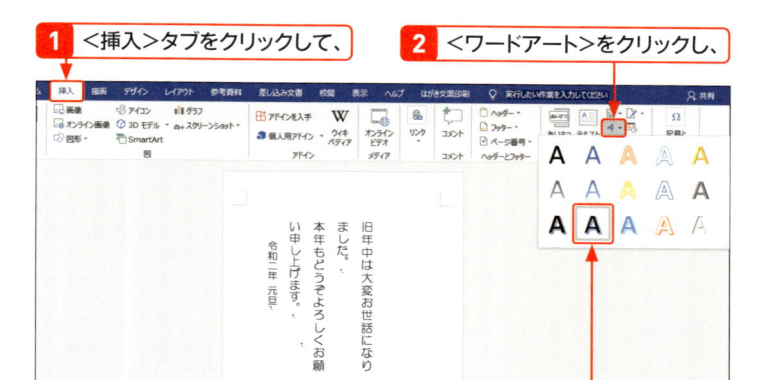

3 ワードアートの種類をクリックします。

4 ワードアートが挿入されるので、

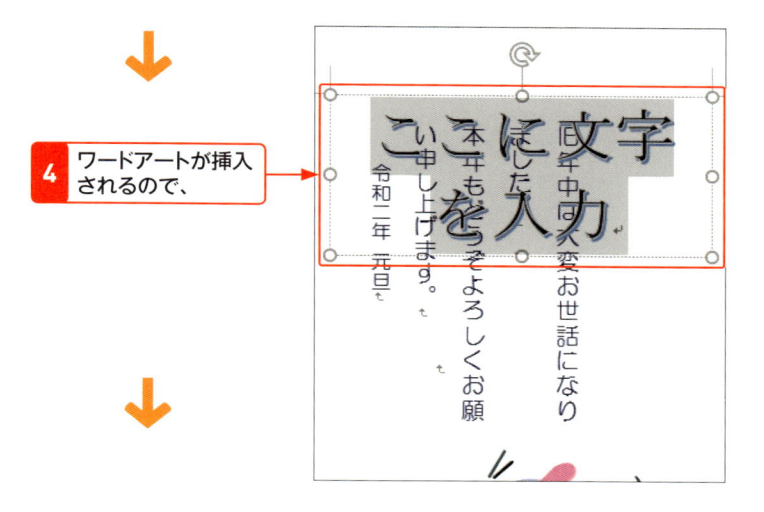

5 そのまま入力すると、ワードアートの題字が作成されます。

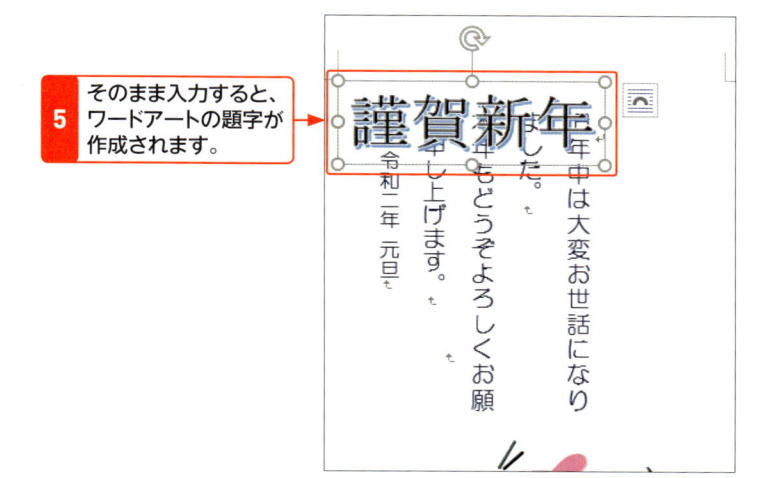

メモ ワードアートを利用する

題字の代わりにワードアートを利用します。ワードアートは文字の効果が設定されたテキストボックスです。自由にフォントや書式を変更することができ、移動したり、縮小／拡大したりすることができます。

ヒント テキストボックスを利用する

テキストボックスを挿入して、その中に文字を入力し、文字の書式を変更することでも題字を作成できます。＜挿入＞タブの＜テキストボックス＞をクリックして、＜縦書き（横書き）テキストボックスの描画＞をクリックし、文面上をドラッグすると挿入されます。

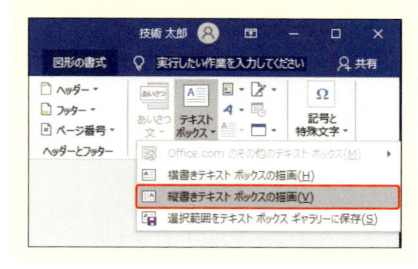

3 題字を縦書きにする

メモ ＜図形の書式＞タブ

手順 2 の操作は、Word 2016 ／ 2013 ／ 2010 では＜描画ツール＞の＜書式＞タブをクリックします。

ヒント ワードアートの文字配置

ワードアートを作成する際は横書きですが、縦書きにすることができます。また、＜文字列の方向＞の＜縦書きと横書きのオプション＞をクリックすると、横書きのまま縦に配置したり、縦書きと横書きを混在させたりすることができます。

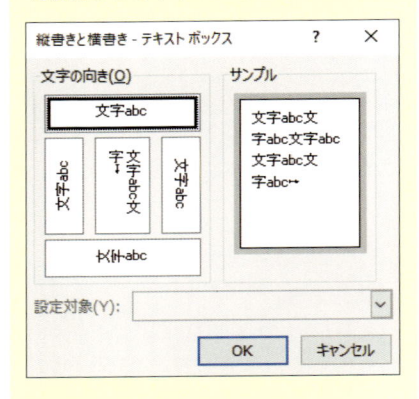

メモ ワードアートを移動する

ワードアートは図などと同様のオブジェクトのため、ドラッグして移動したり、＜文字列の折り返し＞（P.104参照）で背面に配置したりすることができます。

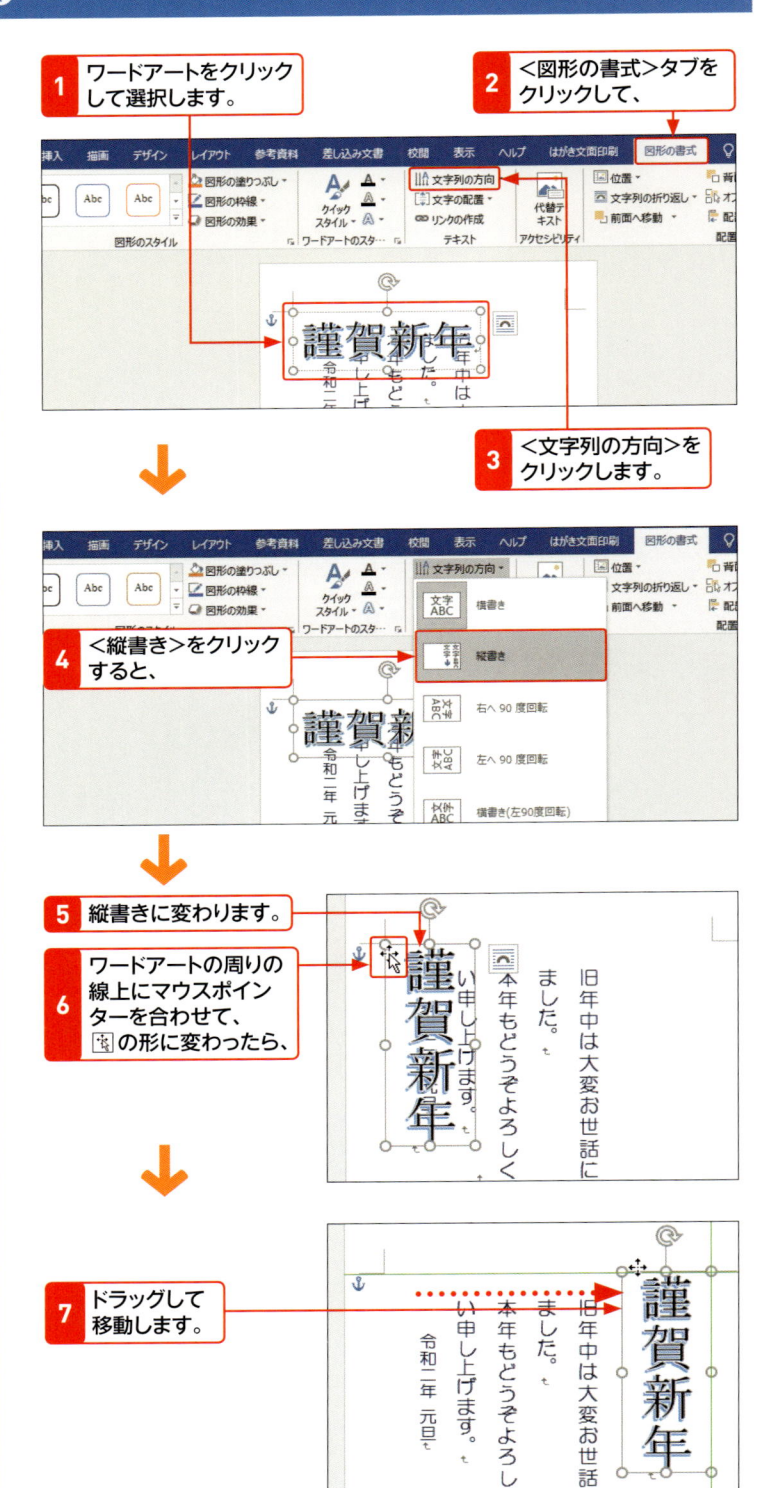

1 ワードアートをクリックして選択します。

2 ＜図形の書式＞タブをクリックして、

3 ＜文字列の方向＞をクリックします。

4 ＜縦書き＞をクリックすると、

5 縦書きに変わります。

6 ワードアートの周りの線上にマウスポインターを合わせて、[図]の形に変わったら、

7 ドラッグして移動します。

4 題字の書式を変更する

ここでは、フォントを変更して、光彩を追加します。

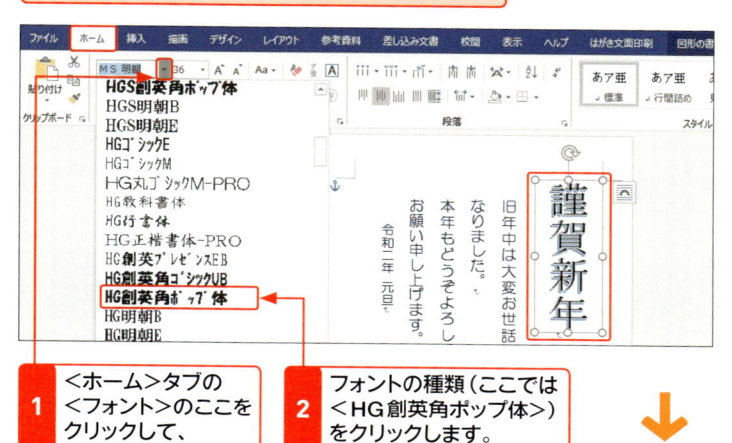

| 1 | ＜ホーム＞タブの＜フォント＞のここをクリックして、 |
| 2 | フォントの種類（ここでは＜HG創英角ポップ体＞）をクリックします。 |

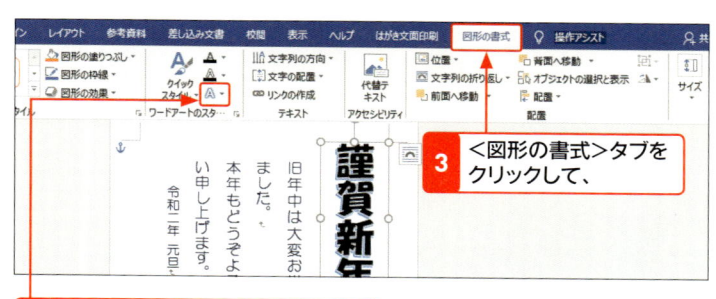

| 3 | ＜図形の書式＞タブをクリックして、 |

| 4 | ＜文字の効果＞をクリックします。 |

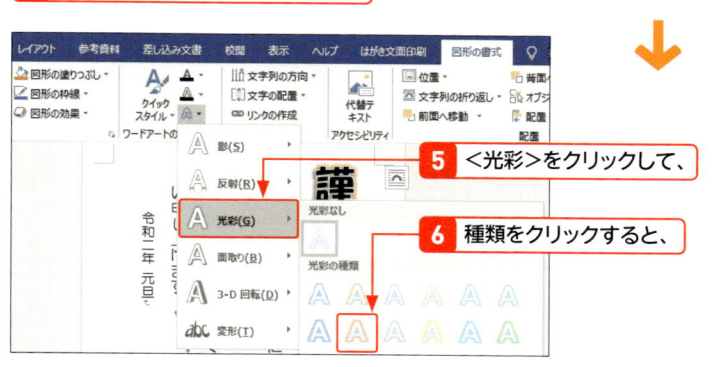

| 5 | ＜光彩＞をクリックして、 |
| 6 | 種類をクリックすると、 |

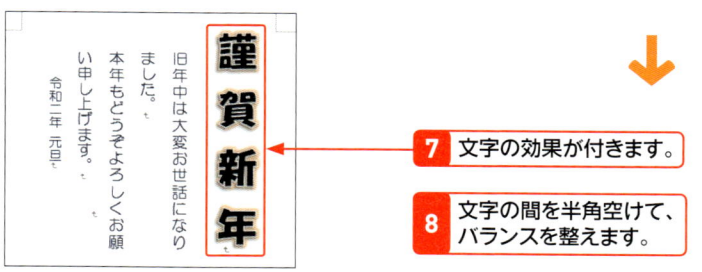

| 7 | 文字の効果が付きます。 |
| 8 | 文字の間を半角空けて、バランスを整えます。 |

メモ ワードアートの文字書式を変更する

ワードアートは書式のサンプルなので、ここからオリジナルの書式に変更するとよいでしょう。フォントに関する変更は＜ホーム＞タブ、文字体裁やオブジェクトの変更は＜図形の書式＞タブのコマンドを使います。

ヒント 文字の効果を設定する

左の操作では「光彩」を設定していますが、＜文字の効果＞では影を付けたり、反射や縁取りなどさまざまな書式設定が可能なので、いろいろ試してみるとよいでしょう。

ヒント 字間を設定する

手順 8 の字間のバランスは、文字の間に半角スペースを挿入したり、均等割り付け（P.153参照）を設定したりして調整します。

文面のイラストを写真に変更する

はがきの文面に挿入したイラストは、ほかのサンプルに変更することもできます。ここでは、イラストを削除して、写真を挿入してみます。挿入した写真は、見栄えがよくなるように加工したり、編集したりし、バランスよく配置できるように調整します。

1 イラストを削除する

 **メモ イラストを変更する**

イラストは削除したり、変更したりできます。ここで解説しているように写真に変更できるほか、別のイラストに変更できます。

ステップアップ イラストをほかのデザインに変更する

挿入したイラストをほかのデザインに変更したい場合は、＜はがき文面印刷＞タブをクリックして、＜デザインの変更＞をクリックします。表示される＜デザインの変更＞ダイアログボックスの＜イラスト＞タブをクリックすると、サンプルが表示されるので、挿入するイラストをクリックし、＜置換＞をして、＜閉じる＞をクリックします。

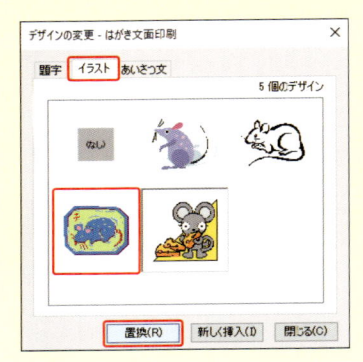

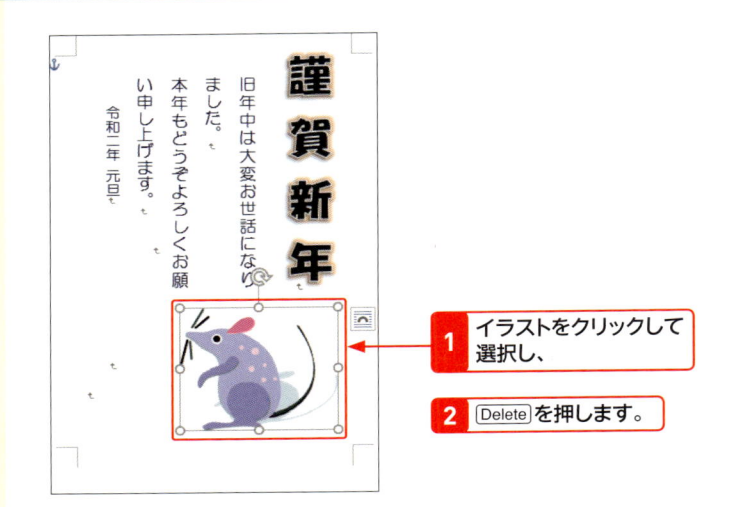

1 イラストをクリックして選択し、

2 Delete を押します。

3 イラストが削除されます。ほかをクリックせずに、P.103へ進みます。

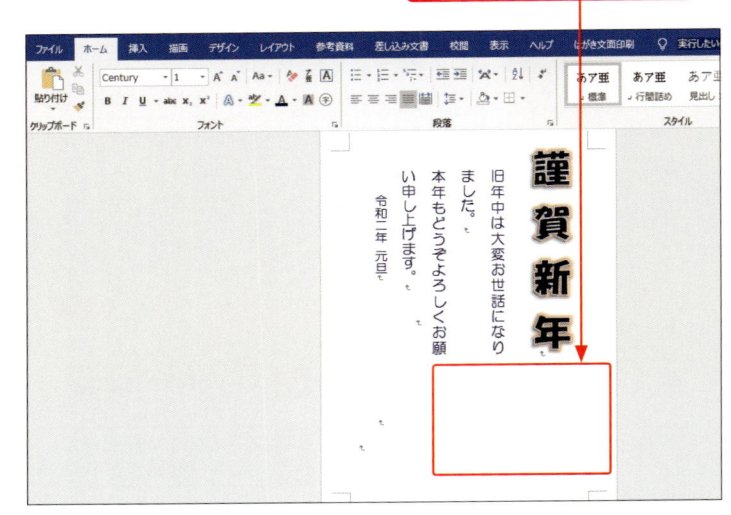

2 写真を挿入する

1 ＜挿入＞タブをクリックして、　**2** ＜画像＞をクリックします。

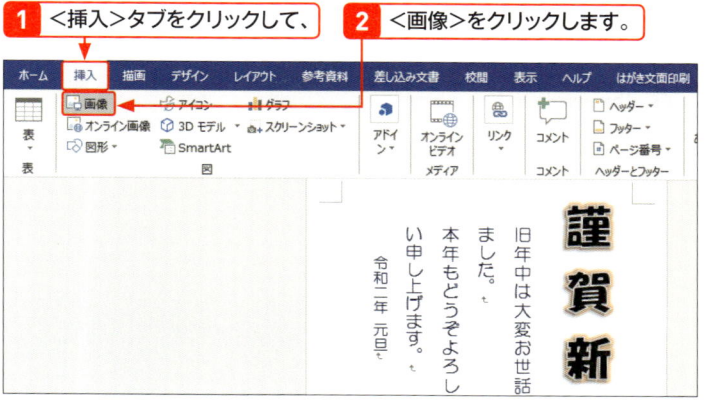

3 ＜図の挿入＞ダイアログボックスが表示されるので、　**4** 保存先を指定して、

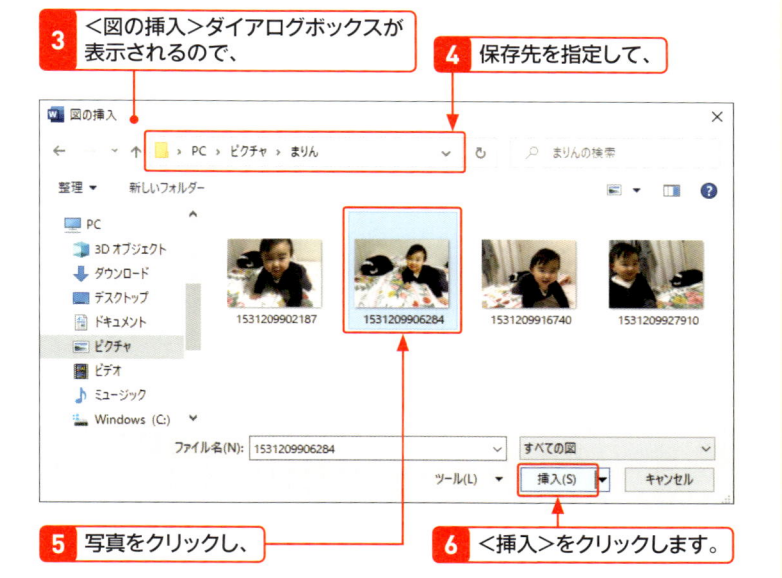

5 写真をクリックし、　**6** ＜挿入＞をクリックします。

7 写真が挿入されます。

メモ　写真ファイルを挿入する

ここで使用している写真は、サンプルデータでは提供していません。ご自分で持っている写真を指定して、挿入してください。写真データがデジカメ内の場合はカメラとパソコンをケーブルでつなぐか、SDカードをパソコンに挿入して、挿入する写真を指定します。

メモ　写真の挿入位置

写真を挿入する際に、カーソルがテキストボックス内に移動しているときちんと写真が表示されなくなります。

ヒント　インターネット上の写真

Wordの＜挿入＞タブの＜オンライン画像＞をクリックして、キーワードで検索すると、インターネット上の写真やイラストなどの画像が多数表示されます。検索する際に、＜Creative Commonsのみ＞（著作権フリー）を条件にして、できるだけ著作権のないものを検索するようにしましょう。

それでも、インターネット上の写真を使う場合は、著作権や肖像権などを確認してからダウンロードしてください。

3 文字列の折り返しを設定する

メモ　レイアウトオプションの表示

Word 2010には、写真の横に表示される<レイアウトオプション>機能はありません。文字列の折り返しは、<図ツール>の<書式>タブの<文字列の折り返し>をクリックして指定します。

キーワード　文字列の折り返し

写真や図などのオブジェクトを文書内に挿入する際に、文書内の文字をどのように配置するかを指定できます。<レイアウトオプション>または<図の書式>タブ（Word 2016 ／ 2013の場合は<図ツール>の<書式タブ>）の<文字列折り返し>を利用します。

行の間に固定する（行内）、オブジェクトの周りに文字を回り込ませる（四角、外周）、文書の文字の上（前面）、文書の文字の下（背面）などがあります。

写真が挿入されると、通常は<行内>になっています。<行内>では写真を自由に移動させることができないので、<四角>や<前面>などを指定します。

1 写真をクリックして選択して、

2 <レイアウトオプション>をクリックします。

3 <文字列の折り返し>の<前面>をクリックします。

4 写真が前面に移動します。

5 ここをクリックして、<レイアウトオプション>を閉じます。

4 写真のサイズを変更する

1 写真をクリックして選択します。

2 四隅のハンドルにマウスポインターを合わせて、 の形になったら、

3 内側にドラッグします。

4 おおよそのサイズに変更します。

5 写真の上にマウスポインターを移動すると、 の形に変わります。

📝 **メモ　挿入した写真**

挿入した写真は写真によっては、はがきいっぱいに表示されてしまう場合があります。写真を扱いやすくするために、最初にサイズを変更します。写真を加工したり、編集したりしたあとで、再度サイズを調整して配置するとよいでしょう。

📝 **メモ　写真のサイズ変更**

写真をクリックすると、周りにハンドル ○ が表示されます。四隅のハンドルをドラッグすると、縦横の比率を保ったまま拡大／縮小できます。ただし、四辺のハンドルをドラッグすると、縦方向または横方向にだけ拡大／縮小されてしまうので注意してください。

💡 **ヒント　写真を削除する**

挿入した写真が気に入らなかった場合など、写真を削除するには、写真をクリックして選択し、Delete または BackSpace を押します。

メモ 写真の移動

写真の移動はいつでもかまいません。写真のスタイルなどを整えてから最後に移動しながらバランスを調整してもよいでしょう。

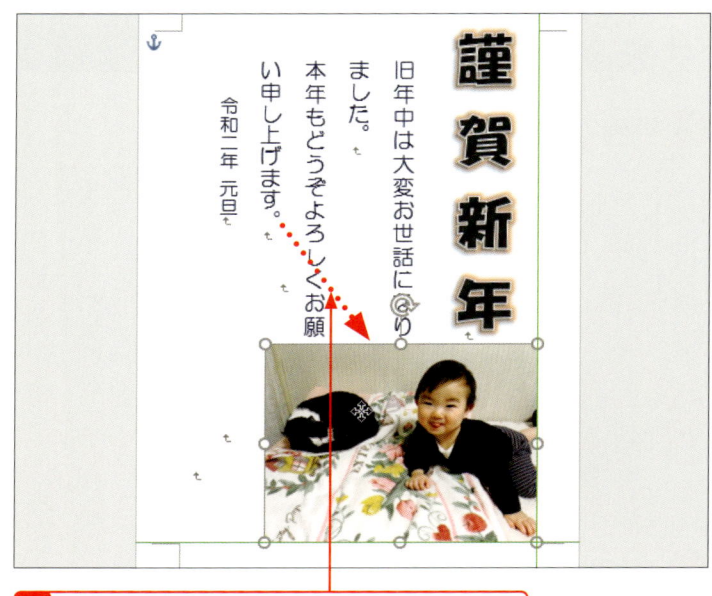

6 その状態でドラッグして、イラストのあった位置に移動します。

5 写真をトリミングする

キーワード トリミング

「トリミング」とは、写真の不要な部分を隠す作業のことです。画面上で見えないようにしているだけなので、もとの写真に影響はありません。

1 写真をクリックして選択します。

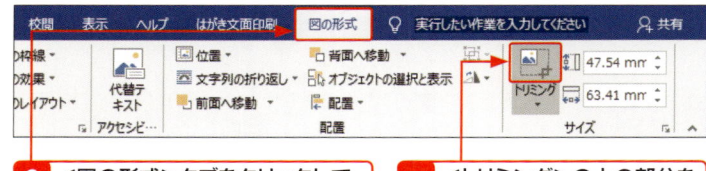

2 <図の形式>タブをクリックして、

3 <トリミング>の上の部分をクリックします。

4 トリミング用のハンドルが表示されます。

メモ <図の形式>タブ

手順**2**の<図の形式>タブは、Word 2016／2013では<図ツール>の<書式>タブをクリックします。

5 ハンドルにマウスポインターを近づけると、 や の形になります。

6 ドラッグして不要な部分を隠します。

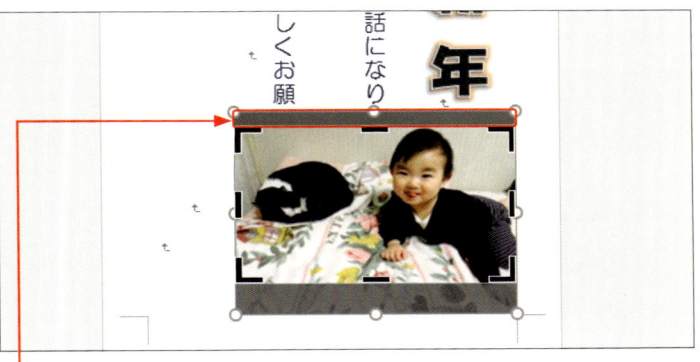

7 ほかの部分もトリミングして、

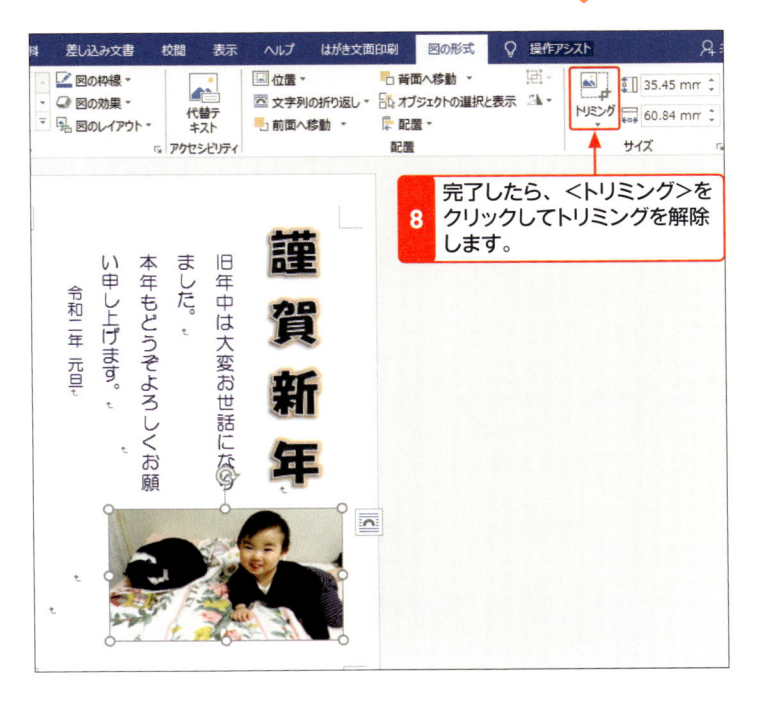

8 完了したら、＜トリミング＞をクリックしてトリミングを解除します。

ヒント　トリミングを取り消す

トリミングを取り消すには、＜図の形式＞タブ（Word 2016 ／ 2013 では＜図ツール＞の＜書式＞タブ）の＜図のリセット＞をクリックします。なお、＜図のリセット＞の ▼ をクリックして＜図とサイズのリセット＞をクリックすると、挿入したときの写真のサイズに戻ります。

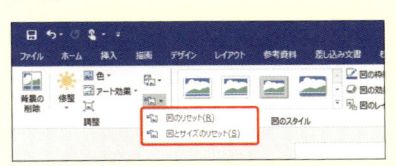

6 写真のスタイルを変更して配置する

メモ　図のスタイル

＜図の形式＞タブ（Word 2016／2013
では＜図ツール＞の＜書式＞タブ）の
＜図のスタイル＞には、写真の枠や回転、
ぼかしなどのスタイルが用意されます。
はがきの文面に合うスタイルを選ぶとよ
いでしょう。

1 写真をクリックして選択します。

2 ＜図の形式＞をクリックして、

3 ここをクリックします。

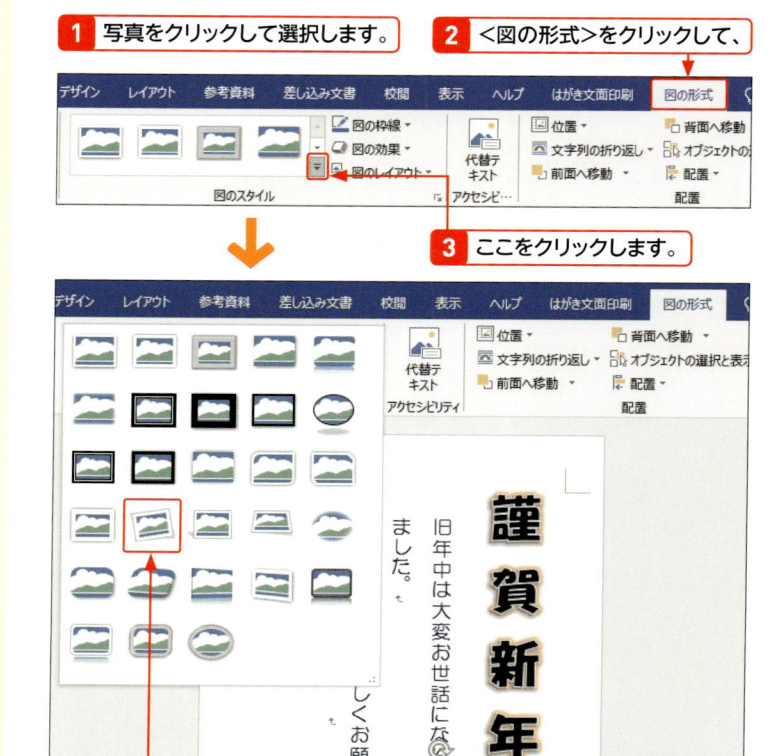

4 スタイルの種類（ここでは＜回転、白＞）を
クリックします。

ステップアップ　写真の明るさやコントラストを調整する

写真を選ぶときに、顔の表情がよいので使いたいが、全体が暗かったり、
くすんだりしているので困ったという場合があります。こういう写真は修
整に挑戦してみましょう。写真編集ソフトがあれば使ってもよいですが、
Wordの編集機能でも十分利用できます。
写真をクリックして選択し、＜図の形式＞タブ（Word 2016／2013では
＜図ツール＞の＜書式＞タブの）、＜修整＞をクリックします。ここで写真
のシャープネス（輪郭の処理）、明るさ、コントラスト（明暗の差）を調整
できます。
また、＜色＞をクリックすると、色の彩度やとトーンなどを調整できるの
で、試してみましょう。

1 ＜修整＞をクリックして、

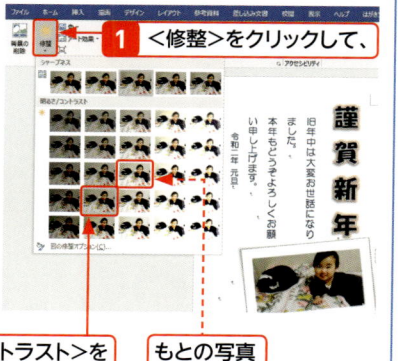

2 ＜明るさ／コントラスト＞を
クリックします。

もとの写真

5 写真にスタイルが設定されます。

6 あいさつ文のテキストボックスを
ドラッグしてサイズを変更します。

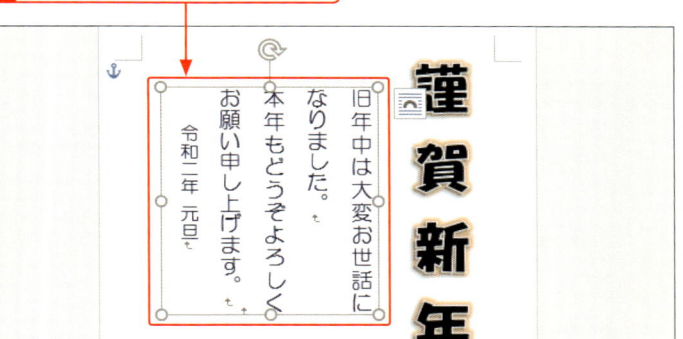

7 写真のサイズや位置を調整します。

💡 ヒント スタイルを取り消す

スタイルを取り消すには、＜図の形式＞
タブ（Word 2016／2013では＜図ツー
ル＞の＜書式＞タブ）の＜図のリセッ
ト＞をクリックします。

📝 メモ 図のスタイル

図のスタイルによっては、写真の周りに
スペースが必要になるものもあります。
文面の文字などに影響が出る場合は、写
真とテキストボックスのサイズを変更し
たり、移動したりして調整します。

📊 ステップアップ 写真の重なり順を変更する

複数の写真を挿入したり、イラストも挿
入したりして重ねた場合、重なりの順番
を変更できます。基本の写真（またはイ
ラスト）をクリックして選択し、＜図の
形式＞タブ（Word 2016／2013では＜図
ツール＞の＜書式＞タブ）の＜背面へ移
動＞（あるいは＜前面へ移動＞）をクリッ
クして、目的の順番をクリックします。

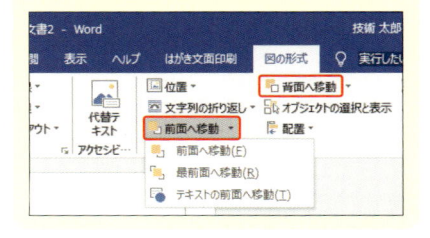

はがきの文面を保存して印刷する

覚えておきたいキーワード
☑ 名前を付けて保存
☑ ＜印刷＞画面
☑ 印刷プレビュー

はがきの文面が完成したら、名前を付けて保存します。保存方法は、通常のWord文書の保存方法と同じです。保存したら、文面を印刷してみましょう。プリンターの設定をして、印刷プレビューで確認します。最初は試し印刷として、はがきサイズの用紙を使うとよいでしょう。

1 はがきの文面に名前を付けて保存する

メモ 保存場所を指定する

文書にファイル名を付けて保存する場合、保存先を先に指定します。＜参照＞をクリックして、＜名前を付けて保存＞ダイアログボックスで保存先を指定してもかまいません。

メモ Word 2013／2010の場合

Word 2013の場合は、手順 3 で＜コンピューター＞をクリックします。Word 2010の場合は。手順 2 のあとに＜名前を付けて保存＞ダイアログボックスが表示されます。

メモ 保存するタイミング

はがき文面は、Sec.21で最初に作成した段階で保存しておくとよいでしょう。修正を加えたら、随時＜上書き保存＞をクリックするか、変更を加えた段階ごとに新たに名前を付けて保存しておく方法もあります。

1 はがきの文面で、＜ファイル＞タブをクリックします。

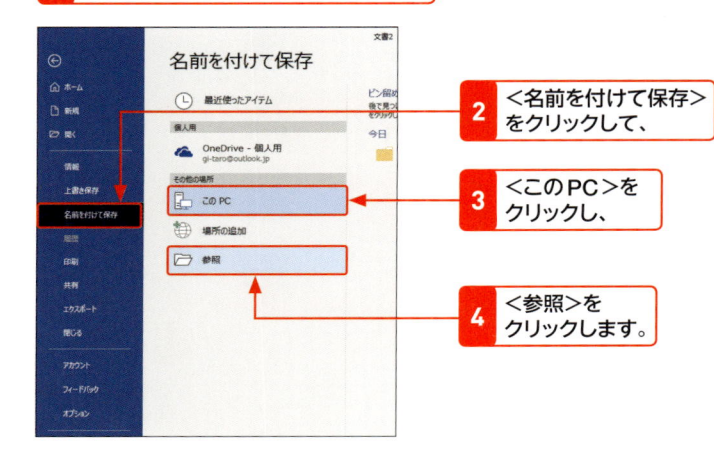

2 ＜名前を付けて保存＞をクリックして、

3 ＜このPC＞をクリックし、

4 ＜参照＞をクリックします。

5 保存先のフォルダーを指定して、

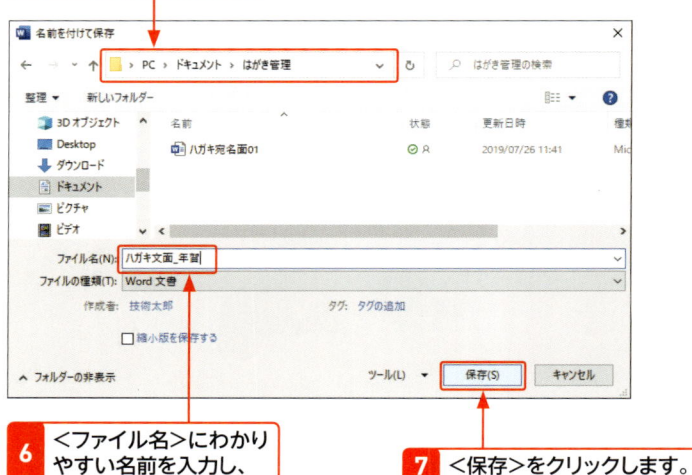

6 ＜ファイル名＞にわかりやすい名前を入力し、

7 ＜保存＞をクリックします。

2 はがきの文面を印刷する

1 はがきサイズの用紙をプリンターにセットします。

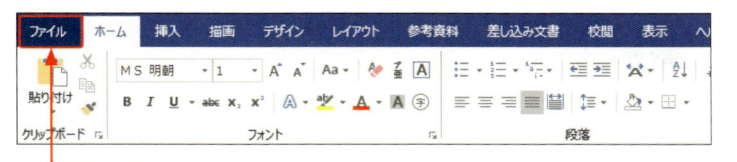

2 ＜ファイル＞をクリックして、

3 ＜印刷＞をクリックし、

4 ＜プリンターのプロパティ＞を
クリックします。

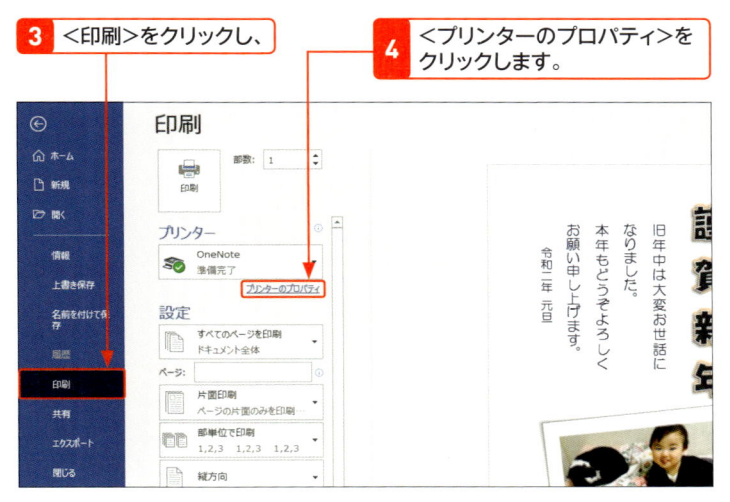

5 ＜用紙サイズ＞を
＜はがき＞にして、

6 必要な項目
を指定し、

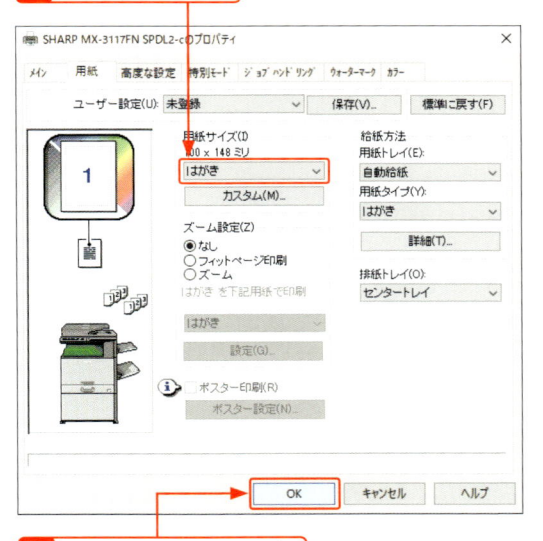

7 ＜OK＞をクリックします。

📝 **メモ** **プリンターと
はがきセット**

プリンターによってはがき対応の画面や
セット方法は異なります。取扱説明書で
確認して、操作してください。

🔼 **ステップ
アップ** **フチなし印刷**

使用しているプリンターが「フチなし印
刷」に対応している場合は、フチなし印
刷が可能です。写真をはがき全面に挿入
している場合など、きれいに印刷ができ
ます。

💡 **ヒント** **余白が小さすぎる**

手順 **7** のあとで、「余白が小さすぎます」
などのメッセージが表示された場合は、
＜はい＞をクリックして、試しに印刷を
してみましょう。大丈夫なら、次回以降
の印刷時にも＜はい＞をクリックします。
端の部分が切れるなどの場合は、＜レイ
アウト＞タブの＜余白＞をクリックして
＜ユーザー設定の余白＞をクリックしま
す。表示される＜ページ設定＞ダイアロ
グボックスの＜余白＞タブで上下左右の
数値を大きくします。

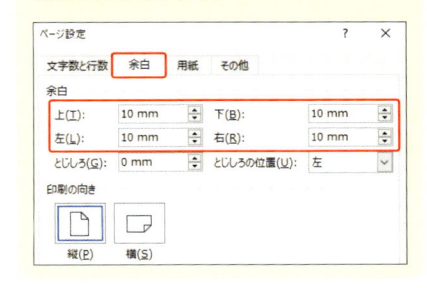

ステップアップ テンプレートを利用してはがきの文面を作る

Wordには、あらかじめ書式などが設定されたファイルが「テンプレート」として多数用意されています。はがき作成に際し、テンプレートに使いたいものがある場合は、利用するとよいでしょう。
テンプレートを利用するには、<新規>画面に表示されているテンプレートから選択するか、オンラインテンプレートを検索して選択します。

1 <ファイル>タブをクリックして、<新規>（Word 2010では<新規作成>）をクリックします。

2 ここに「年賀状」と入力して、

3 ここをクリックします。

4 年賀状のテンプレートが表示されるので、使いたいテンプレートをクリックし、

5 <作成>（Word 2010では<ダウンロード>）をクリックすると、

これらをクリックすると、前後のテンプレートを見ることができます。

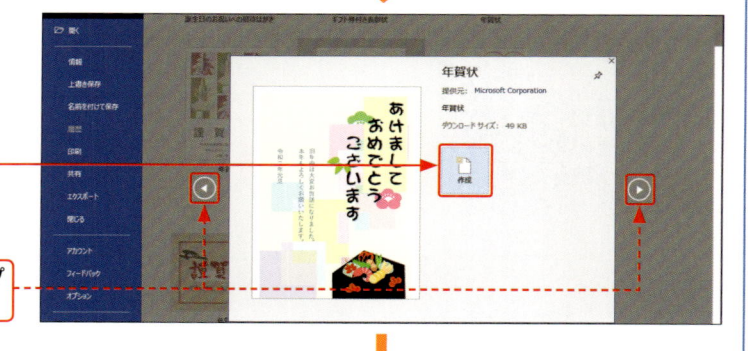

6 テンプレートがダウンロードされて表示されます。

7 文字編集などをしてはがきを完成させます。

第4章

往復はがきを作る

Section **27** 往復はがき作成の手順

28 往信の宛名面を作成する

29 返信の文面を作成する

30 返信の宛名面を作成する

31 往信の文面を作成する

32 往復はがきを印刷する

往復はがき作成の手順

覚えておきたいキーワード
- ☑ 往復はがき
- ☑ 往信用
- ☑ 返信用

往復はがきは、片面に往信の宛名（表）と返信の文面（裏）、もう片面に返信の宛名（表）と往信の文面（裏）という組み合わせで印刷します。実際に往復はがきを作成する前に、往復はがきの宛名や文面の配置と、往復はがき作成の手順を確認しておきましょう。

1 往復はがきの配置

往信面

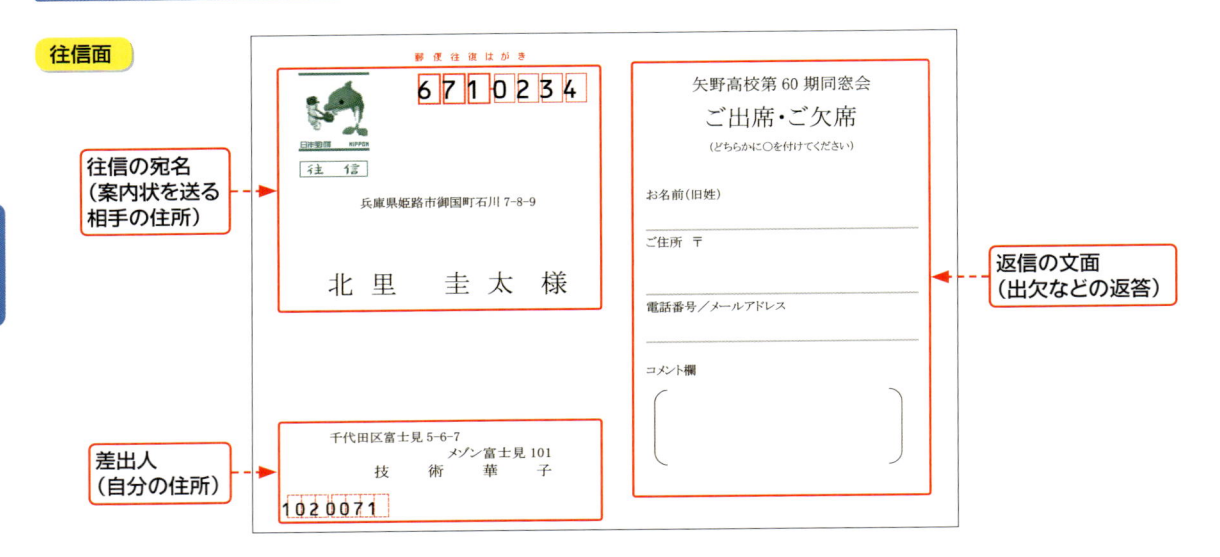

- 往信の宛名（案内状を送る相手の住所）
- 返信の文面（出欠などの返答）
- 差出人（自分の住所）

返信面

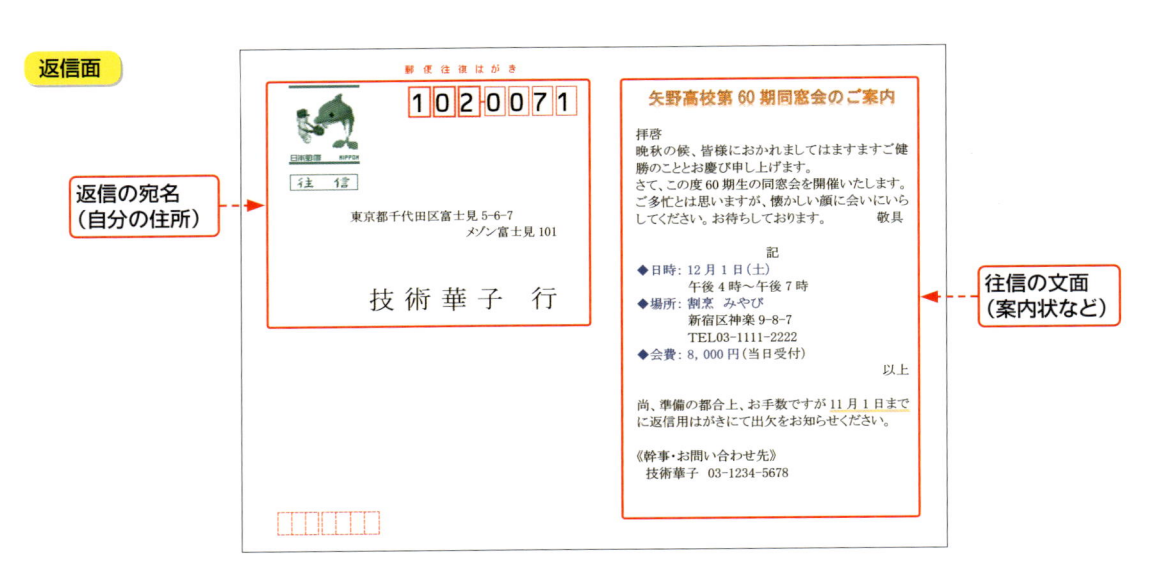

- 返信の宛名（自分の住所）
- 往信の文面（案内状など）

第4章 往復はがきを作る

2 往復はがき作成の流れ

往信の宛名面を作る

Wordに用意されているはがき宛名面印刷ウィザードを使って、往信の宛名面を作成します。宛名は、名簿を利用した差し込み印刷機能を使います（Sec.28参照）。

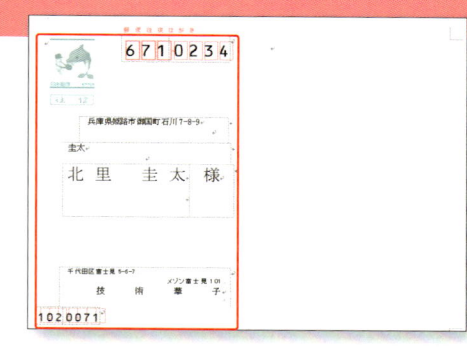

返信の文面を作る

往信の文面（案内状）に対しての返答と、氏名、住所、電話番号などを記入する欄を作成します（Sec.29参照）。

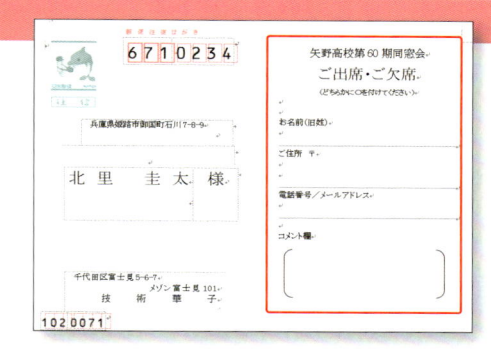

返信の宛名面を作る

往信面と同様にはがき宛名面印刷ウィザードを使って、返信の宛名面を作成します。宛先の情報（自分の住所）は、差し込み印刷機能を利用せずに直接入力します（Sec.30参照）。

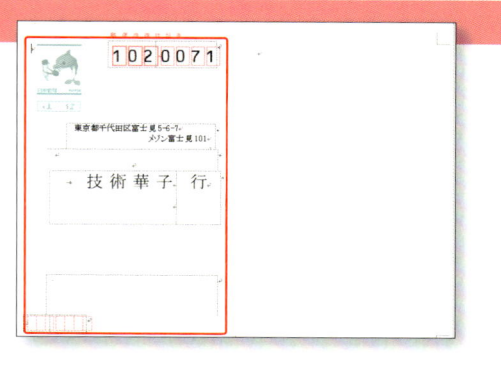

往信の文面を作る

案内状などの文章を入力して、書式を整えます（Sec.31参照）。

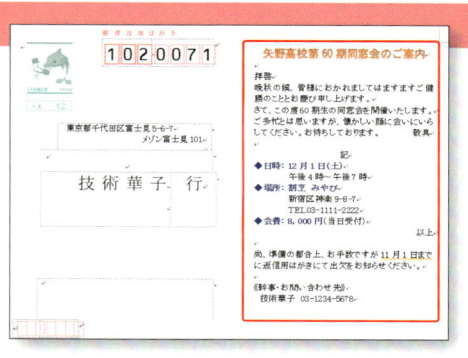

往信の宛名面を作成する

往復はがきの往信面は、通常のはがきの宛名面と同様に、Wordに用意されているはがき宛名面印刷ウィザードを使って作成します。レイアウトやフォント、差出人の情報、宛名の差し込み印刷の指定などを画面の指示に従って選択したり、情報を入力していくことで、宛名面をかんたんに作成できます。

1 往信の宛名面（往信面）を作る

メモ ＜はがき印刷＞がない？

コマンドの表示は、画面のサイズによって変わります。画面のサイズを小さくしている場合は、右の手順**2**のあとに＜作成＞をクリックしてから、＜はがき印刷＞をクリックし、＜宛名面の作成＞をクリックします。

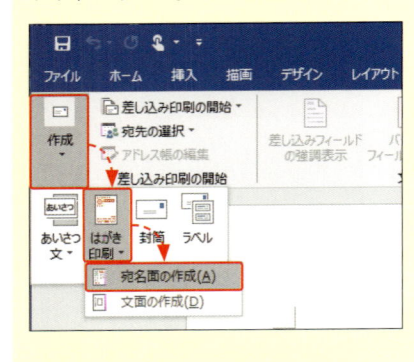

1 Wordを起動して、白紙の文書を作成します。

2 ＜差し込み文書＞タブをクリックして、

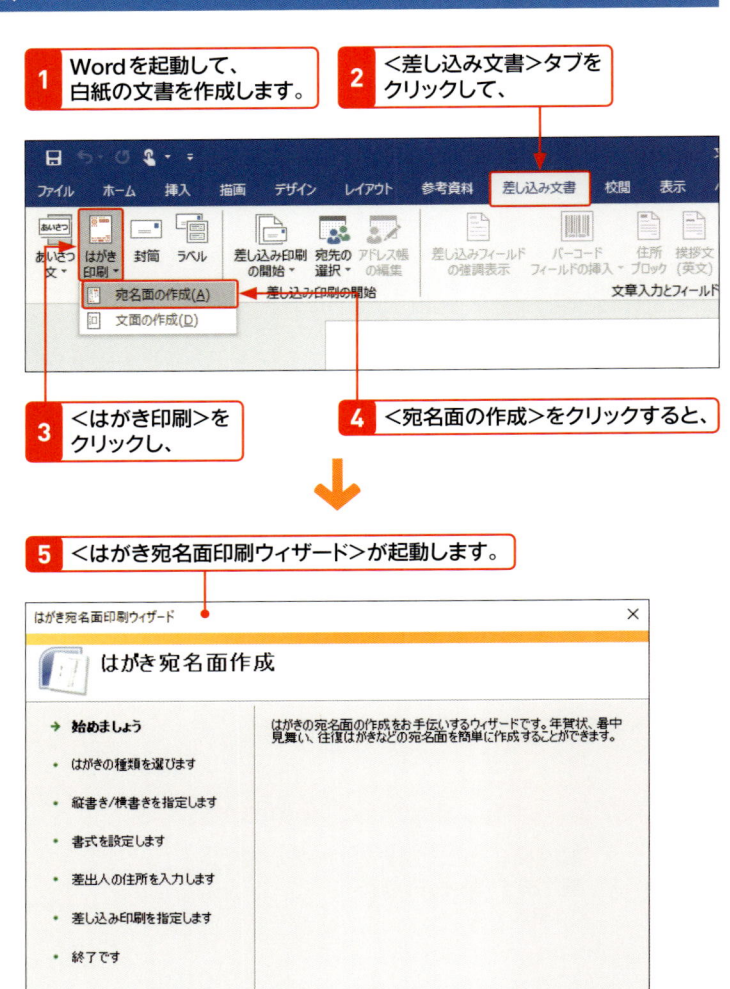

3 ＜はがき印刷＞をクリックし、

4 ＜宛名面の作成＞をクリックすると、

5 ＜はがき宛名面印刷ウィザード＞が起動します。

6 ＜次へ＞をクリックします。

7 <往復はがき>を
クリックしてオンにし、

8 <次へ>を
クリックします。

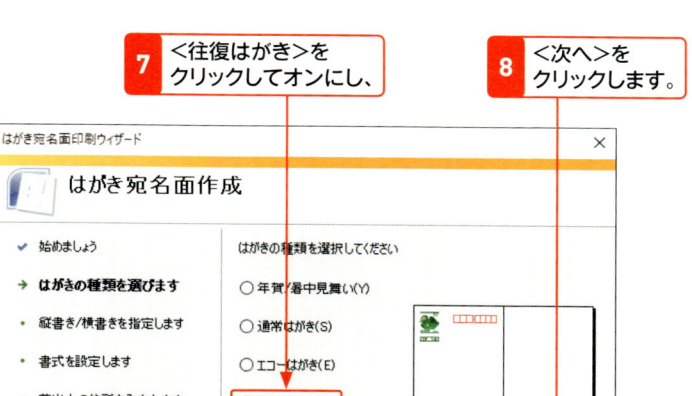

---

9 宛名の向きをクリックしてオン
にし（ここでは<横書き>）、

10 <次へ>を
クリックします。

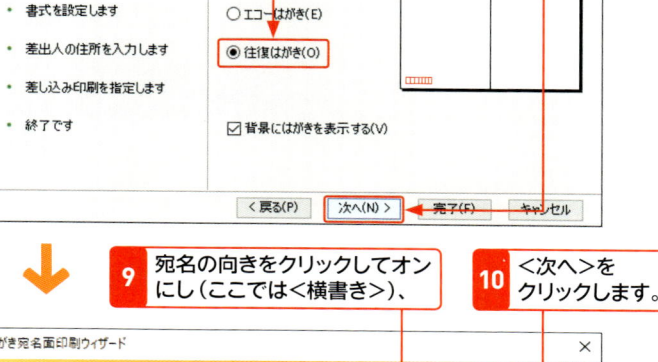

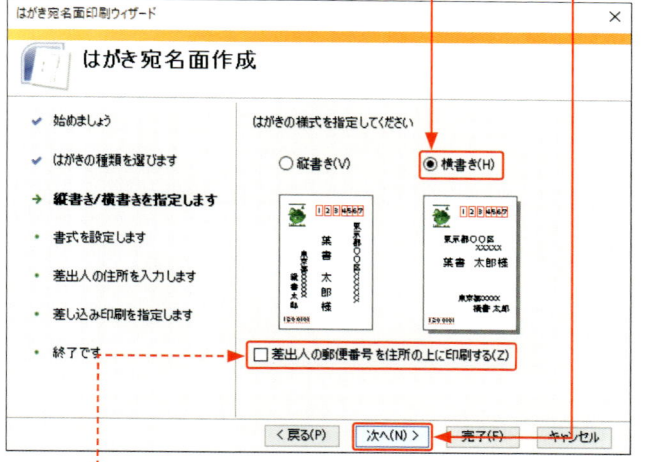

下の「ヒント」参照

ヒント 往復はがきの名称

往復はがきは、片面に往信の宛名と返信の文面、もう片面に返信の宛名と往信の文面が組み合わさっています。
本書では、往信の宛名と返信の文面がある面を「往信面」、返信の宛名と往信の文面がある面を「返信面」と呼びます。

メモ はがき宛名面印刷ウィザード

<はがき宛名面印刷ウィザード>は、はがきの宛名面をかんたんに作成するための機能です。往復はがきを作る場合も、このウィザードを使います。通常のはがき作成の手順と異なるのは、はがきの種類で「往復はがき」を選択する部分だけです。

メモ はがきの様式

「はがきの様式」には、横書きと縦書きがあります。手順**9**では<横書き>を選択しましたが、縦書きにする場合は<縦書き>をオンにしたまま次に進みます。

ヒント 差出人の郵便番号の印刷位置

差出人の郵便番号が印刷の際に切れてしまう場合などは、上に配置するとよいでしょう。上の手順**9**の図で、<差出人の郵便番号を住所の上に印刷する>をオンにすると、差出人の郵便番号が住所の横に印刷されます。
バランスが悪い場合は、郵便番号と住所の行を改行するなどで調整しましょう。

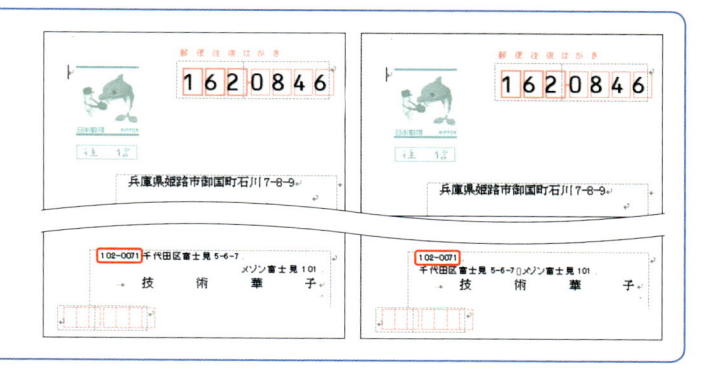

 **メモ** 番地の書式の指定

P.117の手順 **9** で＜横書き＞を選択した場合、番地は算用数字で表示されます。＜縦書き＞にした場合は、番地の書式を漢数字にするか算用数字にするか指定します（P.42参照）。

 **メモ** フォントの設定

手順 **12** で設定した宛名／差出人のフォントは、返信の文面にも反映されます。

 **メモ** 郵便番号の入力

手順 **15** で＜郵便番号＞に入力する番号には、「－」（ハイフン）を入れても入れなくてもかまいません。

118

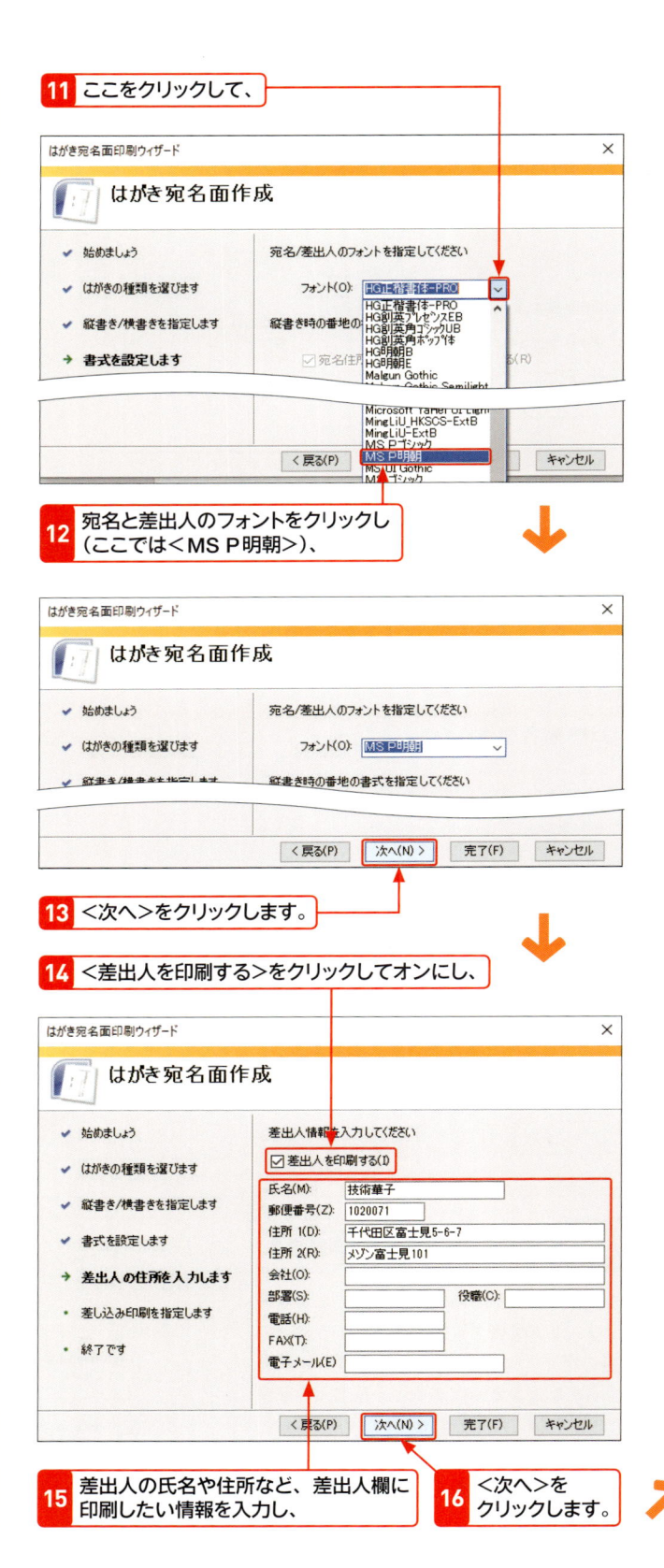

11 ここをクリックして、

12 宛名と差出人のフォントをクリックし（ここでは＜MS P明朝＞）、

13 ＜次へ＞をクリックします。

14 ＜差出人を印刷する＞をクリックしてオンにし、

15 差出人の氏名や住所など、差出人欄に印刷したい情報を入力し、

16 ＜次へ＞をクリックします。

17 ＜既存の住所録ファイル＞を
クリックしてオンにし、

18 ＜参照＞をクリックします。

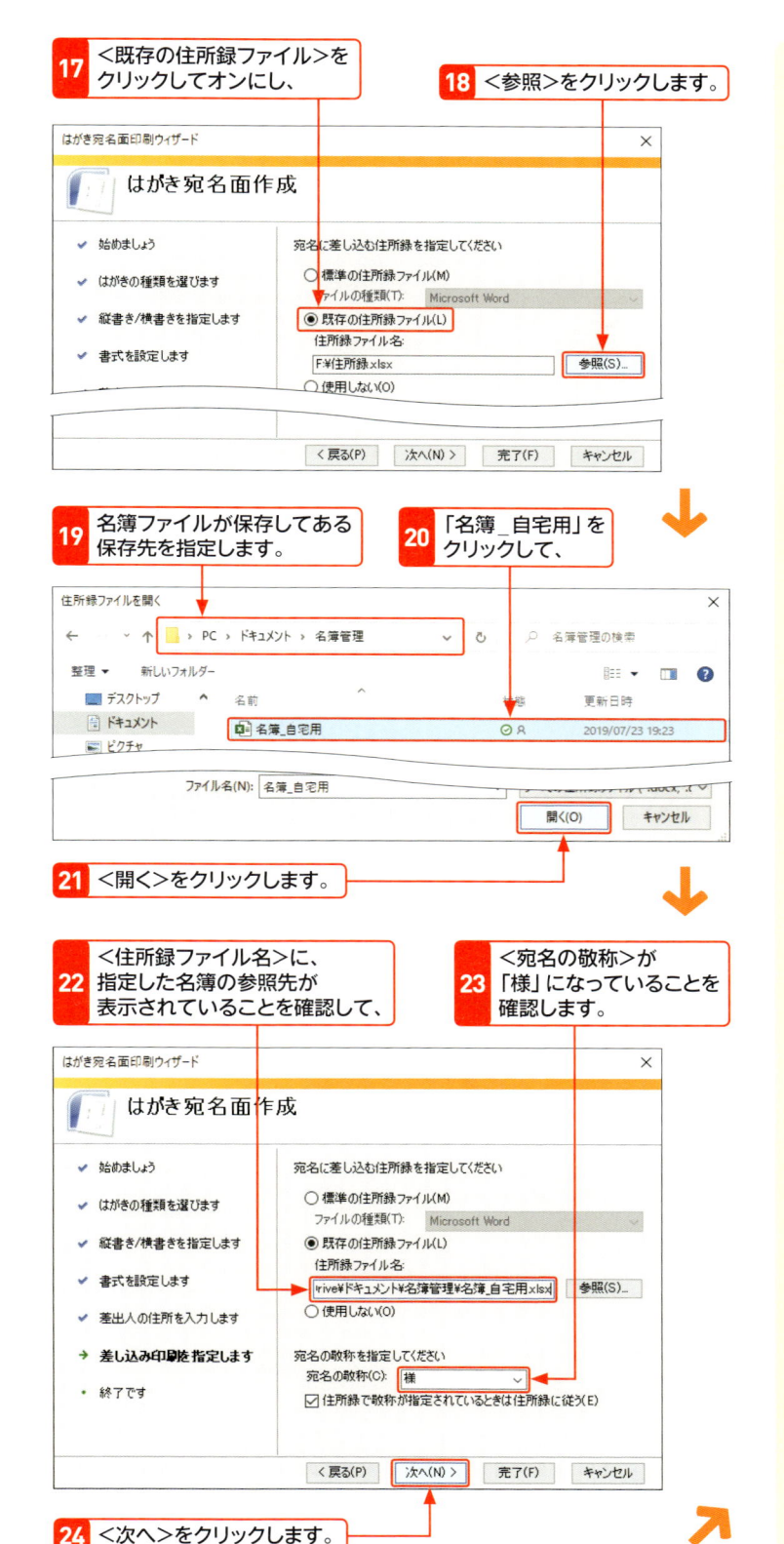

19 名簿ファイルが保存してある
保存先を指定します。

20 「名簿_自宅用」を
クリックして、

21 ＜開く＞をクリックします。

22 ＜住所録ファイル名＞に、
指定した名簿の参照先が
表示されていることを確認して、

23 ＜宛名の敬称＞が
「様」になっていることを
確認します。

24 ＜次へ＞をクリックします。

メモ　差し込み印刷

名簿を利用して、宛名面に住所を差し込みながら印刷する機能を「差し込み印刷」といいます。はがきを1枚だけ印刷するときに差し込み印刷機能を利用しない場合は、手順**17**で＜使用しない＞をオンにします。1人分の宛先は、＜宛名住所の入力＞を利用して入力することができます（P.127参照）。

ステップアップ　＜標準の住所録ファイル＞の指定

手順**17**で＜標準の住所録ファイル＞をオンにした場合は、＜ファイルの種類＞でWord、Excel、Accessのいずれかを選択したあと、＜宛名の敬称＞を指定して、＜完了＞をクリックします。はがき宛名面印刷ウィザードが終了して、往信の宛名面が作成されるので、宛名を差し込みます。この場合は、あらかじめWord、Excel、Accessいずれかで名簿を作成しておく必要があります。

メモ　使用する名簿ファイル

左の手順では、第1章で作成したExcelの名簿ファイルを利用します。

ヒント　宛名の敬称の選択

手順**23**の＜宛名の敬称＞では、宛先に付ける敬称を7種類の中から選択できます。宛名の敬称は、ここで指定したものが優先されます。名簿に入力した敬称を表示したい場合は、＜宛名の敬称＞を「＜（なし）＞」にして、＜住所録で敬称が指定されているときは住所録に従う＞をオンにします。この場合、はがきの宛名面を作成した直後は敬称は表示されないので、作成後に《敬称》フィールドを挿入します（P.166参照）。

119

🔆 ヒント　往信面と返信面の作成と保存

往復はがきは、片面に往信の宛名と返信の文面、もう片面に返信の宛名と往信の文面が組み合わさっています（Sec.27参照）。往信面と返信面は別々に作成して保存します。組み合わせと作成手順を間違えないように注意しましょう。

🔆 ヒント　宛名面の調整

氏名の開始位置や名字と名前の間の空きが気になる場合は、《姓》の上に挿入されている《役職》やタブを削除したり、《姓》と《名》の間にあるスペースを削除しましょう。＜差し込み文書＞タブの＜結果のプレビュー＞をオフにし、差し込みフィールドを表示して調整します。

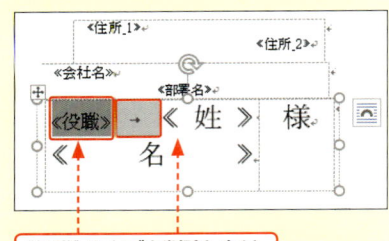

《役職》やタブを削除したり、《姓》と《名》前の間にあるスペースを削除します。

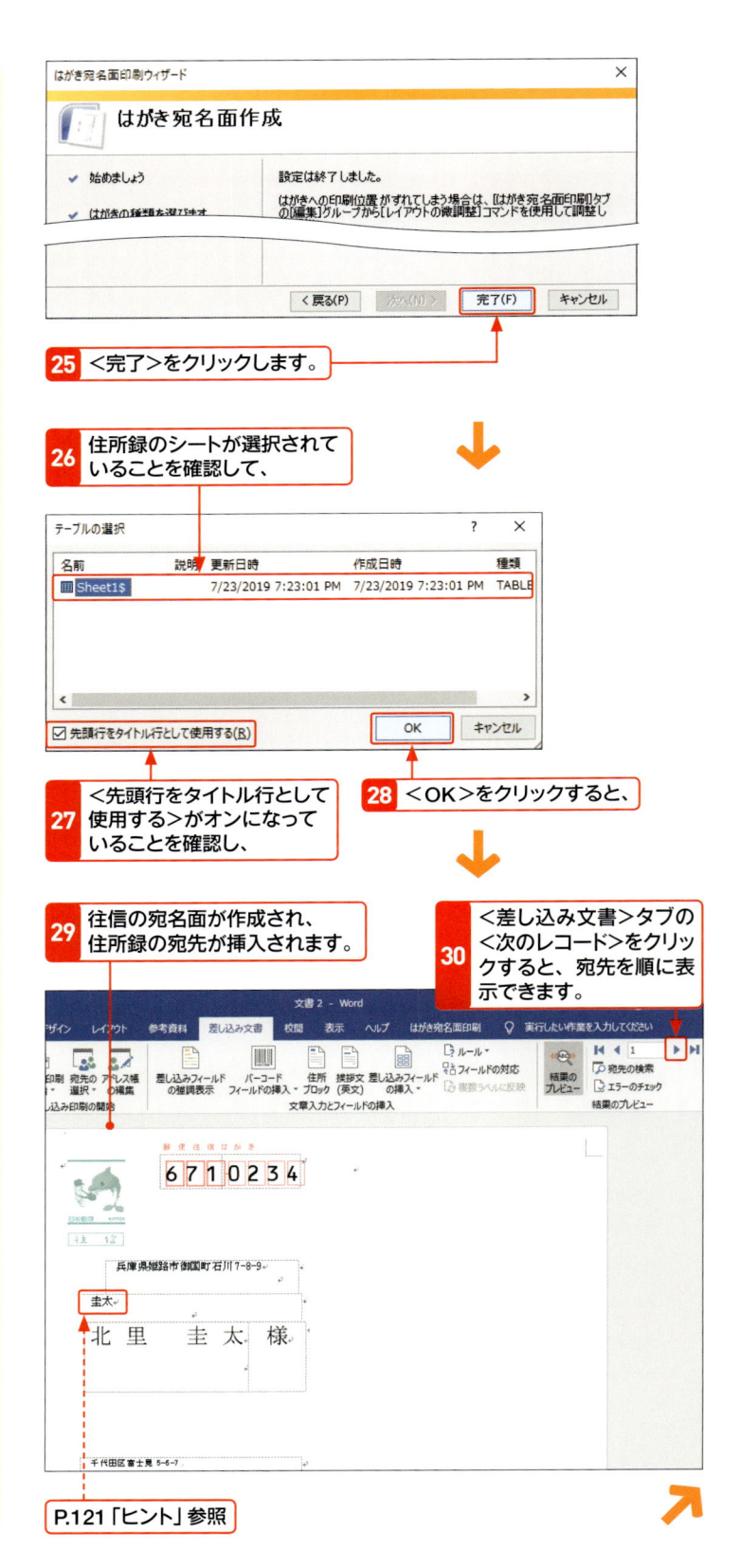

25 ＜完了＞をクリックします。

26 住所録のシートが選択されていることを確認して、

27 ＜先頭行をタイトル行として使用する＞がオンになっていることを確認し、

28 ＜OK＞をクリックすると、

29 往信の宛名面が作成され、住所録の宛先が挿入されます。

30 ＜差し込み文書＞タブの＜次のレコード＞をクリッククすると、宛先を順に表示できます。

P.121「ヒント」参照

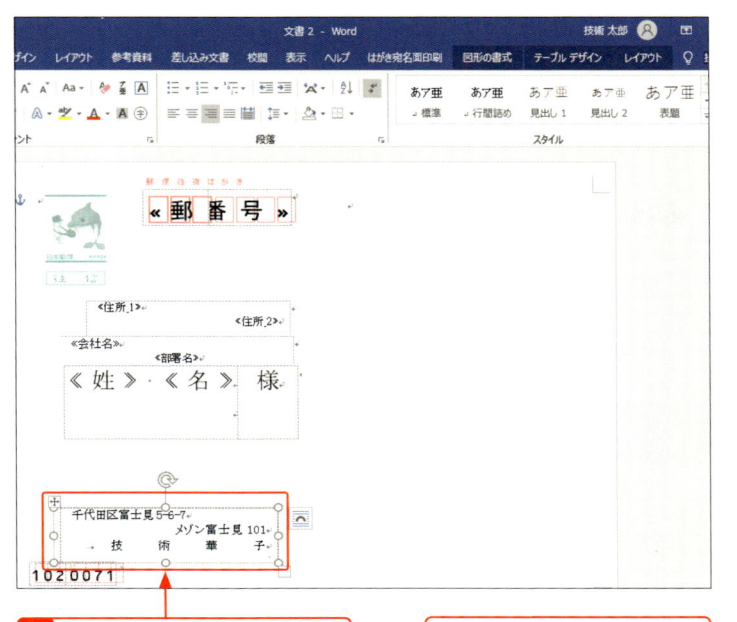

✍ メモ　差出人の住所

差出人の住所のフォントサイズは「7pt」もしくは「9pt」と小さく、文字数によっては住所1と住所2のバランスがよくない場合があります。文字列を選択して、＜ホーム＞タブの＜フォントサイズ＞で変更します。

また、横に広がりすぎている場合はテキストボックスのサイズを縮めてバランスを調整するとよいでしょう。

31 住所のフォントサイズ（ここでは「10.5」）とテキストボックスのサイズを変更します。

次に、返信の文面を作成するので、往信面はそのまま表示しておきます。

💡 ヒント　余計な項目が表示されてしまう!

P.120手順**30** の図のように必要のない箇所に余計な項目が表示されてしまうのは、差し込みフィールド（データを差し込む場所）と名簿の項目が対応していないのが原因です。この場合は、差し込みフィールドを確認して、そのフィールドと名簿の項目を対応させます。詳しい操作手順については、P.47を参照してください。

1 結果のプレビューをオフにして、＜差し込み文書＞タブの＜フィールドの対応＞をクリックします。

2 ＜会社名＞欄のここをクリックして、

3 ＜（対応なし）＞をクリックします。

4 ここをクリックしてオンにし、

5 ＜OK＞をクリックします。

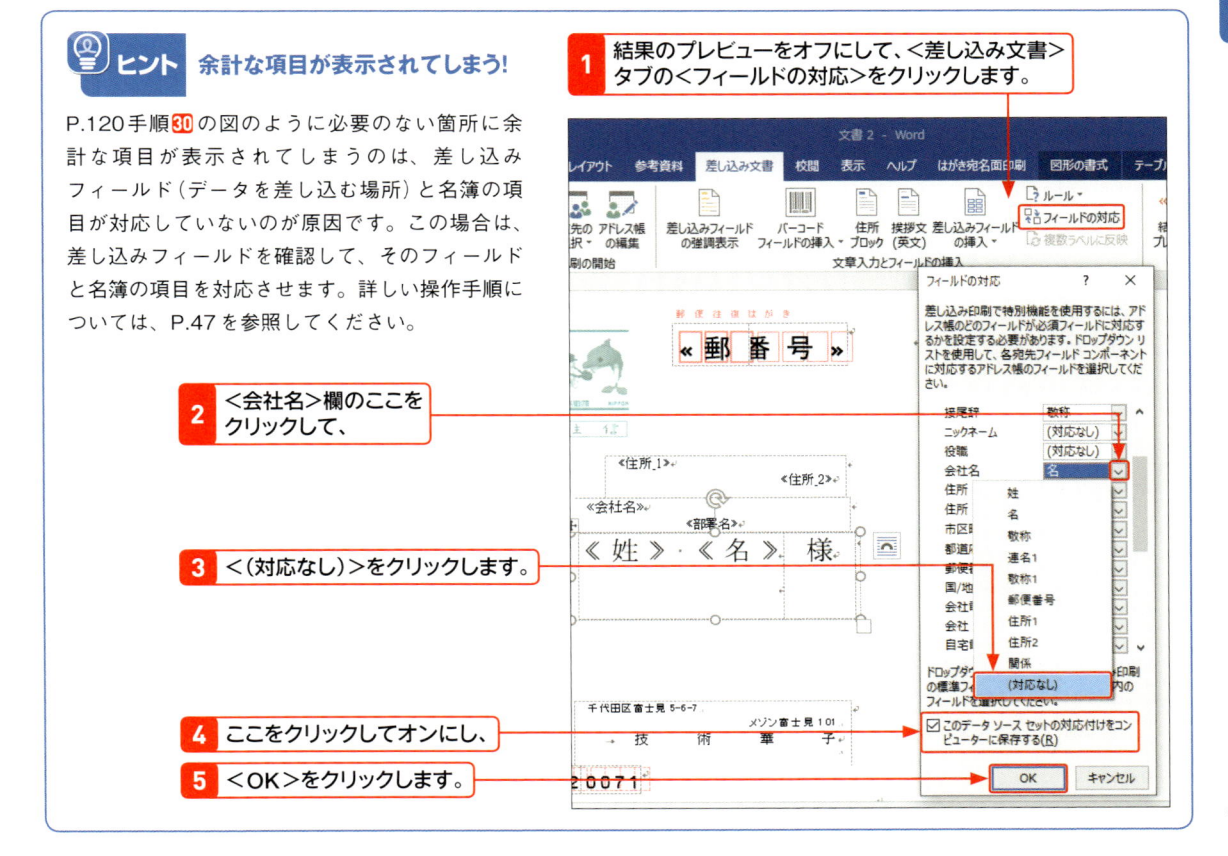

121

返信の文面を作成する

往信の宛名面を作成したら、続いて、右側に返信の文面を作成します。返信の文面には、往信の文面（案内状）に対しての返答、氏名、住所、電話番号などを記入する欄を作ります。フォントサイズを変更したり、配置や行間を変えたり、水平線などを入れたりすると見やすくなります。

1 返信の文章を入力する（往信面）

メモ テキストボックス

往復はがきの往信面を作成すると、右側には自動的にテキストボックスが作成されます。はがき宛名面印刷ウィザードの宛名の向きを＜横書き＞に設定した場合は横書きのテキストボックスが、＜縦書き＞に設定した場合は縦書きのテキストボックスが作成されます。

ヒント テキストボックスを縦書きにするには

右の手順では、横書きのテキストボックスをそのまま利用しますが、縦書きに変更したい場合は、＜図形の書式＞タブ（Word 2016／2013では＜描画ツール＞の＜書式＞タブ）にある＜文字列の方向＞をクリックして、＜縦書き＞をクリックします。

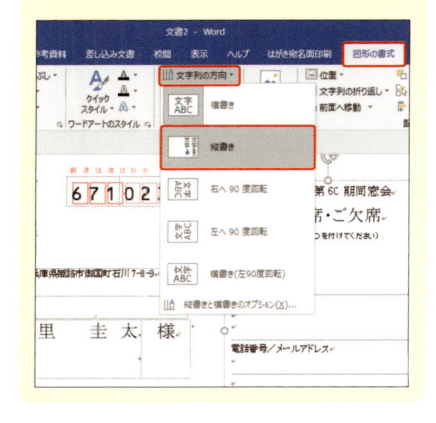

1 往信の宛名面の右側をクリックすると、横書きのテキストボックスが表示されます。

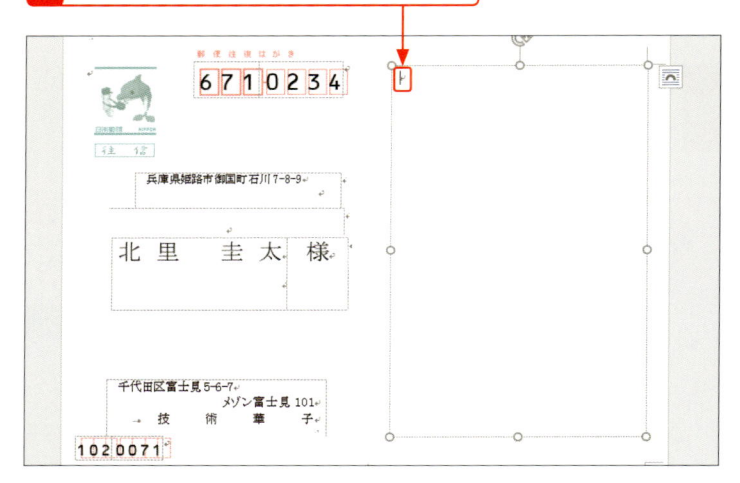

2 テキストボックス内に、返信の文章を入力します。

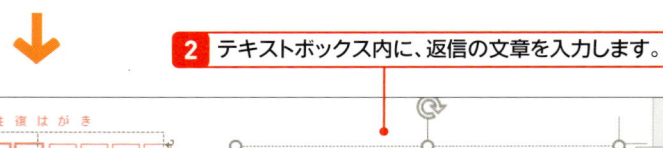

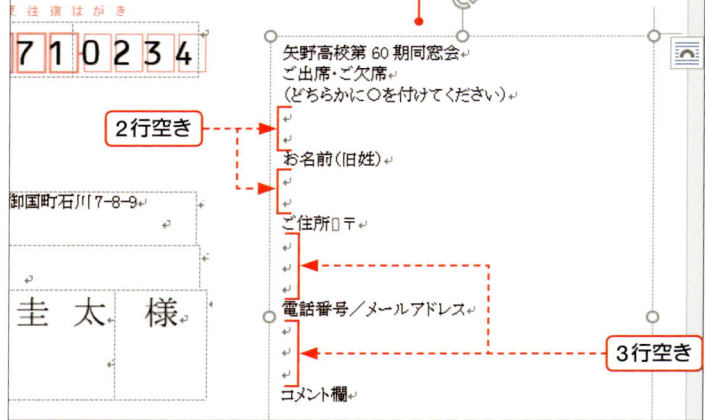

2 フォントサイズを変える

1 文字列をドラッグして選択し、

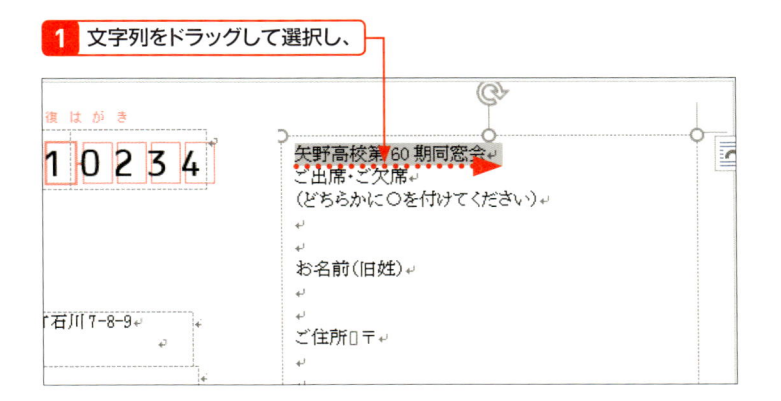

メモ ライブプレビュー

左の手順で表示されるフォントサイズ一覧のいずれかにマウスポインターを合わせるだけで、その結果がプレビューされます。結果を確認しながら最適なフォントサイズを見つけるとよいでしょう。

2 <ホーム>タブをクリックして、

3 <フォントサイズ>のここをクリックし、

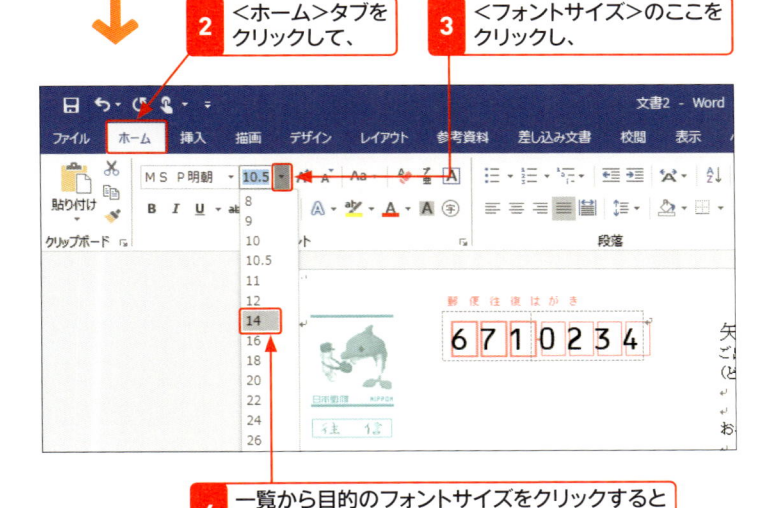

4 一覧から目的のフォントサイズをクリックすると（ここでは<14>）、

メモ 返信の文面の作成

ここでは往信面を作成していますが、作成する文章は返信用の文面です。

5 フォントサイズが「14pt」に設定されます。

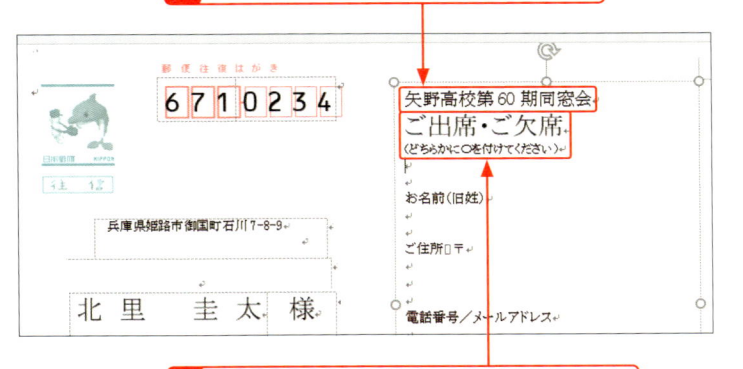

ステップアップ イラストを挿入する

返信の文面や往信の文面にイラストを挿入する場合は、はじめに宛名面にイラストを挿入して、文字列の折り返しを設定し、そのあとで文面のテキストボックス内に移動するとよいでしょう。はじめからテキストボックス内に挿入すると、文字列の折り返しを変更することができなくなります。

6 同様の方法で、「ご出席・ご欠席」を「20pt」、下の行を「9pt」に設定します。

3 文字の配置と段落の間隔を変える

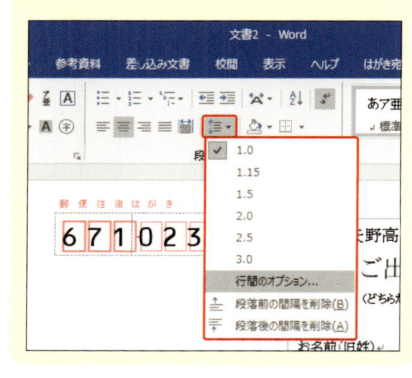

メモ Word 2013／2010の場合

Word 2013/2010の場合は、手順**5**で＜ページレイアウト＞タブをクリックします。

ヒント 段落の間隔を調整する

文字サイズを大きくすると、それに応じて段落の間隔も広がりますが、さらに間隔を変更したい場合は、右の手順で設定します。手順**6**では、＜前＞＜後＞の 🔼 をクリックするたびに、0.5行ずつ間隔が増減します。また、ボックスに任意の数値を直接入力することもできます。

ヒント 段落の間隔を調整するそのほかの方法

段落や行間隔の調整は、＜ホーム＞タブの＜行と段落の間隔＞をクリックし、表示されるメニューから設定することもできます。また、＜行間のオプション＞をクリックすると表示される＜段落＞ダイアログボックスの＜間隔＞欄で設定することもできます。

1 これらの文字列をドラッグして選択し、

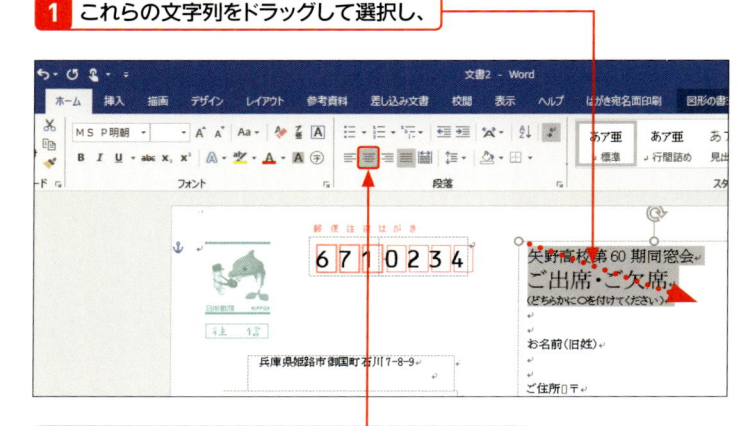

2 ＜ホーム＞タブの＜中央揃え＞をクリックすると、

3 文字列が中央揃えに設定されます。

4 「ご出席・ご欠席」の行をクリックしてカーソルを移動し、

5 ＜レイアウト＞タブをクリックして（「メモ」参照）、

6 ＜間隔＞の＜前＞と＜後＞をそれぞれ「0.5行」に設定し、

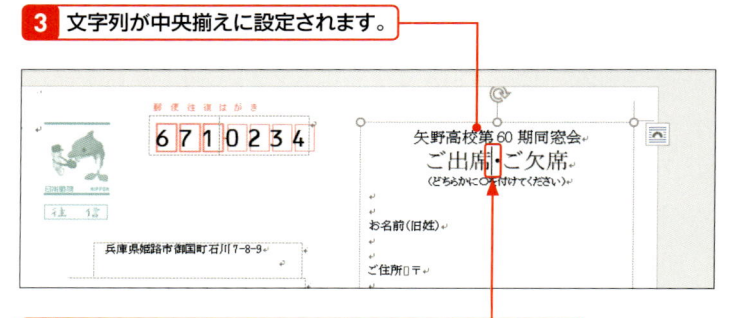

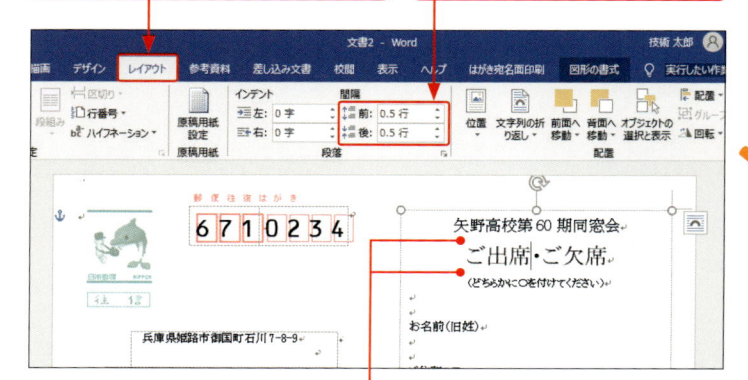

7 「ご出席・ご欠席」の前後の行間を調整します。

4 区切り線やコメント欄を作成する

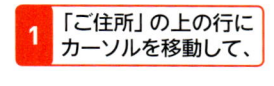
1 「ご住所」の上の行に
カーソルを移動して、

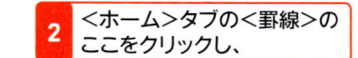
2 <ホーム>タブの<罫線>の
ここをクリックし、

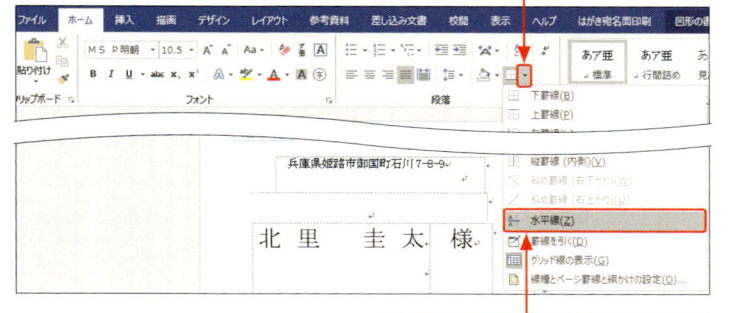

3 <水平線>をクリックします。

4 線が引かれます。

6 <挿入>タブの<図形>を
クリックして、

5 ほかも同様にして
線を引きます。

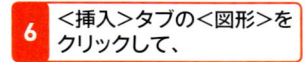

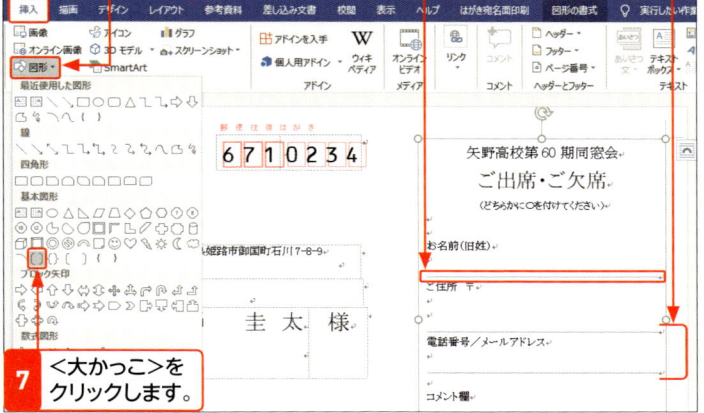

7 <大かっこ>を
クリックします。

8 コメント欄の下から右方向へ
ドラッグすると、

9 かっこが作成されるので、
色や太さを変更します
（「ヒント」参照）。

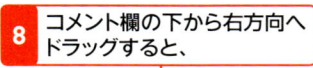

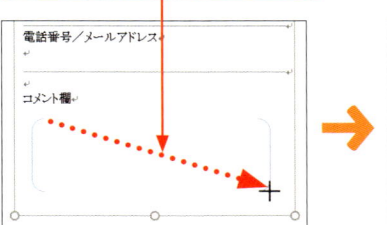

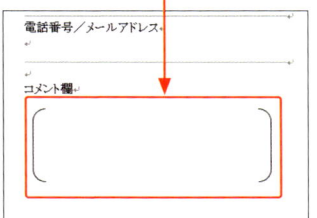

ヒント　線を変更する

手順**9**の大かっこは、<図形の書式>
タブの<図形の枠線>の右側をクリック
して表示されるメニューの色パレットか
ら色を選択したり、<太さ>から線の太
さを変更したりできます。

メモ　往信面を保存する

文書を保存するには、<ファイル>タブ
をクリックして、<名前を付けて保存>
をクリックします。続いて、<この
PC >（Word 2013 では<コンピュー
ター>）をクリックして、<参照>をク
リックします。Word 2010 ではこの操
作は不要です。
<名前を付けて保存>ダイアログボック
スが表示されるので、保存先のフォル
ダーを指定し、ファイル名を付けて<保
存>をクリックします（P.48参照）。
なお、ここで作成した往復はがきを保存
する際のファイル名は、「同窓会案内_
往信」のように、往信面とわかるような
名前を付けるとよいでしょう。

メモ　往信面と返信面

往復はがきは、片面に往信の宛名と返信
の文面、もう片面に返信の宛名と往信の
文面が組み合わさっています（Sec.27
参照）。往信面と返信面は別々に作成し
て保存します。

返信の宛名面を作成する

往復はがきの返信面は、往信面と同様にはがき宛名面印刷ウィザードを利用します。往信面の作成と異なるのは、返信面の宛名は差出人になるので、差し込み印刷機能を利用しないという点だけです。差出人の情報は、ウィザードの終了後に＜宛名住所の入力＞ダイアログボックスを利用して入力します。

1 返信の宛名面（返信面）を作る

往復はがきの返信面には、返信の宛名と往信の文面（案内状）を作成します。返信面も往信面と同様に＜はがき宛名面印刷ウィザード＞を使います。

往復はがきの返信面の宛名は、すべて差出人になるので、差し込み印刷機能は利用しません。差出人の情報は、返信面を作成してから＜はがき宛名面印刷＞タブを利用して入力します（次ページ参照）。

返信面の宛名の敬称は、「行」あるいは「宛」を選択します。

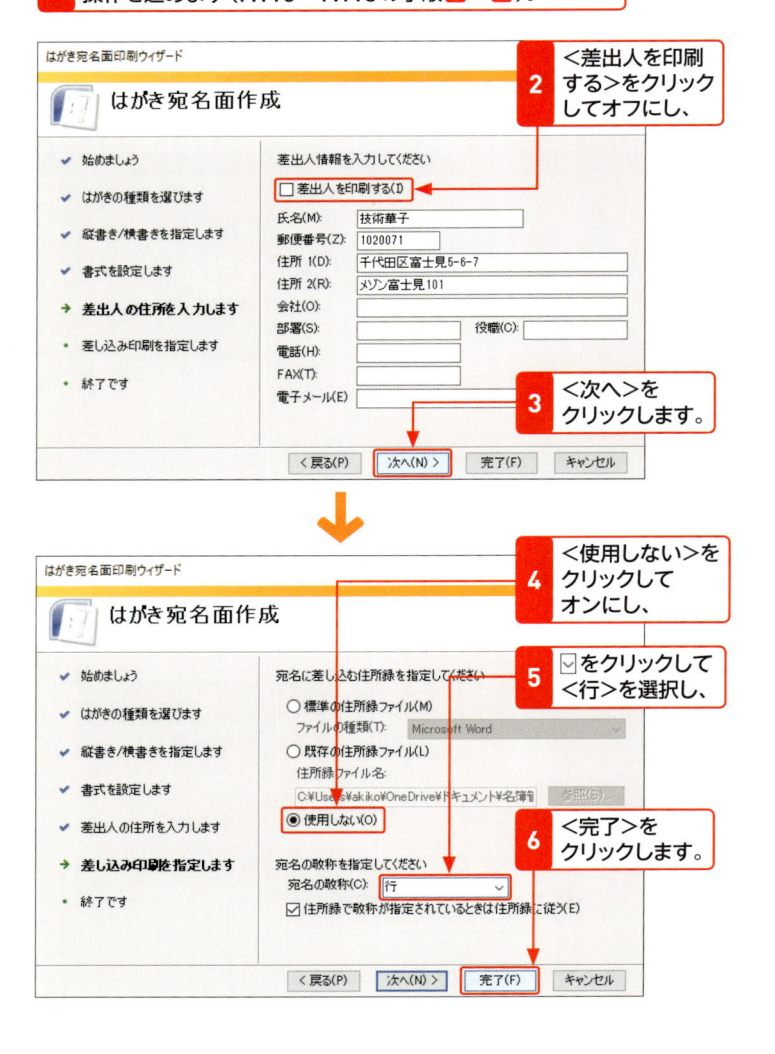

1 ＜はがき宛名面印刷ウィザード＞を起動して、往信面と同様に設定し、差出人の情報を入力する手順まで操作を進めます（P.116～P.118の手順 **1** ～ **13**）。

2 ＜差出人を印刷する＞をクリックしてオフにし、

3 ＜次へ＞をクリックします。

4 ＜使用しない＞をクリックしてオンにし、

5 ☑をクリックして＜行＞を選択し、

6 ＜完了＞をクリックします。

2 差出人の情報を入力する

1 往復はがきの返信面が表示されるので、

2 <はがき宛名面印刷>タブをクリックして、

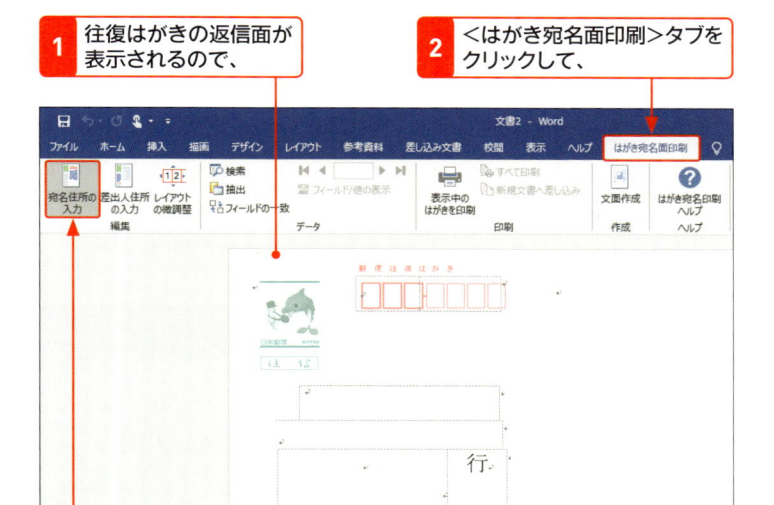

3 <宛名住所の入力>をクリックします。

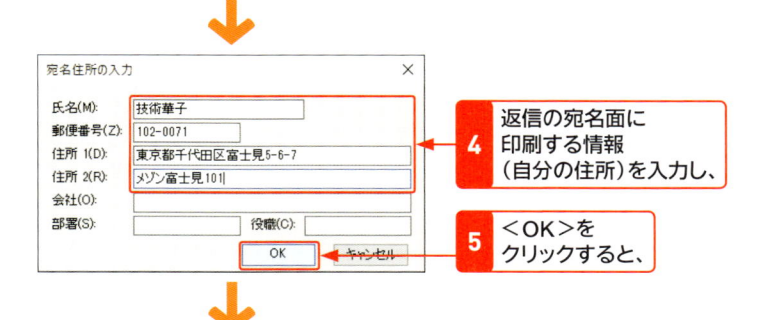

4 返信の宛名面に印刷する情報（自分の住所）を入力し、

5 <OK>をクリックすると、

6 返信の宛名面が作成されます。

次に、往信の文面を作成するので、返信面はそのまま表示しておきます。

メモ 往復はがきの画面表示

<はがき宛名面印刷ウィザード>で往復はがきの返信面を作成すると、左図のように画面の表示は常に「往信」となります。往信面と間違えないようにしましょう。

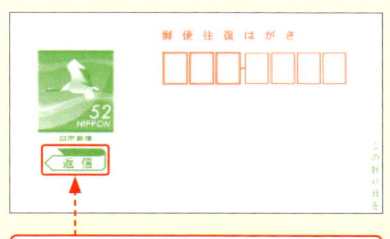

画面の表示は「往信」ですが、実際は返信面を作成しています。

ヒント 宛名面の調整

宛名のフォントサイズやフォント（書体）の変更、文字位置の調整などは、通常のはがきの宛名面と同様に行えます。Sec.14、15を参照してください。

ヒント <はがき宛名面印刷>タブ

<はがき宛名面印刷ウィザード>ではがきを作成すると、<はがき宛名面印刷>タブが表示されます。このタブを利用すると、宛名や差出人の編集、郵便番号などの位置調整、データの検索、印刷などが行えます。

往信の文面を作成する

返信の宛名面を作成したら、続いて、右側に往信の文面を作成します。往信の文面には、案内状の文章を入力します。案内状は、文字飾りを付けたり、色を変更したりしてアクセントを付けると読みやすくなります。重要な部分を太字や下線付きにするなどして、案内が伝わりやすいように工夫をしましょう。

1 往信の文章を入力する（返信面）

💡ヒント 「拝啓」と「敬具」の入力

Wordの初期設定では、「拝啓」と入力して改行すると、自動的に「敬具」が行末に入力されます。同様に、「記」と入力して改行すると「以上」が入力されます。これはWordの入力オートフォーマット機能によるものです。この機能がわずらわしい場合は、解除することもできます（次ページの「ヒント」参照）。

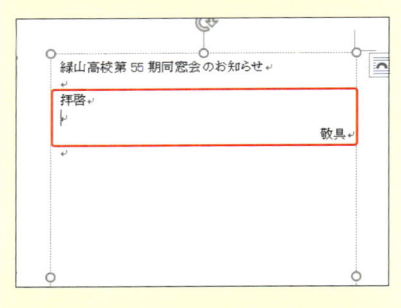

1 往復はがきの右側をクリックすると、横書きのテキストボックスが表示されます。

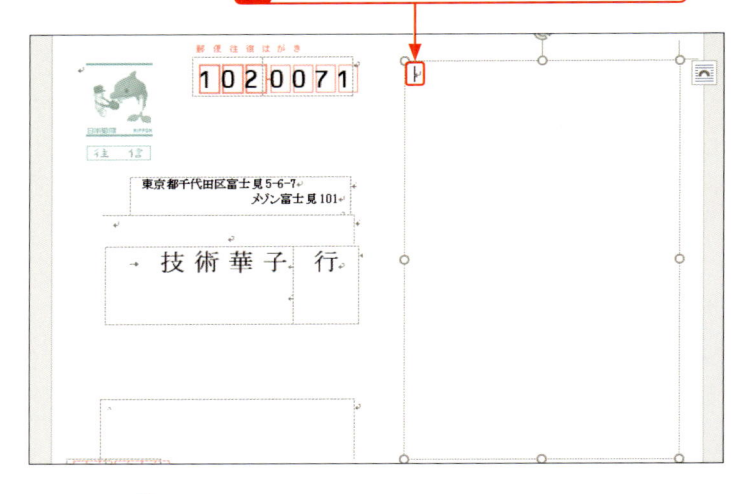

2 テキストボックス内に往信の文章を入力します。

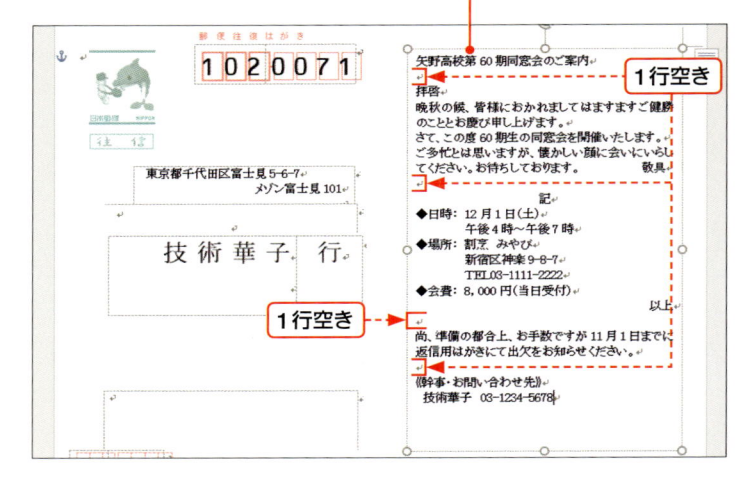

1行空き

1行空き

2 タイトル文字の書式を設定する

1 タイトルをドラッグして選択した状態で書式を設定します。

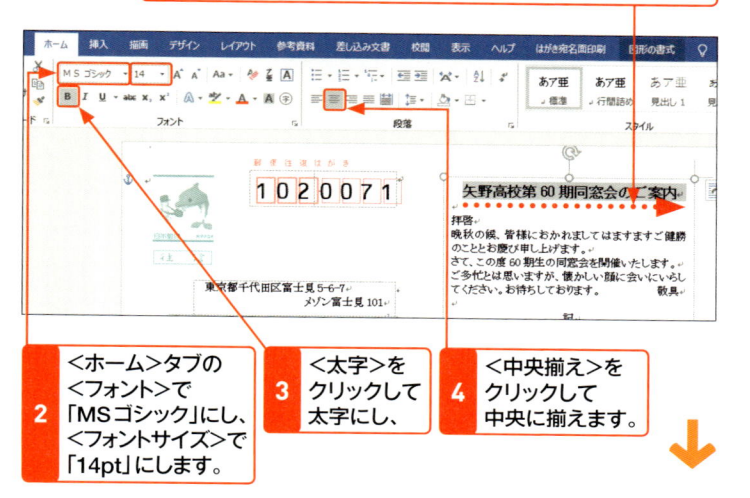

2 <ホーム>タブの<フォント>で「MSゴシック」にし、<フォントサイズ>で「14pt」にします。

3 <太字>をクリックして太字にし、

4 <中央揃え>をクリックして中央に揃えます。

5 <文字の効果と体裁>をクリックして、

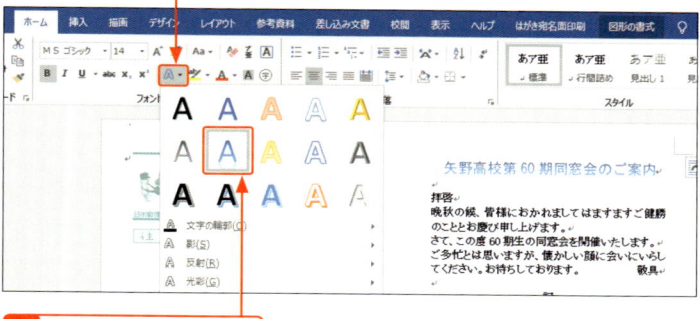

6 効果をクリックします。

7 再度<文字の効果と体裁>をクリックして、

8 <文字の輪郭>をクリックし、

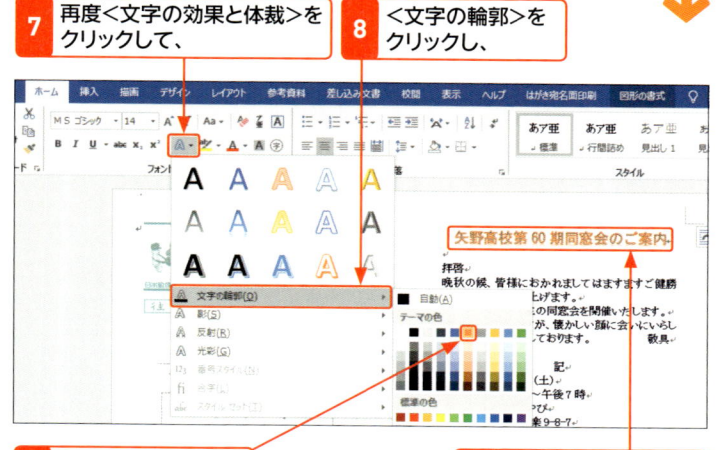

9 色をクリックすると、

10 書式が設定されます。

ヒント 入力オートフォーマットを解除する

入力オートフォーマット機能を解除するには、<ファイル>タブをクリックして<オプション>をクリックします。<Wordのオプション>ダイアログボックスが表示されるので、<文章校正>をクリックして、<オートコレクトのオプション>をクリックします。続いて、<オートコレクト>ダイアログボックスの<入力オートフォーマット>をクリックし、<頭語に対応する結語を挿入する>をクリックしてオフにします。

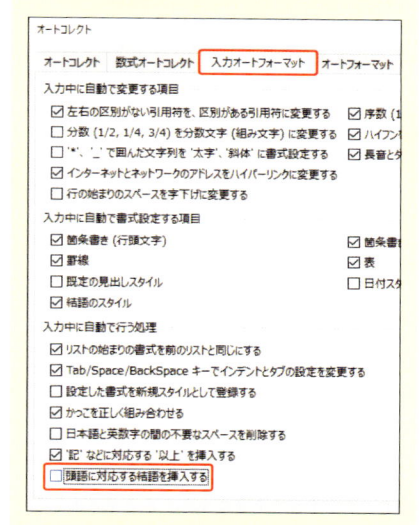

第4章 往復はがきを作る

メモ 文字の効果と体裁

手順**5**の<文字の効果と体裁>には、デザインが施された文字サンプルと、影や反射、光彩などの視覚効果を設定する機能が用意されています。<文字の輪郭>以外の効果を付けたあとで設定を取り消すには、それぞれの効果の<なし>をクリックします。

3 本文のフォントサイズとフォントの色を変える

ステップアップ　修飾記号を挿入する

ここでは、箇条書きの文頭に「◆」を付けていますが、飾りの付いた記号を入力することもできます。<挿入>タブの<記号と特殊文字>をクリックして<その他の記号>をクリックすると表示される<記号と特殊文字>ダイアログボックスで記号を選びます。

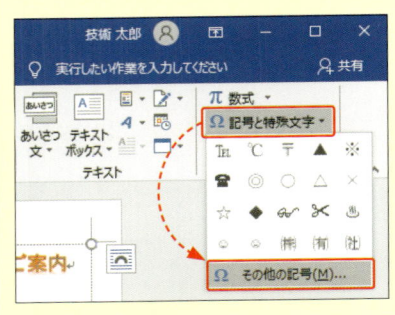

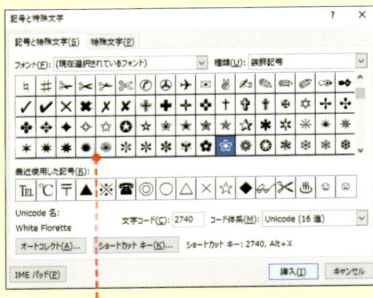

さまざまな記号が用意されています。

メモ　複数の文字をまとめて選択する

Ctrl を押しながらドラッグすると、複数の文字をまとめて選択できます。

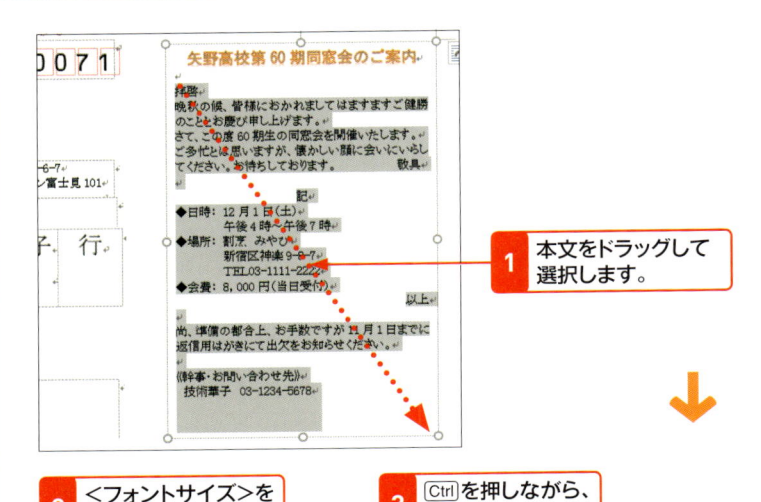

1 本文をドラッグして選択します。

2 <フォントサイズ>を<11pt>にします。

3 Ctrl を押しながら、行を選択し、

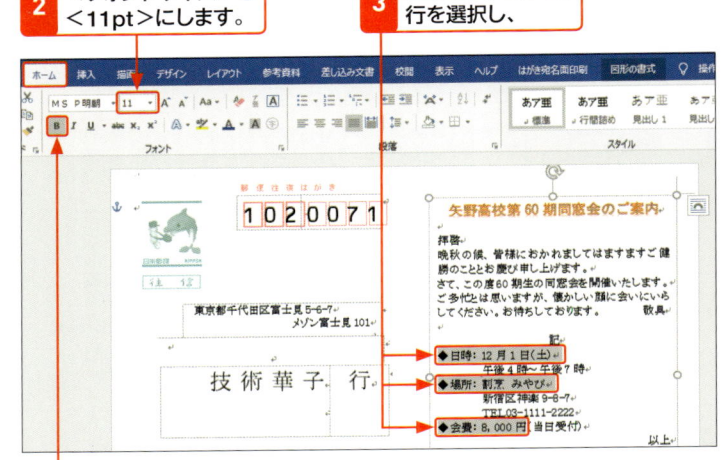

4 <太字>をクリックして太字にします。

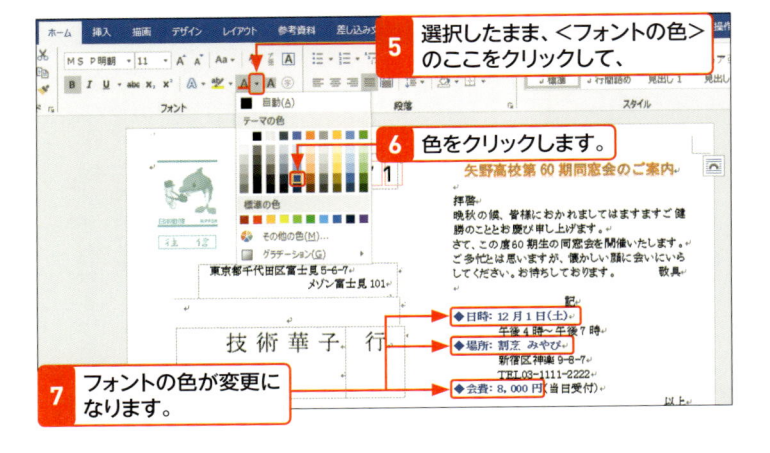

5 選択したまま、<フォントの色>のここをクリックして、

6 色をクリックします。

7 フォントの色が変更になります。

4 文字に下線を引く

1 下線を引きたい文字列をドラッグして選択します。

2 ＜ホーム＞タブの＜下線＞のここをクリックして、

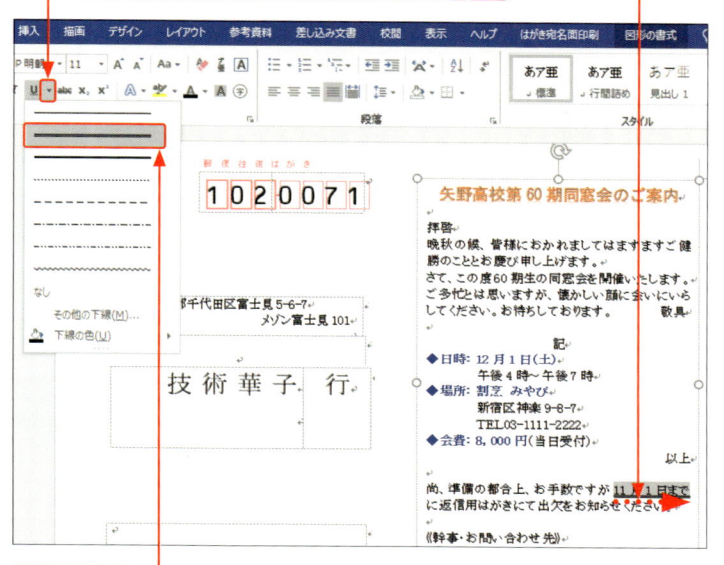

3 下線の種類をクリックします。

4 再度、＜下線＞のここを
クリックして、

5 ＜下線の色＞をクリックし、

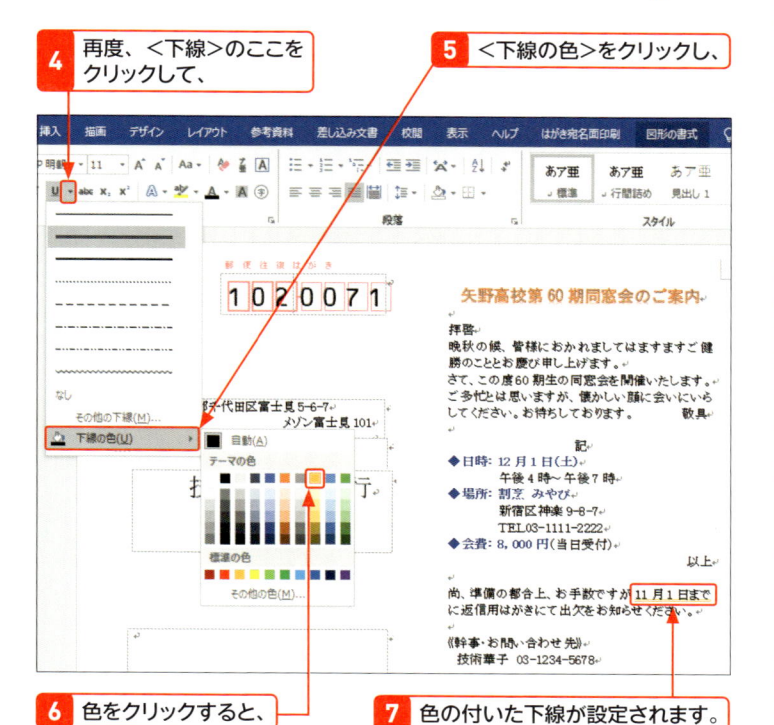

6 色をクリックすると、

7 色の付いた下線が設定されます。

 **ヒント** 同じ下線を
繰り返し設定する

次回以降、文字を選択して＜下線＞ $\underline{U}$
をクリックすると、ここで設定した下線
を繰り返し設定することができます。

 **メモ** 返信面を保存する

文書を保存するには、＜ファイル＞タブ
をクリックして、＜名前を付けて保存＞
をクリックします。続いて、＜この
PC＞（Word 2013 では＜コンピュー
ター＞）をクリックして、＜参照＞をク
リックします。Word 2010 ではこの操
作は不要です。
＜名前を付けて保存＞ダイアログボック
スが表示されるので、保存先のフォル
ダーを指定し、ファイル名を付けて＜保
存＞をクリックします（P.48参照）。
なお、ここで作成した往復はがきを保存
する際のファイル名は、「同窓会案内_
返信」のように、返信面とわかるような
名前を付けるとよいでしょう。

メモ サンプルファイル

ここで作成した返信面のサンプルファイ
ルは、下記URLのサポートページから
ダウンロードできます。
https://gihyo.jp/book/2019/978-4-
297-10885-4/support

131

Section 32 往復はがきを印刷する

覚えておきたいキーワード
- ☑ 差し込み印刷
- ☑ プリンターに差し込み
- ☑ ユーザー定義用紙

往復はがきの往信面と返信面が完成したら、印刷しましょう。返信面の印刷は、通常の文書を印刷する操作とほぼ同じですが、往信面の印刷は、差し込み印刷機能を使います。いずれの場合も、印刷の前に、プリンターの設定画面で用紙サイズを往復はがきに設定する必要があります。

1 <印刷>ダイアログボックスを表示する

メモ 往信面を表示する

ここでは、P.116～P.125で作成して保存した往復はがきの往信面を開きます。なお、名簿ファイルを使用している往復はがきの往信面を開こうとすると、「この文書を開くと、次のSQLコマンドが実行されます。」というダイアログボックスが表示されます。これは、宛名面に名簿ファイルのデータを挿入してよいかどうかを確認するものです。<はい>をクリックして往信面を開きます。

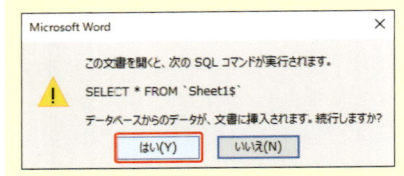

1 往復はがきの往信面を表示します（左上の「メモ」参照）。

2 <はがき宛名面印刷>タブをクリックして、

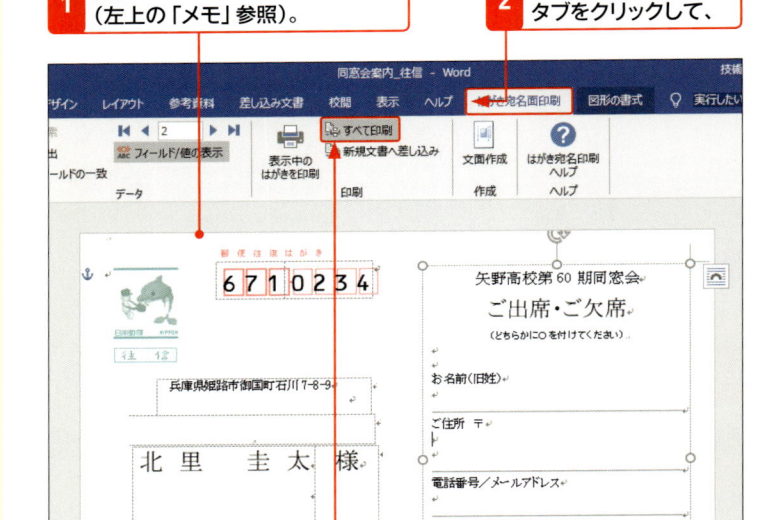

3 <すべて印刷>をクリックします。

メモ 試し印刷

印刷のミスを防ぐために、最初は試し印刷をするとよいでしょう。この場合は、手順3で<表示中のはがきを印刷>をクリックします。手順4で<現在のレコード>をオンにして印刷を行ってもはがきを1枚だけ印刷できます。
試し印刷用の用紙は、通常の印刷用紙を往復はがきサイズ（148ミリ×200ミリ）にカットして使用します。

4 <すべて>をクリックしてオンにし、

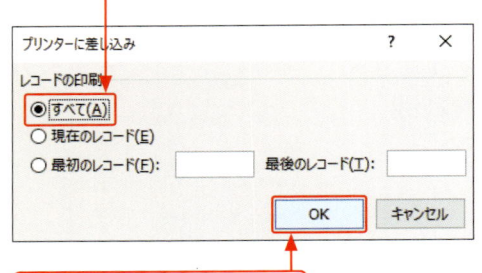

5 <OK>をクリックします。

2 用紙の種類とサイズを指定して往信面を印刷する

1 <印刷>ダイアログボックスが表示されるので、

2 <プロパティ>をクリックします。

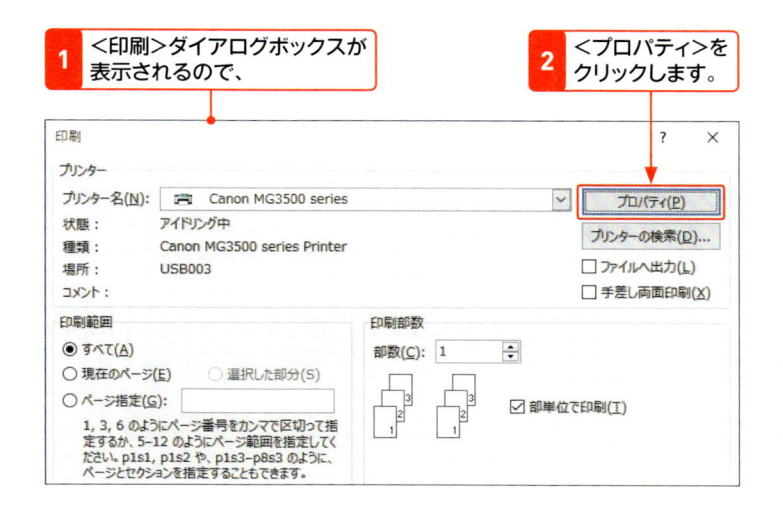

3 <用紙の種類>のここをクリックして、

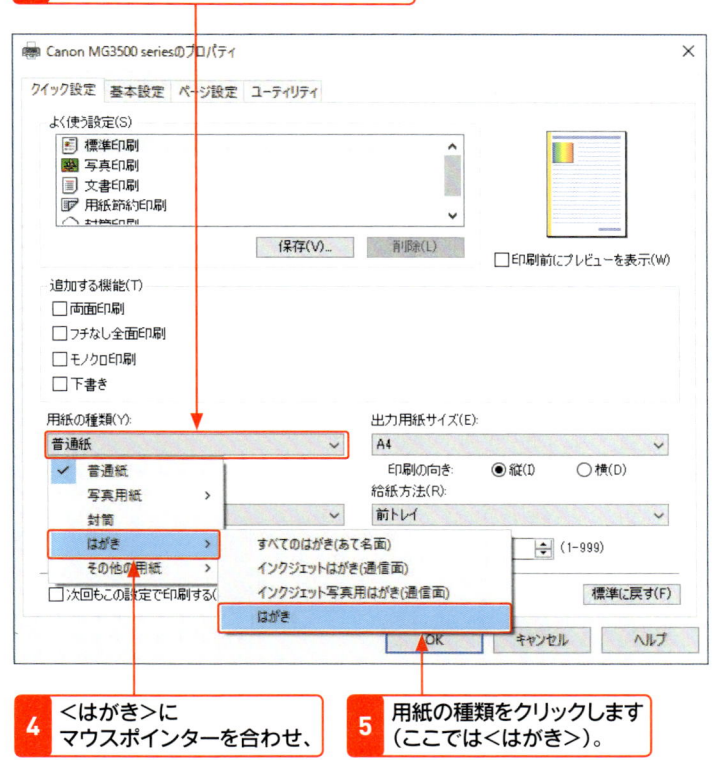

4 <はがき>にマウスポインターを合わせ、

5 用紙の種類をクリックします（ここでは<はがき>）。

ヒント 印刷する宛名を絞り込む

名簿ファイルに登録してあるデータの中から、実際に印刷する宛名を絞り込めます。絞り込む方法については、Sec.18を参照してください。

メモ プリンターのプロパティ

<プリンターのプロパティ>ダイアログボックスの内容（それぞれの項目名や機能）は、プリンターの機種によって異なります。用紙の種類や用紙サイズの設定方法などは、お使いのプリンターの取扱説明書などで確認してください。

メモ プリンターの選択

使用しているプリンターが複数ある場合は、<印刷>ダイアログボックスの<プリンター名>ボックスをクリックして、はがき印刷に使用するプリンターを選択します。
プリンターは、はがき印刷に対応したものを利用してください。

メモ 次の設定の組み合わせは推奨しません？

用紙の種類と用紙サイズの設定によっては、手順 **8** で＜OK＞をクリックすると、下図のダイアログボックスが表示される場合があります。変更する場合は＜変更＞を、そのままで問題なければ＜変更しない＞を、設定をし直す場合は＜設定画面に戻る＞をクリックします。

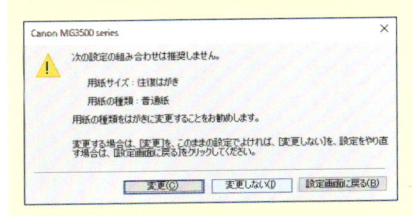

メモ 余白が小さすぎます？

＜印刷＞ダイアログボックスで＜OK＞をクリックすると、下図のダイアログボックスが表示される場合があります。この場合、ページの余白がプリンターには小さすぎるか、余白が印刷可能な領域を超えている可能性があります。＜はい＞をクリックして、試し印刷をしてみましょう。試し印刷で特に問題がなければ、実際の印刷では＜はい＞をクリックして、印刷を継続します。

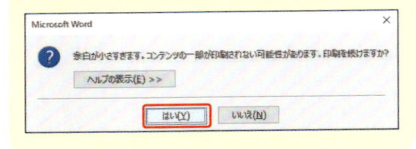

6 ＜出力用紙サイズ＞のここをクリックして、

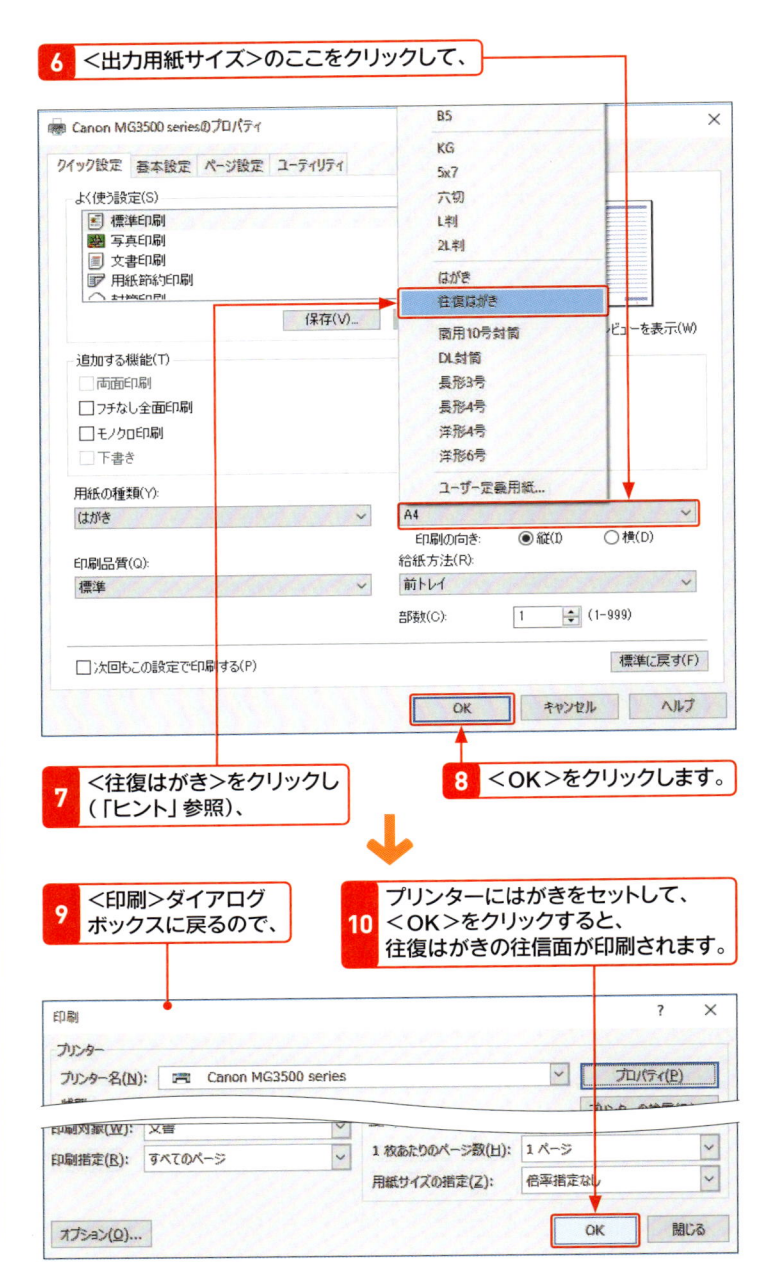

7 ＜往復はがき＞をクリックし（「ヒント」参照）、

8 ＜OK＞をクリックします。

9 ＜印刷＞ダイアログボックスに戻るので、

10 プリンターにはがきをセットして、＜OK＞をクリックすると、往復はがきの往信面が印刷されます。

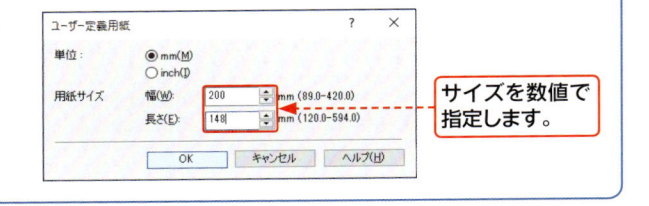

ヒント 用紙サイズの設定

プリンターの機種によっては、用紙サイズの一覧に＜往復はがき＞が表示されない場合があります。その場合は、一覧から＜ユーザー定義用紙＞（プリンターの機種によって名称が異なります）などをクリックして、往復はがきのサイズを数値で指定します。

サイズを数値で指定します。

3 往復はがきの往信面を閉じる

1 印刷が終了したら、＜ファイル＞タブをクリックして、

2 ＜閉じる＞をクリックします。

3 確認のダイアログボックスが表示された場合は、＜保存＞をクリックします。

Microsoft Word

同窓会案内_往信 に対する変更を保存しますか？

保存(S) 保存しない(N) キャンセル

4 設定が保存され、往復はがきの往信面が閉じます。

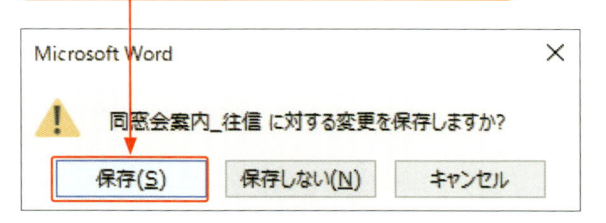

メモ 変更を保存する

往信面を閉じる際に、変更を保存するかどうかを確認するダイアログボックスが表示される場合があります。引き続いて返信面を印刷する場合は＜保存＞をクリックして、設定を保存しましょう。

4 往復はがきの返信面を印刷する

メモ　プリンターへのはがきのセット

はがきをセットする方法は、プリンターの機種によって異なります。プリンターの取扱説明書で確認するか、試し印刷をして確認してください。特に、裏表や上下方向に注意しましょう。

メモ　プリンターの設定や操作方法

プリンターの設定方法や操作方法は、プリンターの機種によって違いますので、本書の解説とは操作方法や名称などが異なることがあります。印刷設定や給紙方法などは、プリンターの取扱説明書やプリンター機種のWebページなどを参照してください。

ヒント　変更を保存して閉じる

印刷が終了したら、P.135を参照して、往信はがきの返信面を閉じます。変更を保存するかどうかを確認するダイアログボックスが表示された場合は、<保存>をクリックして、設定を保存します。

1 往信面を印刷したあと、往復はがきを裏返してプリンターにセットします。

2 往復はがきの返信面を表示して、<はがき宛名面印刷>タブをクリックし、

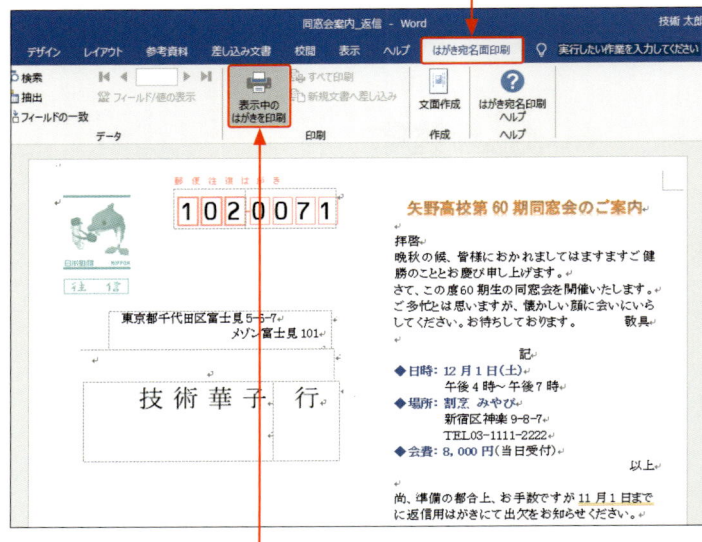

3 <表示中のはがきを印刷>をクリックします。

4 <プロパティ>をクリックして、用紙の種類とサイズを指定します。

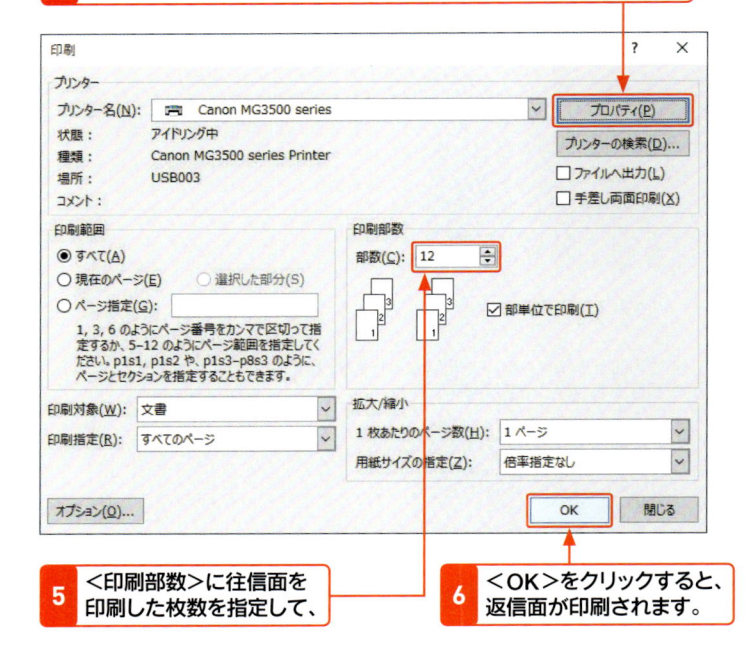

5 <印刷部数>に往信面を印刷した枚数を指定して、

6 <OK>をクリックすると、返信面が印刷されます。

7 変更を保存して閉じます（「ヒント」参照）。

第5章

封筒・宛名ラベルに印刷する

Section 33 封筒の宛名面を作成する

34 封筒の宛名を編集する

35 封筒に宛名を印刷する

36 宛名を縦書きに設定する

37 宛名ラベルを作成する

38 宛名ラベルを印刷する

封筒の宛名は宛名ラベルが一般的ですが、差し込み印刷機能を利用して、封筒に直接宛名を印刷することができます。封筒のサイズやレイアウト、名簿の指定などは個別に作成することもできますが、差し込み印刷ウィザードを使うとかんたんです。

覚えておきたいキーワード
- ☑ 封筒の種類
- ☑ 封筒のサイズ
- ☑ 宛先の選択

1 ＜差し込み印刷ウィザード＞で設定する

メモ Word 2010の場合

Word 2010の場合は、手順 **2** で＜新規作成＞をクリックしてから、＜白紙の文書＞をクリックし、＜作成＞をクリックします。

ヒント 1人分の宛名を印刷する

ここでは名簿のデータを差し込んで封筒の宛名面を作成しますが、1人だけの宛名であれば、＜差し込み文書＞タブの＜作成＞グループの＜封筒＞を利用するとよいでしょう。宛名の位置などがわかります。＜封筒とラベル＞ダイアログボックスの＜封筒＞タブで＜オプション＞をクリックして、使用する封筒のサイズや宛名の文字書式を設定します。＜宛先＞に宛先を入力して、＜印刷＞をクリックします。すぐに印刷されます。

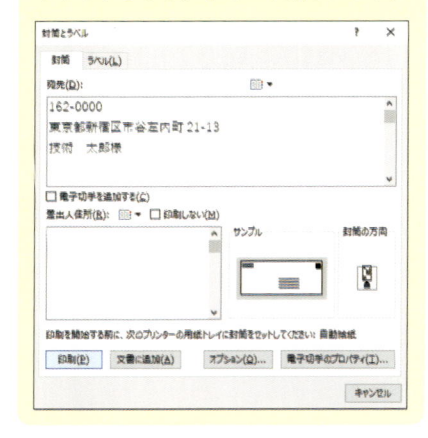

1 Wordを起動して、

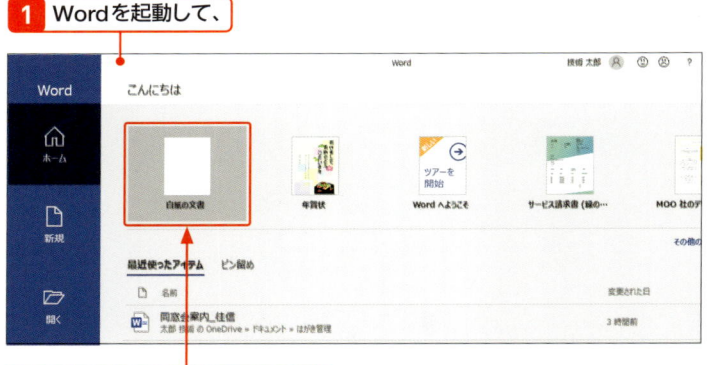

2 ＜白紙の文書＞をクリックし、

3 新規文書を開きます。

4 ＜差し込み文書＞タブをクリックして、

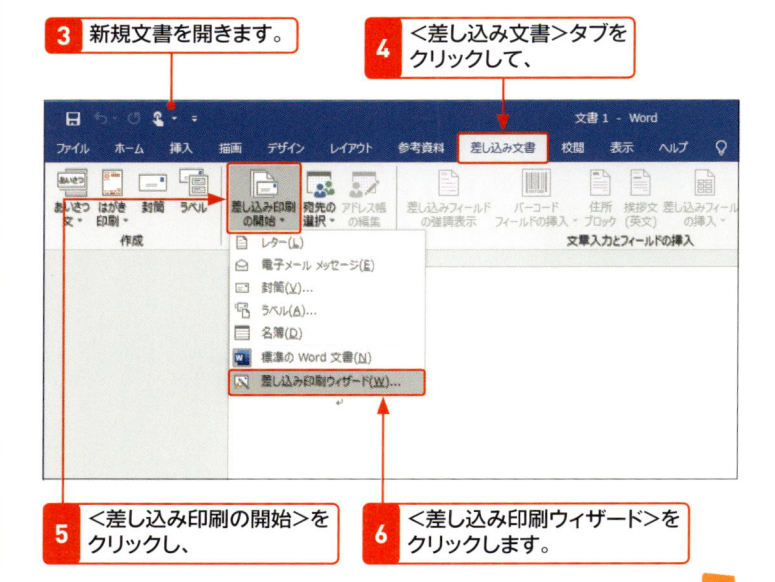

5 ＜差し込み印刷の開始＞をクリックし、

6 ＜差し込み印刷ウィザード＞をクリックします。

7 ＜挿し込み印刷＞作業ウィンドウが表示されます。

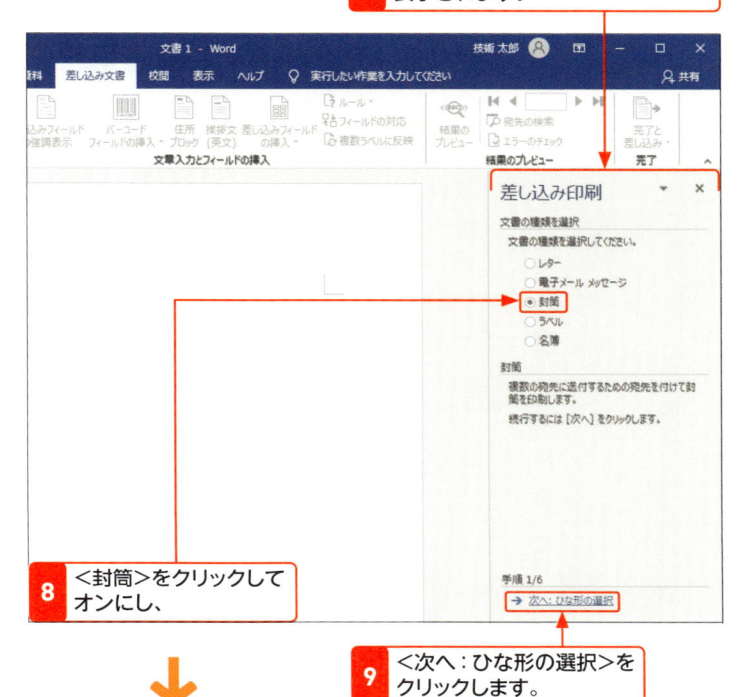

8 ＜封筒＞をクリックしてオンにし、

9 ＜次へ：ひな形の選択＞をクリックします。

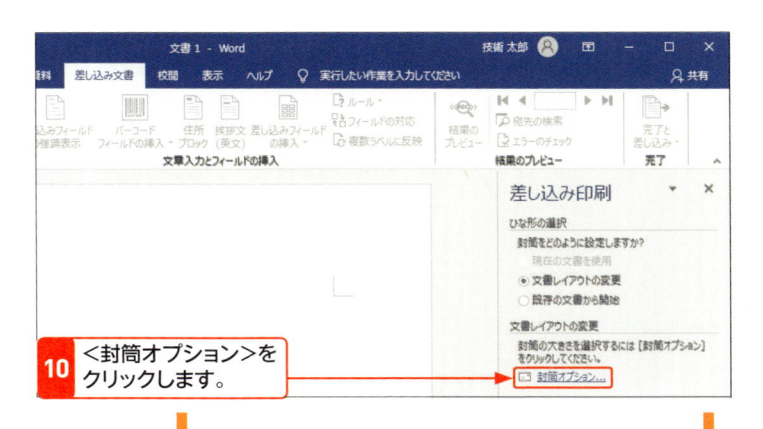

10 ＜封筒オプション＞をクリックします。

11 ＜封筒オプション＞ダイアログボックスの＜封筒オプション＞タブが表示されます。

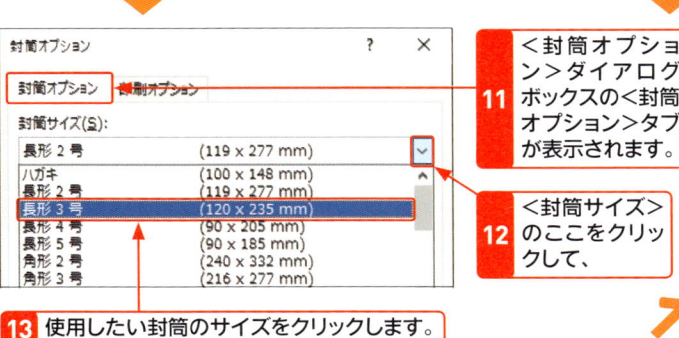

12 ＜封筒サイズ＞のここをクリックして、

13 使用したい封筒のサイズをクリックします。

ヒント　封筒の種類とサイズ

手順 **13** では、用意してある封筒のサイズを選択します。ここに表示されないサイズの場合は、＜サイズを指定＞をクリックして、幅と高さのサイズを指定します。なお、おもな封筒の種類やサイズには、以下のようなものがあります。

呼称	サイズ（幅×高さ）	定型／定形外
長形2号	119×277	定型外
長形3号	120×235	定型
長形4号	90×205	定型
長形5号	90×185	定型
角形2号	240×332	定型外
角形3号	216×277	定型外
角形4号	197×267	定型外
角形5号	190×240	定型外
角形6号	162×229	定型外
角形7号	142×205	定型外
角形8号	119×197	定型
洋形1号	120×176	定型
洋形2号	114×162	定型
洋形3号	98×148	定型
洋形4号	105×235	定型
洋形5号	95×217	定型
洋形6号	98×190	定型
洋形7号	92×165	定型

メモ　宛名のレイアウト

Wordの封筒は既定で横置き、横書きになります。縦置き、縦書きにしたい場合は、＜ページ設定＞ダイアログボックスで設定します。詳しくは、Sec.36を参照ください。

メモ ＜文字書式＞での フォントの設定

＜封筒オプション＞ダイアログボックスの＜文字書式＞でフォントを設定する場合、すべての項目が同じフォント、フォントサイズになります。フィールドを挿入後、個別に変更することができます（Sec.34参照）。

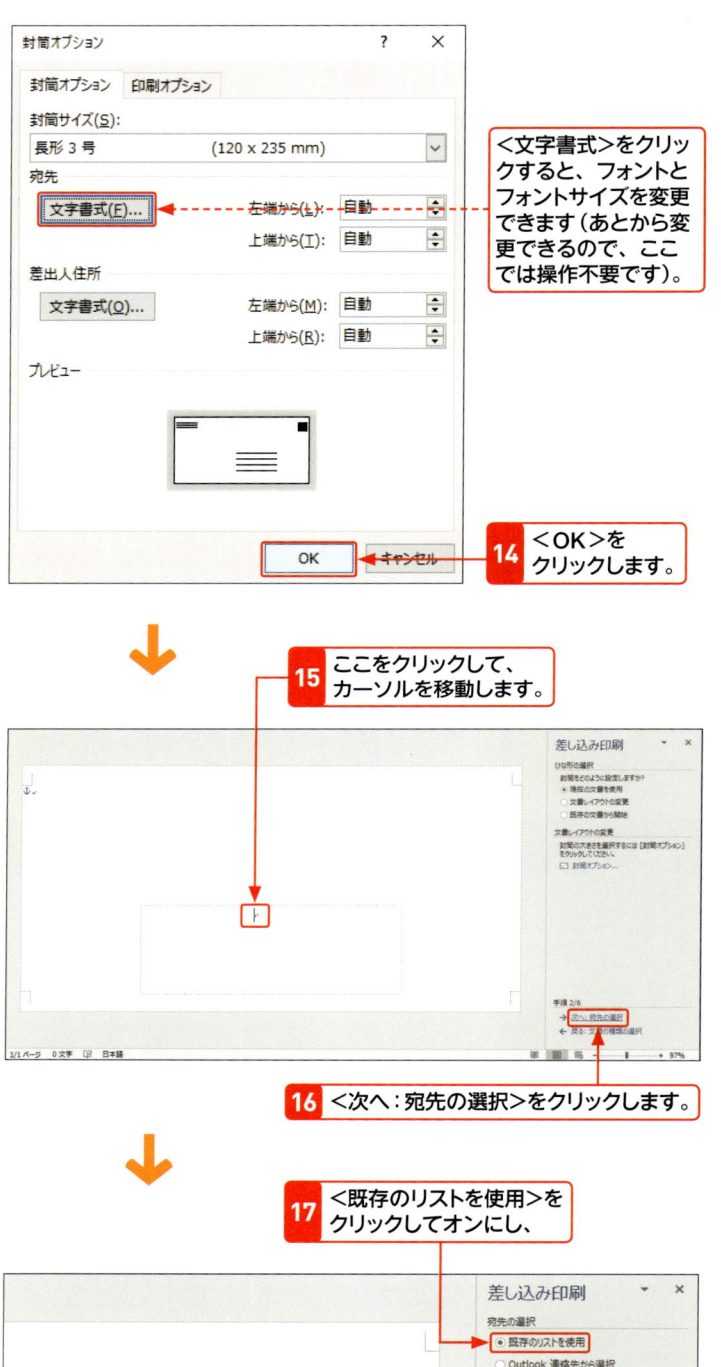

＜文字書式＞をクリックすると、フォントとフォントサイズを変更できます（あとから変更できるので、ここでは操作不要です）。

14 ＜OK＞をクリックします。

15 ここをクリックして、カーソルを移動します。

16 ＜次へ：宛先の選択＞をクリックします。

17 ＜既存のリストを使用＞をクリックしてオンにし、

18 ＜参照＞をクリックします。

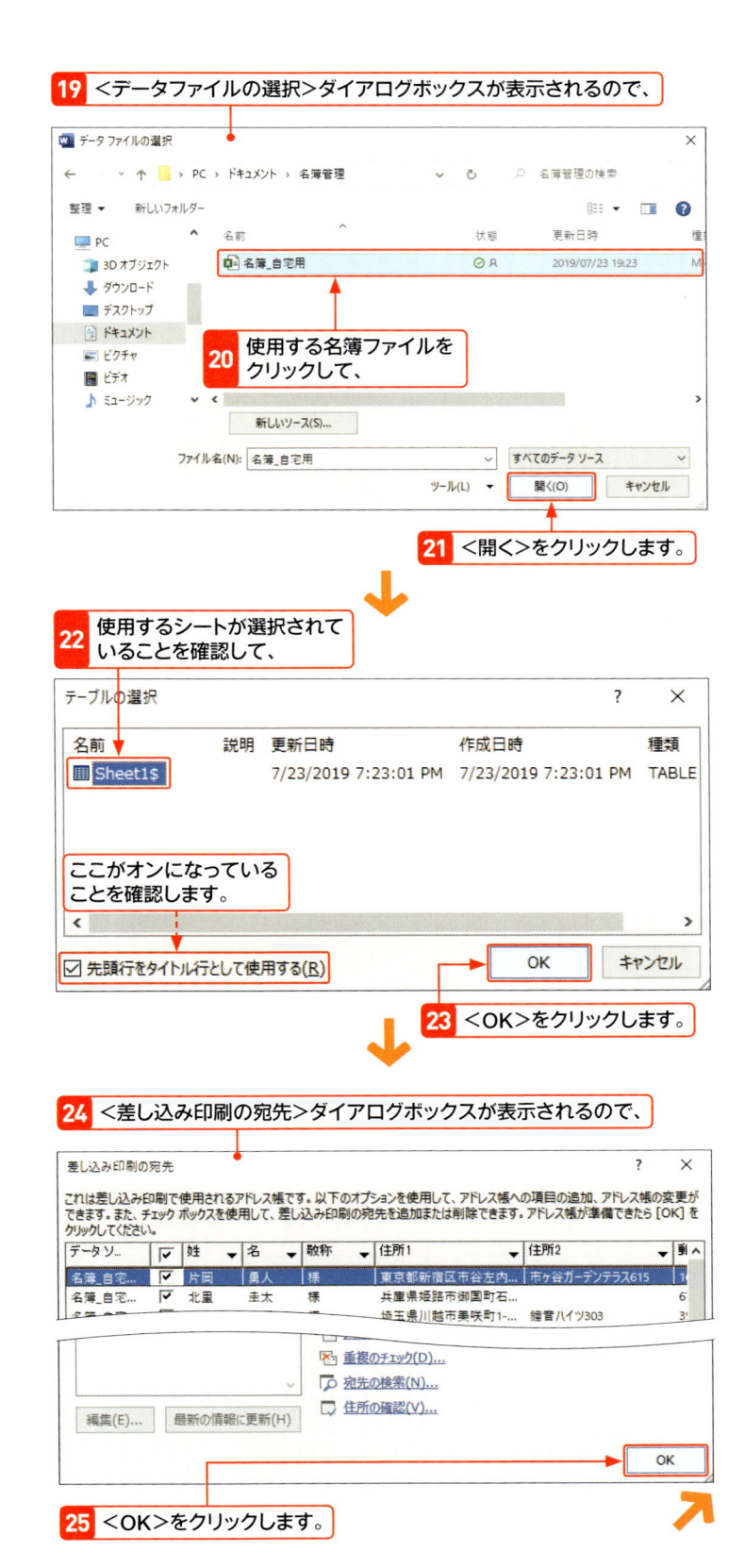

19 ＜データファイルの選択＞ダイアログボックスが表示されるので、

20 使用する名簿ファイルを
クリックして、

21 ＜開く＞をクリックします。

22 使用するシートが選択されて
いることを確認して、

ここがオンになっている
ことを確認します。

23 ＜OK＞をクリックします。

24 ＜差し込み印刷の宛先＞ダイアログボックスが表示されるので、

25 ＜OK＞をクリックします。

ヒント <住所ブロック>を利用する

<住所ブロック>をクリックすると、郵便番号、住所、氏名、敬称などをまとめて挿入することができます。対応が違っている場合は、<フィールドの対応>をクリックして修正します。

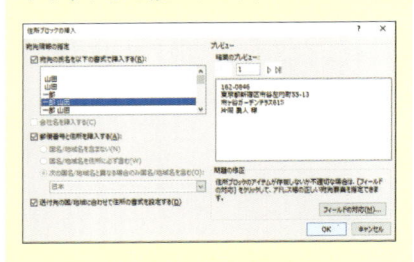

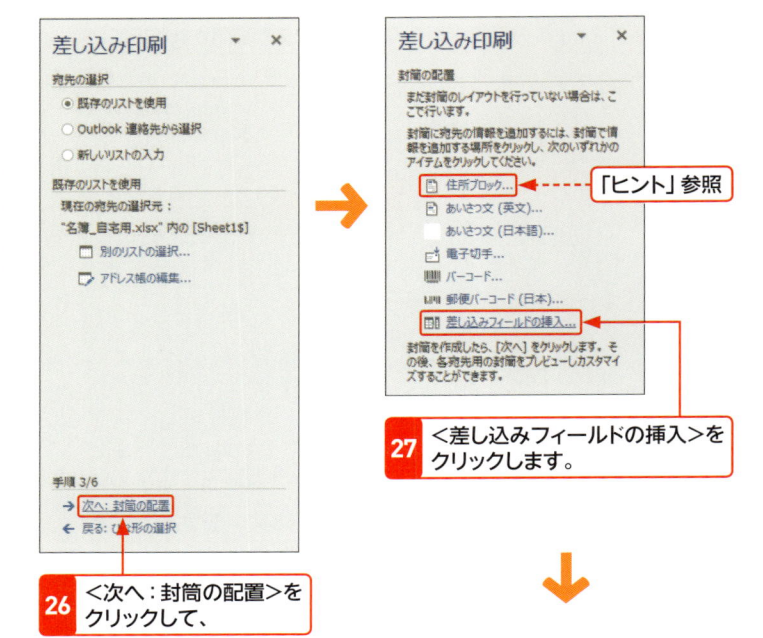

「ヒント」参照

27 <差し込みフィールドの挿入>をクリックします。

26 <次へ:封筒の配置>をクリックして、

28 宛名に必要な項目を挿入します。<郵便番号>をクリックして選択し、<挿入>をクリックします。続けて、<住所1><住所2><姓><名><敬称>の順に選択して、<挿入>をクリックします。

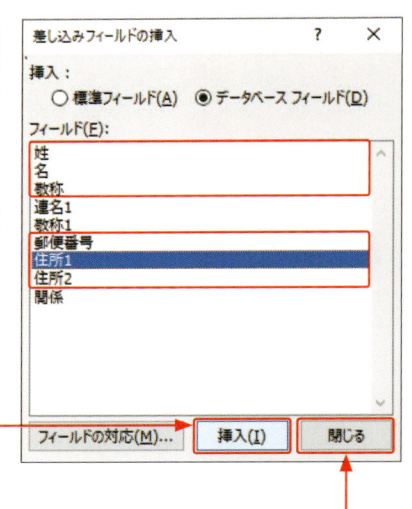

29 <閉じる>をクリックします。

30 レイアウト枠内にフィールドが挿入されます。

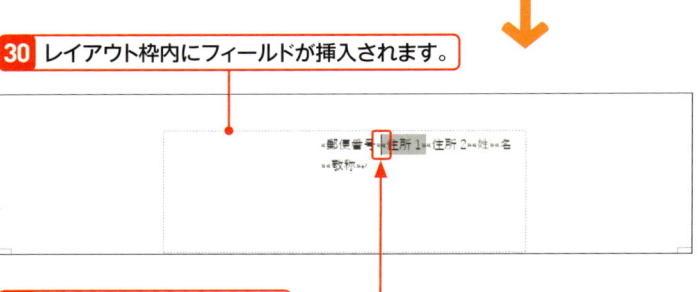

31 <郵便番号>と<住所>の間にカーソルを移動して、

32 Enter を押します。

メモ フィールドの挿入

手順 **28** では、フィールドを改行しながら挿入することができないため、最初に必要なフィールドをすべて挿入しています。1つずつフィールドを選択して<挿入>をクリックします。

33 改行されます。

34 同様に、各行を改行して、

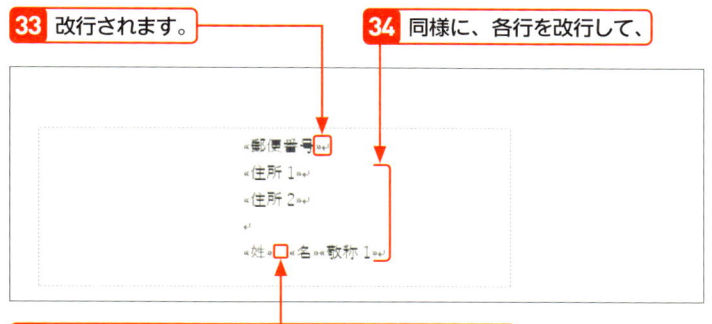

35 ＜姓＞＜名＞の間で Space を押して1字空けます。

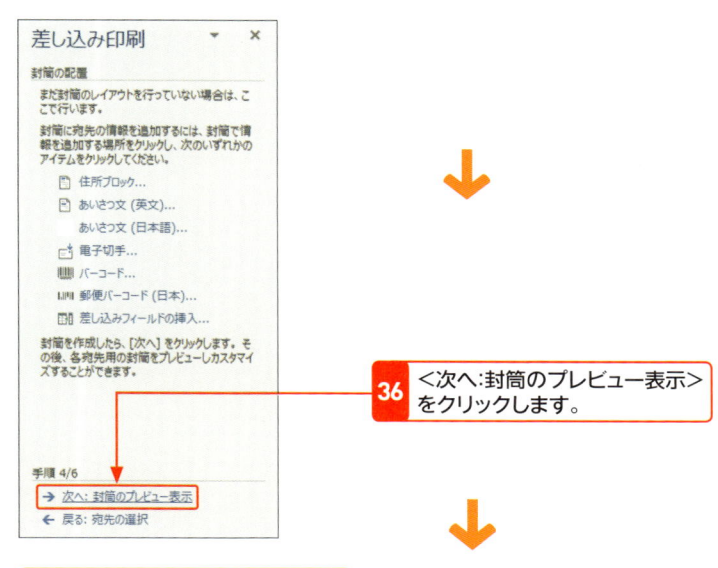

36 ＜次へ:封筒のプレビュー表示＞をクリックします。

37 名簿の1人目が表示されます。

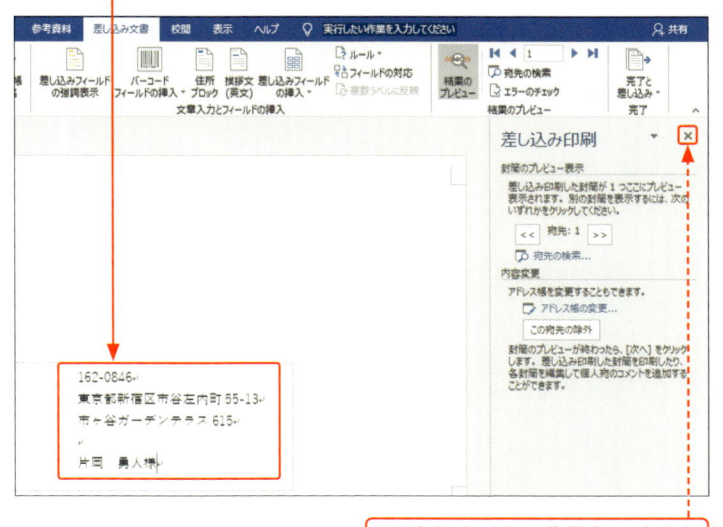

ここをクリックして作業ウィンドウを閉じます。

ヒント 差し込み印刷ウィザードとコマンドの利用

ここでは手順がわかりやすいように「差し込み印刷ウィザード」を使用しましたが、それぞれの操作は、＜差し込み文書＞タブにある各コマンドを利用しても同じです。

1）＜差し込み印刷の開始＞から＜封筒＞を選択する
2）＜宛先の選択＞から＜既存のリストを使用＞を選択してファイルを指定する
3）＜差し込みフィールドの挿入＞でそれぞれのフィールドを指定して挿入する

ステップアップ 差出人を入れる

差出人を宛名面に印刷したい場合は、宛名面に直接入力するか、テキストボックスを作成して入力します。

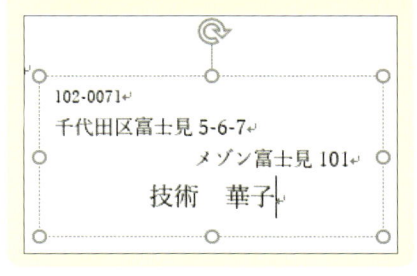

封筒の宛名を編集する

封筒の宛名には、既定あるいは＜文字書式＞で変更した書式が設定されています。郵便番号、住所、氏名、敬称などを個別のフィールドにしていると、フィールドごとにフォントやフォントサイズを変更できます。フォントサイズは、封筒のサイズに合わせて変更するとよいでしょう。

1 フォントとフォントサイズを変更する

メモ フォントの設定

封筒の書式は既定で「12」ポイント「游ゴシックLight」（Word 2013／2010では「MSゴシック」）が設定されています。

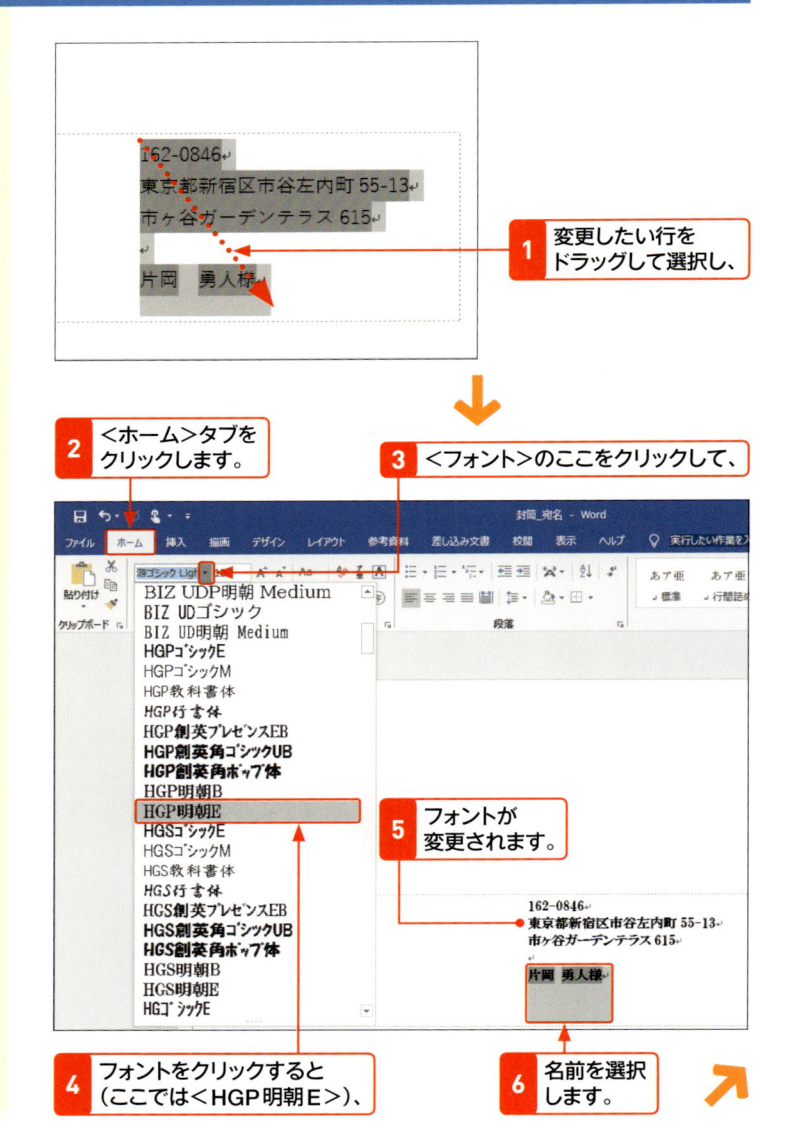

162-0846
東京都新宿区市谷左内町55-13
市ヶ谷ガーデンテラス615

片岡　勇人様

1 変更したい行をドラッグして選択し、

2 ＜ホーム＞タブをクリックします。

3 ＜フォント＞のここをクリックして、

BIZ UDP明朝 Medium
BIZ UDゴシック
BIZ UD明朝 Medium
HGPゴシックE
HGPゴシックM
HGP教科書体
HGP行書体
HGP創英プレゼンスEB
HGP創英角ゴシックUB
HGP創英角ポップ体
HGP明朝B
HGP明朝E
HGSゴシックE
HGSゴシックM
HGS教科書体
HGS行書体
HGS創英プレゼンスEB
HGS創英角ゴシックUB
HGS創英角ポップ体
HGS明朝B
HGS明朝E
HGゴシックE

5 フォントが変更されます。

162-0846
東京都新宿区市谷左内町55-13
市ヶ谷ガーデンテラス615

片岡 勇人様

4 フォントをクリックすると（ここでは＜HGP明朝E＞）、

6 名前を選択します。

7 ＜フォントサイズ＞を＜28＞にします。

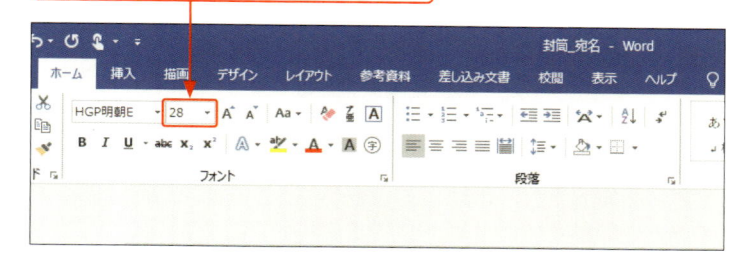

＜メモ＞ フォントサイズの設定

メモ **フォントサイズの設定**

フォントサイズは、封筒のサイズによって大きさを指定します。画面上では判断するのが難しい場合は、試し印刷をしたあとで、再度調整するとよいでしょう。

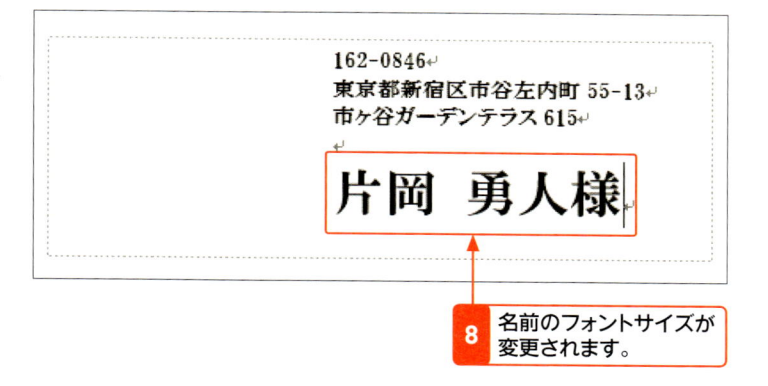

8 名前のフォントサイズが変更されます。

ヒント **文字の大きさを実寸で確認する**

文字の大きさを実際のサイズで確認したい場合は、画面の右下にあるズームスライダーで表示倍率を変更します。表示倍率を100％前後にすると、実寸に近いサイズで確認できます。

ステップアップ **レイアウト枠のサイズと文字を調整する**

フォントやフォントサイズを変更した影響で改行されたり、はみ出したりした場合は、レイアウト枠を広げるか、文字列を移動させます。

レイアウト枠を広げるには、レイアウト枠のハンドル■にマウスポインターを合わせ、ドラッグします。

レイアウト枠内の文字はインデント（段落の先頭位置）が枠の中央位置に設定されているので、文字列を選択して、ルーラー上の＜左インデント＞をドラッグします。

＜表示＞タブの＜ルーラー＞をオンにしてルーラーを表示します。

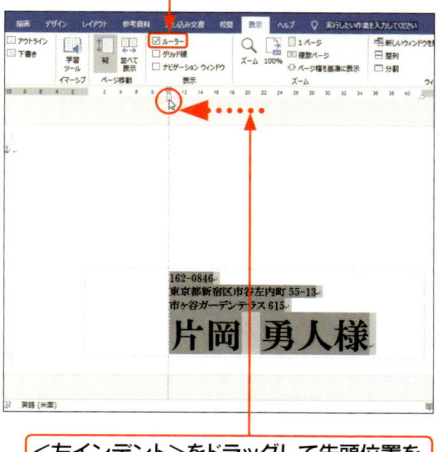

レイアウト枠をドラッグして広げます。

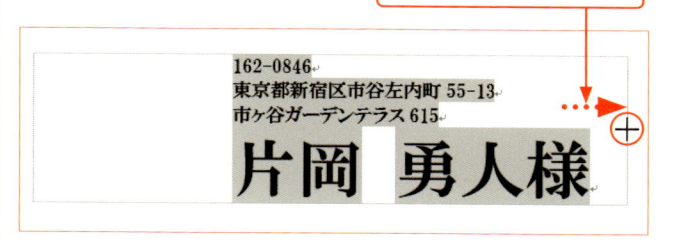

＜左インデント＞をドラッグして先頭位置を移動します。

封筒に宛名を印刷する

覚えておきたいキーワード

☑ 宛先の絞り込み
☑ 完了と差し込み
☑ 文書の印刷

封筒用の宛名を作成・編集したら、印刷しましょう。ここでは、印刷に使用する宛先を絞り込んでから印刷を行います。封筒に宛名を印刷するには、＜プリンターのプロパティ＞ダイアログボックスを開いて、用紙の種類と用紙サイズを設定する必要があります。

1 印刷する宛先を絞り込む

メモ 印刷する宛先を絞り込む

封筒に印刷する宛先を絞り込むには、右の手順で＜差し込み印刷の宛先＞ダイアログボックスを表示し、印刷しない宛先のチェックボックスをオフにします。また、フィルターを使って絞り込むこともできます（P.78参照）。
なお、宛先を絞り込まない場合は、右の操作は行う必要はありません。

1 ＜差し込み文書＞タブをクリックして、

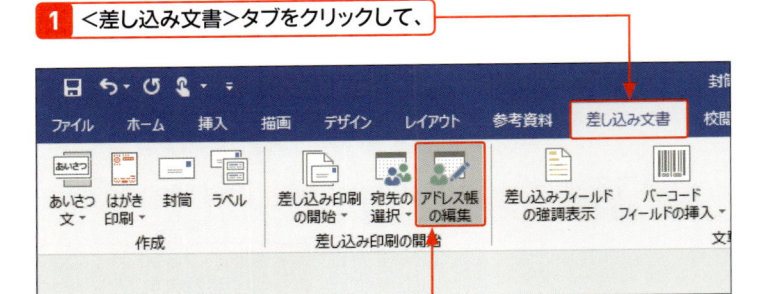

2 ＜アドレス帳の編集＞をクリックします。

メモ 項目欄の調整

「住所1」などに入力されている文字をすべて表示させたい場合は、列見出しの境界部分にマウスポインターを合わせ、ポインターの形が ✛ に変わった状態で右方向にドラッグします。

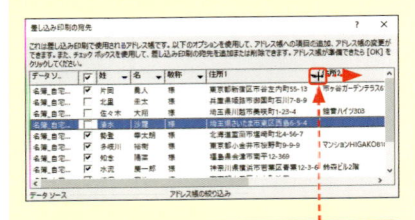

列見出しの境界部分にマウスポインターを合わせてドラッグします。

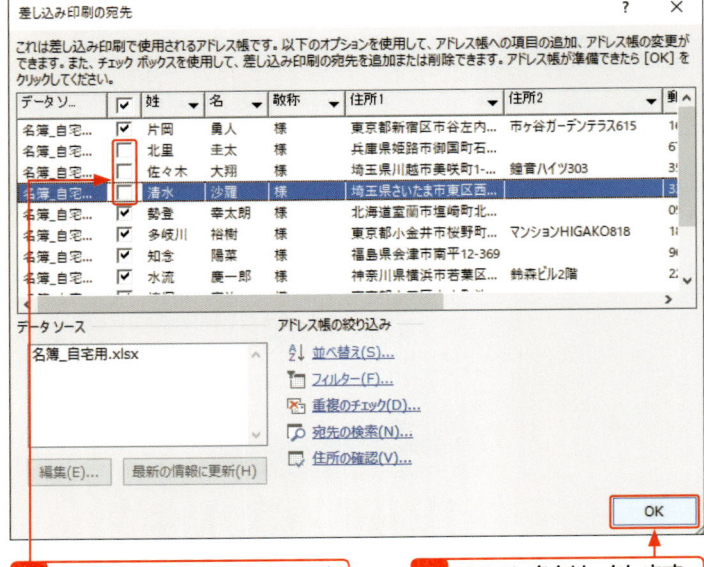

3 印刷しない宛先データのここをクリックしてオフにし、

4 ＜OK＞をクリックします。

2 ＜印刷＞ダイアログボックスを表示する

1 ＜差し込み文書＞タブの＜完了と差し込み＞をクリックして、

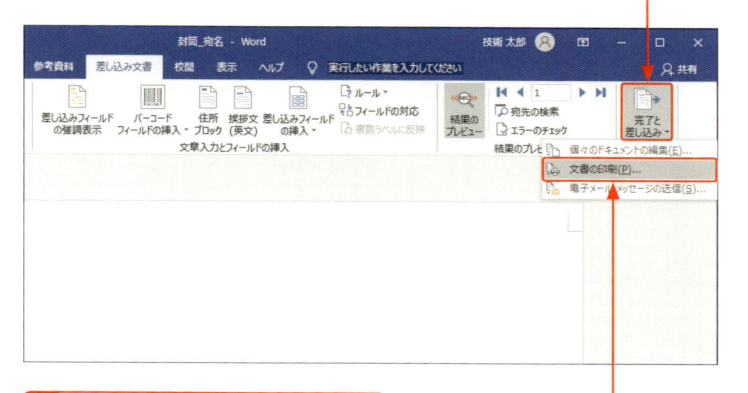

2 ＜文書の印刷＞をクリックします。

3 ＜すべて＞をクリックしてオンにし、

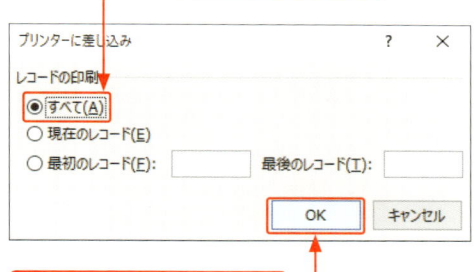

4 ＜OK＞をクリックして、

5 ＜プロパティ＞をクリックします。

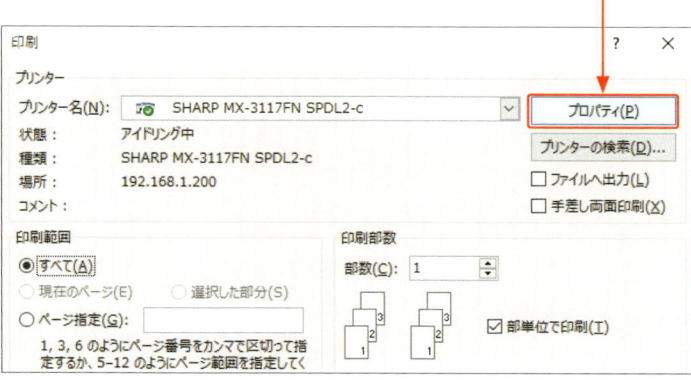

メモ　試し印刷

印刷のミスを防ぐために、最初は試し印刷をするとよいでしょう。試し印刷をする場合は、＜プリンターに差し込み＞ダイアログボックスで＜現在のレコード＞をオンにして、＜OK＞をクリックします。＜現在のレコード＞をオンにすると、現在表示されている宛先だけが印刷されます。

ヒント　印刷する宛先を指定する

ここでは、印刷する宛先を名簿で絞り込みましたが、印刷したい宛先が並んでいる場合は、＜プリンターに差し込み＞ダイアログボックスの＜最初のレコード＞と＜最後のレコード＞に印刷したいレコード（何件目の宛先を印刷するか）を指定することでも、絞り込むことができます。

ヒント　プリンターの選択

使用しているプリンターが複数ある場合は、＜プリンター名＞ボックスをクリックして、封筒印刷に使用するプリンターを指定します。

3 用紙の種類とサイズを指定して印刷する

メモ　プリンターのプロパティ

＜プリンターのプロパティ＞ダイアログボックスの内容（それぞれの項目名や機能）は、プリンターの機種によって異なります。用紙の種類や用紙サイズの設定方法は、お使いのプリンターの取扱説明書などで確認してください。

メモ　用紙サイズの設定

プリンターの機種によっては、用紙サイズの一覧に目的の封筒が表示されない場合があります。その場合は、一覧から＜ユーザー定義用紙＞（プリンターの機種によって名称が異なります）などをクリックして、封筒のサイズを数値で指定します。封筒のサイズについては、P.139の「ヒント」を参照してください。

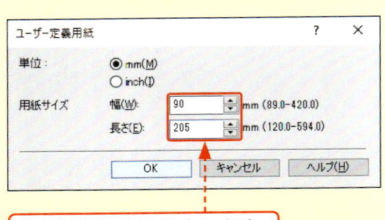

サイズを数値で指定します。

ヒント　封筒の置き方

プリンターに封筒をセットする方法は、プリンターの機種によって異なります。プリンターの解説書で確認するか、試し印刷をして確認してください。

1 ＜用紙のサイズ＞をクリックして、

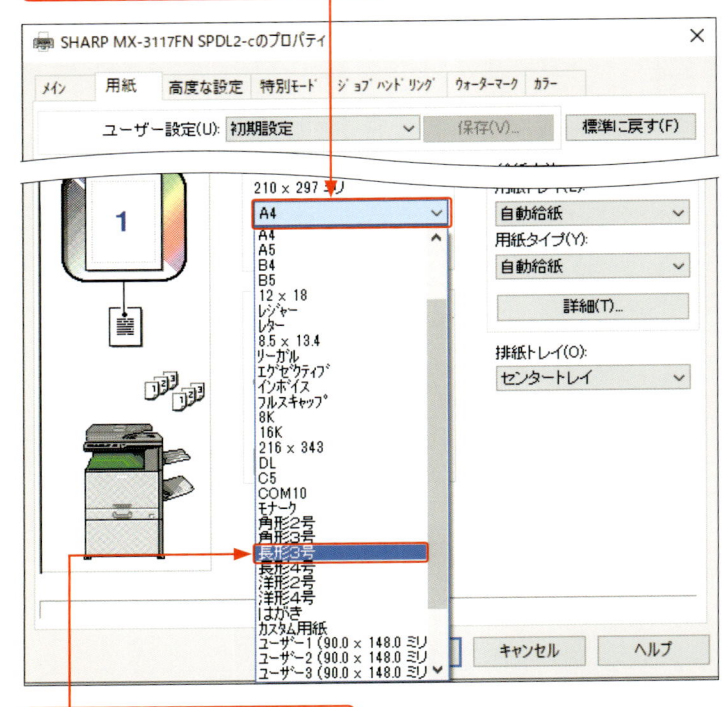

2 ＜長形3号＞をクリックします。

3 ＜用紙タイプ＞が＜封筒＞になっていることを確認して、

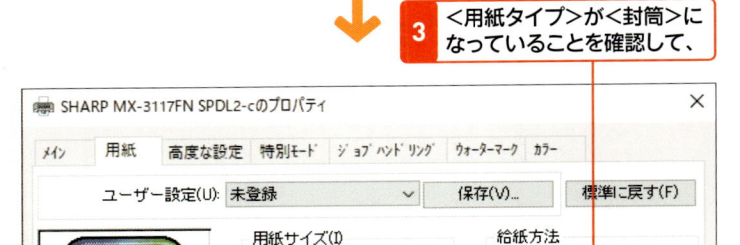

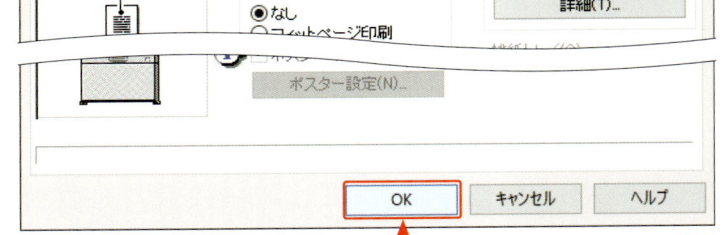

4 ＜OK＞をクリックします。

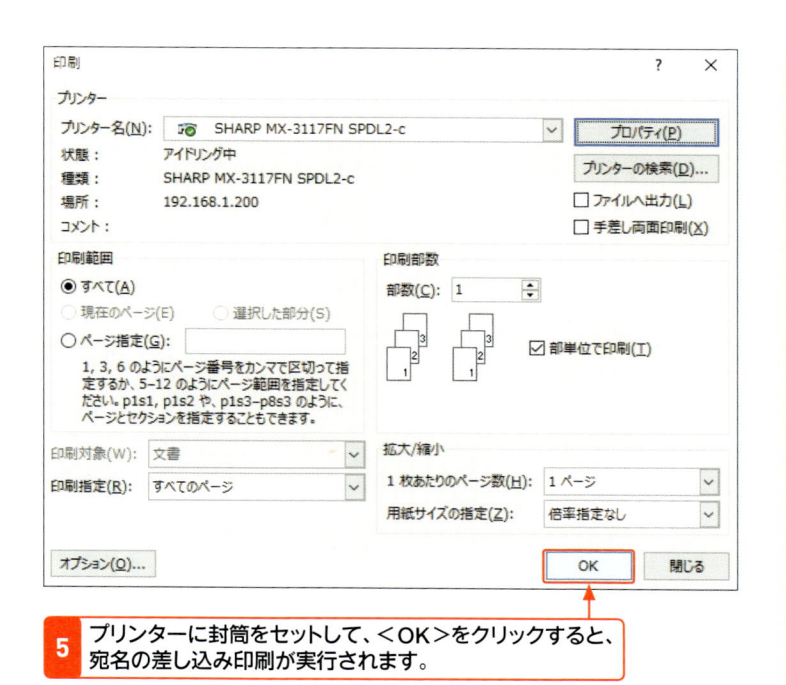

5 プリンターに封筒をセットして、＜OK＞をクリックすると、
宛名の差し込み印刷が実行されます。

メモ 次の設定の組み合わせ
は推奨しません？

プリンターのプロパティで用紙を設定する際に（前ページの操作）、用紙のサイズと種類を個別に指定させるプリンターもあります。設定の組み合わせが正しくないと、下図のようなメッセージが表示される場合があります。変更する場合は＜変更＞を、そのままで問題なければ＜変更しない＞を、設定をし直す場合は＜設定画面に戻る＞をクリックします。

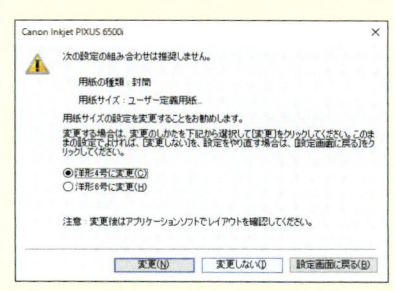

4 封筒の宛名面を保存する

1 ＜ファイル＞をクリックして、

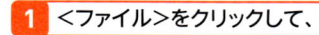

2 ＜名前を付けて保存＞をクリックし、

3 ＜このPC＞をクリックして、

4 ＜参照＞をクリックします。

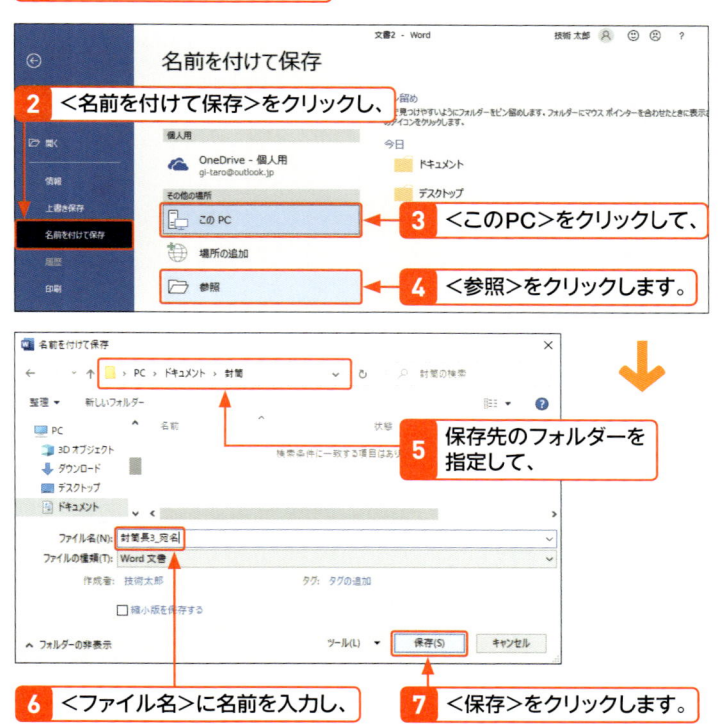

5 保存先のフォルダーを
指定して、

6 ＜ファイル名＞に名前を入力し、

7 ＜保存＞をクリックします。

メモ 編集後は
上書き保存する

封筒の宛名面を編集した場合は、＜上書き保存＞をクリックします。編集した内容をもとのファイルとは別にしたい場合は、再度名前を付けて保存し直します。

36 宛名を縦書きに設定する

覚えておきたいキーワード
☑ ページ設定
☑ 用紙の向き
☑ テキストボックス

縦書きの封筒を作成するには、最初からすべて自分で設定する必要があります
が、ページ設定と差し込みフィールドができれば大丈夫です。<ページ設定>
ダイアログボックスで封筒サイズとレイアウトを設定して、差し込む名簿を指
定し、テキストボックスに対応フィールドを挿入します。

1 封筒のサイズとレイアウトを設定する

メモ 縦置き、縦書きの封筒

Wordの<差し込み文書>タブで作成す
る「封筒」は、横書きのレイアウトしか
用意されていません。縦にしたい場合は、
右の手順のように<ページ設定>ダイア
ログボックスで作成します。

1 Wordを起動して、白紙の文書を作成します（Sec.08参照）。

2 <ページ設定>ダイアログボックスを
表示します（「ヒント」参照）。

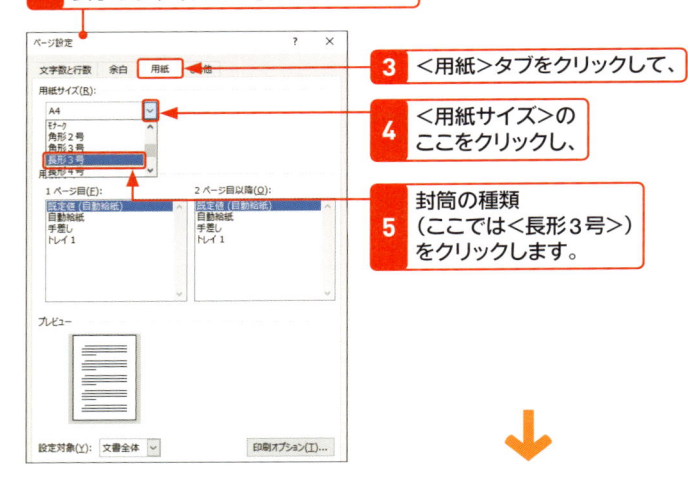

3 <用紙>タブをクリックして、

4 <用紙サイズ>の
ここをクリックし、

5 封筒の種類
（ここでは<長形3号>）
をクリックします。

ヒント <ページ設定>ダイア
ログボックスの表示

<ページ設定>ダイアログボックスは、
<レイアウト>タブ（Word 2013／
2010では<ページレイアウト>）をク
リックして、<ページ設定>グループの
右端の ▫ をクリックします。

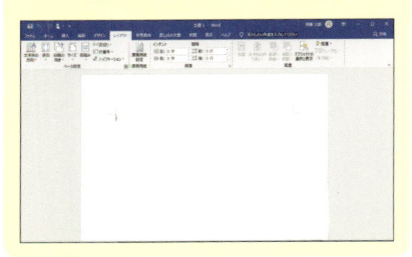

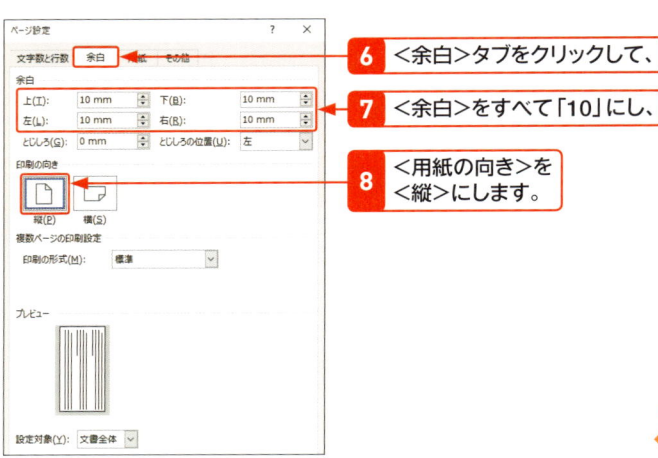

6 <余白>タブをクリックして、

7 <余白>をすべて「10」にし、

8 <用紙の向き>を
<縦>にします。

9 ＜文字数と行数＞タブをクリックして、

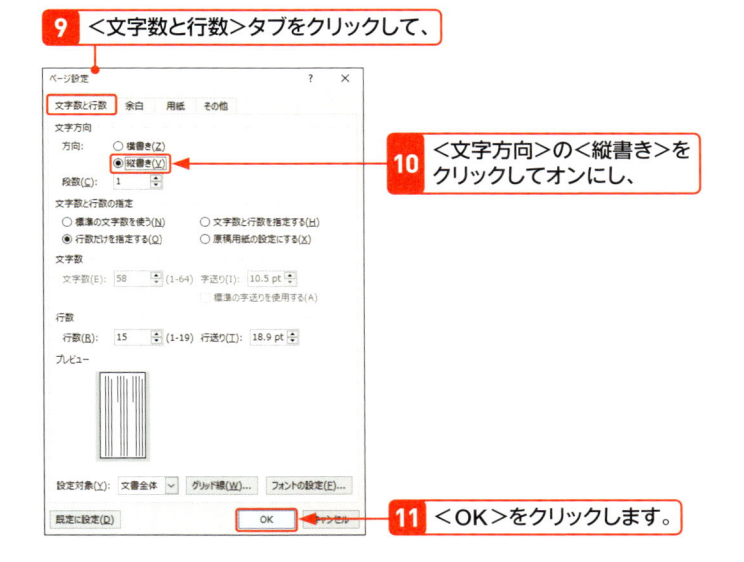

10 ＜文字方向＞の＜縦書き＞を
クリックしてオンにし、

11 ＜OK＞をクリックします。

12 縦置きの封筒が設定されます。

13 ＜挿入＞タブの
＜テキストボックス＞
をクリックして、

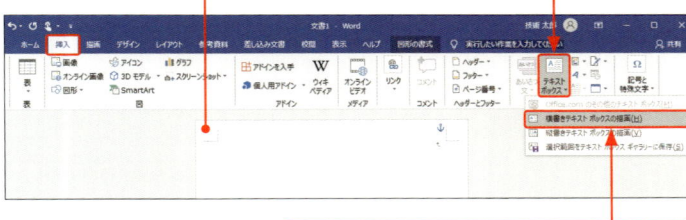

14 ＜横書きのテキストボックスの描画＞を
クリックします。

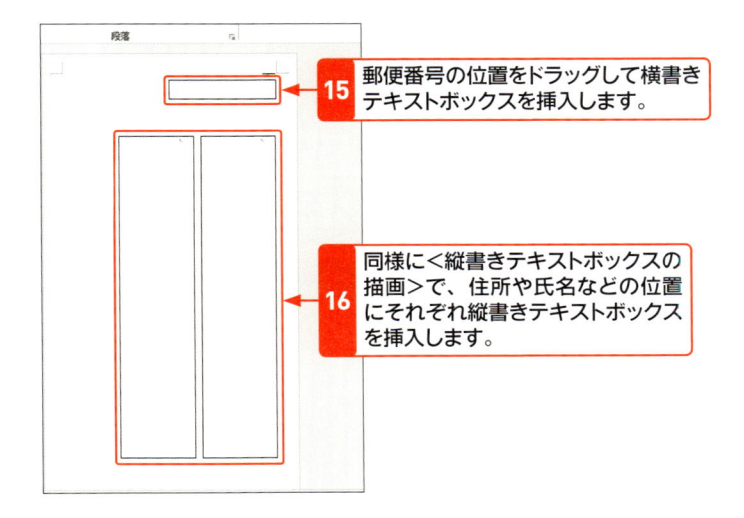

15 郵便番号の位置をドラッグして横書き
テキストボックスを挿入します。

16 同様に＜縦書きテキストボックスの
描画＞で、住所や氏名などの位置
にそれぞれ縦書きテキストボックス
を挿入します。

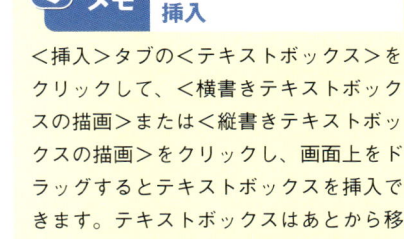

メモ テキストボックスの
挿入

＜挿入＞タブの＜テキストボックス＞を
クリックして、＜横書きテキストボック
スの描画＞または＜縦書きテキストボッ
クスの描画＞をクリックし、画面上をド
ラッグするとテキストボックスを挿入で
きます。テキストボックスはあとから移
動したり、サイズ変更をしたりできるの
で、ここでは大まかに配置してかまいま
せん。

第
5
章

封
筒
・
宛
名
ラ
ベ
ル
に
印
刷
す
る

2 差し込みフィールドを設定する

メモ テキストボックスの サイズ調整と移動

テキストボックスのサイズを変更するには、テキストボックスの周りのハンドル○にマウスポインターを合わせて、⟺に変わったらドラッグします。移動するには、テキストボックスの枠線上にマウスポインターを合わせて ✣ に変わったらドラッグします。

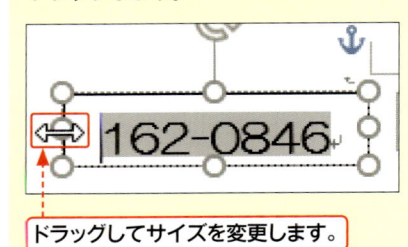

ドラッグしてサイズを変更します。

メモ サンプルファイル

ここで使用する「名簿_自宅用（全角）」のサンプルファイルは、下記URLのサポートページからダウンロードできます。
https://gihyo.jp/book/2019/978-4-297-10885-4/support

ヒント 名簿ファイル

ここでは宛名を縦書きにするため、住所の数字が全角で入力されている名簿を使用します。

1 ＜差し込み文書＞タブの＜宛先の選択＞をクリックして、

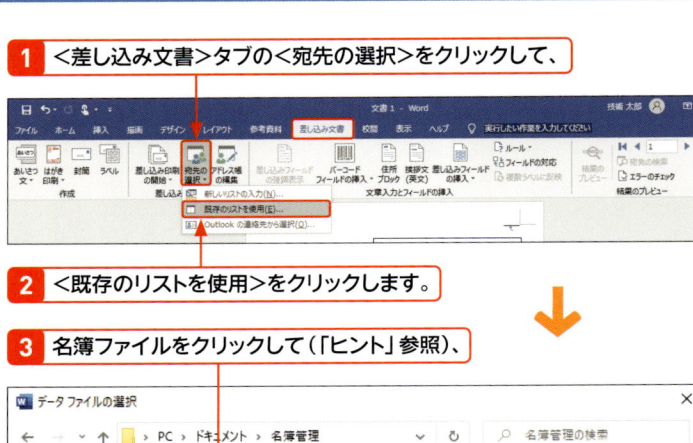

2 ＜既存のリストを使用＞をクリックします。

3 名簿ファイルをクリックして（「ヒント」参照）、

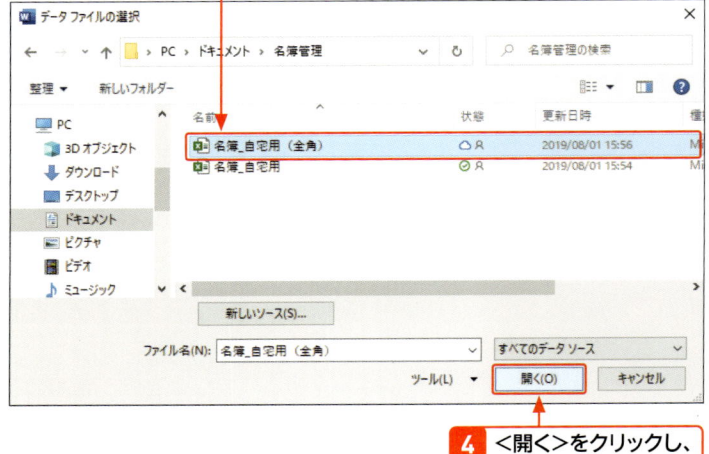

4 ＜開く＞をクリックし、

5 ＜OK＞をクリックします。

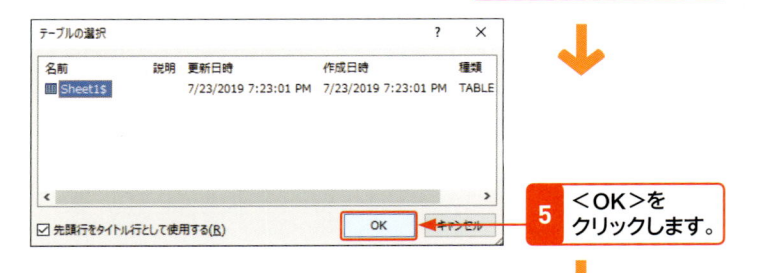

6 郵便番号のテキストボックス内をクリックしてカーソルを移動し、

7 ＜差し込みフィールドの挿入＞の下部分をクリックし、

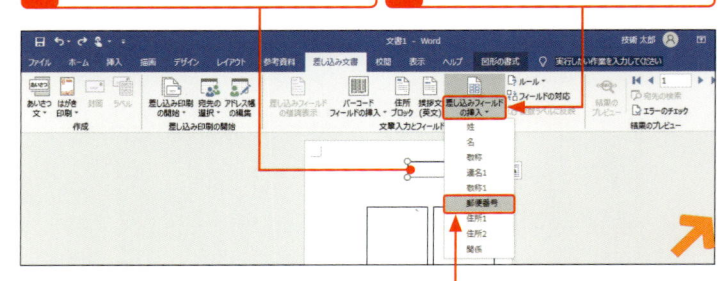

8 ＜郵便番号＞をクリックします。

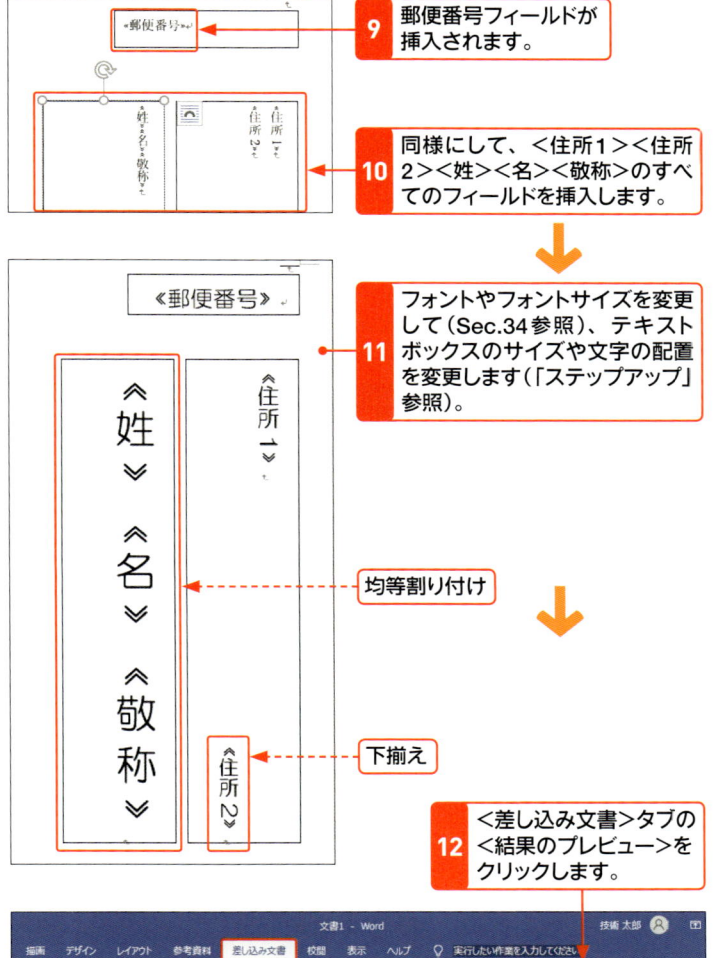

9 郵便番号フィールドが挿入されます。

10 同様にして、<住所1><住所2><姓><名><敬称>のすべてのフィールドを挿入します。

11 フォントやフォントサイズを変更して（Sec.34参照）、テキストボックスのサイズや文字の配置を変更します（「ステップアップ」参照）。

均等割り付け

下揃え

12 <差し込み文書>タブの<結果のプレビュー>をクリックします。

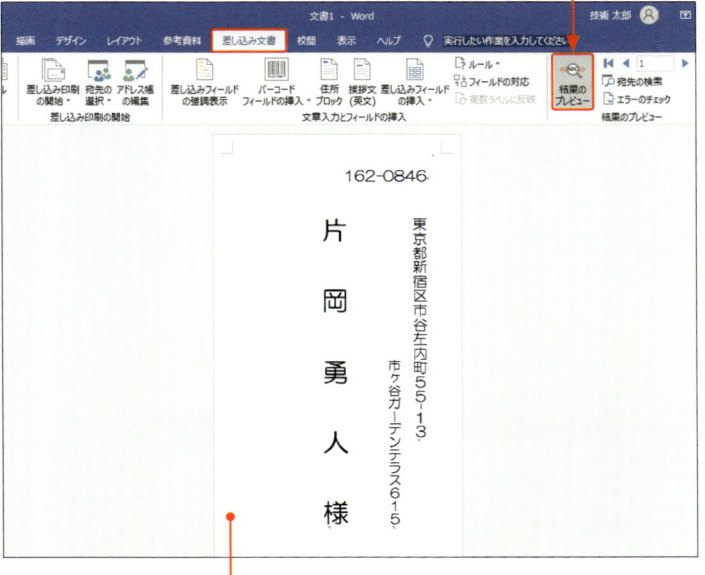

13 1人目が表示されます。

14 テキストボックスの枠線を消します（「ヒント」参照）。

ステップアップ　文字の配置

<住所2>の行は下揃えにしています。行を選択して、<ホーム>タブの<段落>グループの<下揃え> をクリックします。<姓><名><敬称>の行は「均等割り付け」を設定しています。<ホーム>タブの<拡張書式> をクリックして、<文字の均等割り付け>をクリックし、バランスのよい文字列の幅（例では<12字>）を指定します。

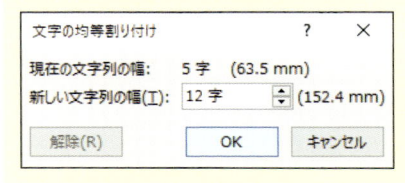

ヒント　テキストボックスの枠線を消す

テキストボックスをクリックして、<図形の書式>タブ（Word 2016/2013/2010では<描画ツール>の<書式>タブ）の<図形の枠線>の右側をクリックし、<枠線なし>をクリックすると、枠線が消えます。

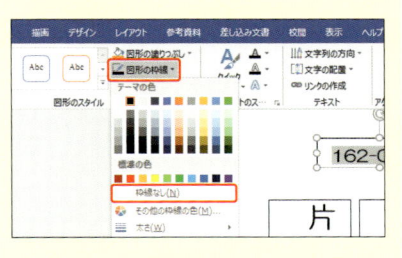

メモ　数字が横向きになる

名簿データで番地や部屋番号などが半角英数字で入力されている場合は、横向きに表示されます。名簿データを全角で入力した名簿を使います。

宛名ラベルを作成する

名簿ファイルを利用すると、封筒やはがきに貼って使える宛名ラベルを作成することができます。市販の宛名ラベルにはいろいろなサイズのものがありますが、Wordのラベル作成機能では、ラベルの製造元と製品番号を選択して、市販のラベルに合ったレイアウトで宛名ラベルが作成できます。

覚えておきたいキーワード
☑ 宛名ラベル
☑ 宛先の選択
☑ 差し込みフィールドの挿入

1 ラベルのレイアウトを設定する

メモ ラベルの選択

宛名ラベルに使用するラベルを選択するには、右の手順で<ラベルオプション>ダイアログボックスを表示して、<ラベルの製造元>と<製品番号>を選択します。選択したラベルの製造元によって、<製品番号>に表示される項目が異なります。

ヒント ラベルの詳細

<ラベルの製造元>と<製品番号>を選択すると、<ラベル>欄にラベルの種類と高さ、幅、用紙サイズが表示されるので、参考にするとよいでしょう。なお、<サイズの詳細>をクリックすると、上余白や横余白などの詳細な寸法が確認できます。

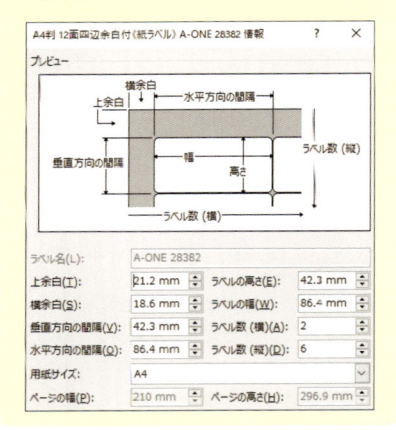

1 Wordを起動して、白紙の文書を作成します。

2 <差し込み文書>タブをクリックして、

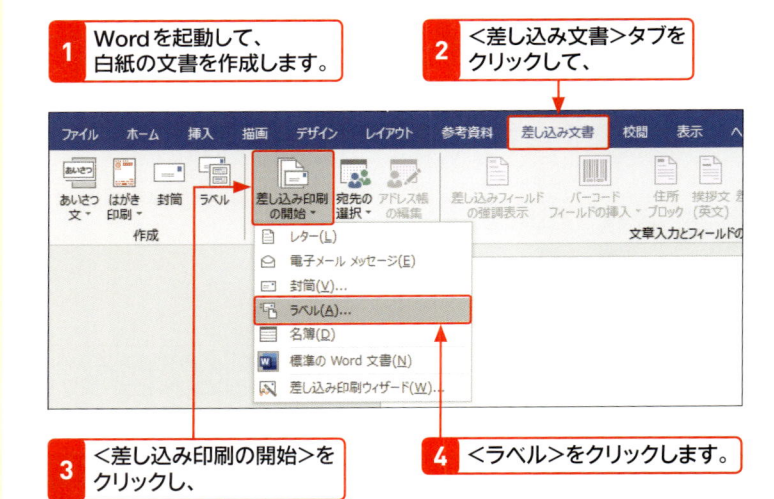

3 <差し込み印刷の開始>をクリックし、

4 <ラベル>をクリックします。

5 クリックして、ラベルの製造元を選択します（ここでは「A-ONE」）。

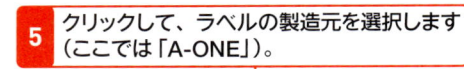

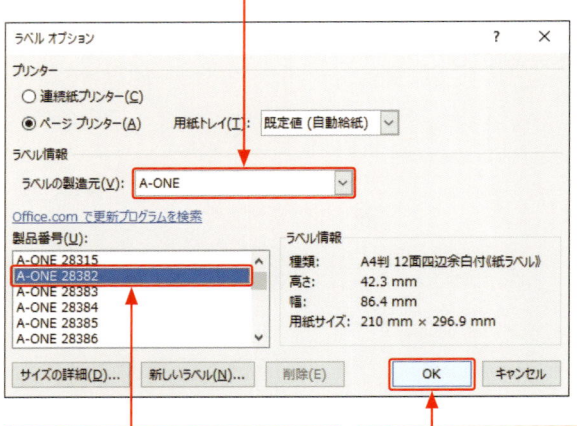

6 <製品番号>をクリックして（ここでは「A-ONE 28382」）、

7 <OK>をクリックします。

第5章 封筒・宛名ラベルに印刷する

8 ラベルのレイアウトが表示されます。

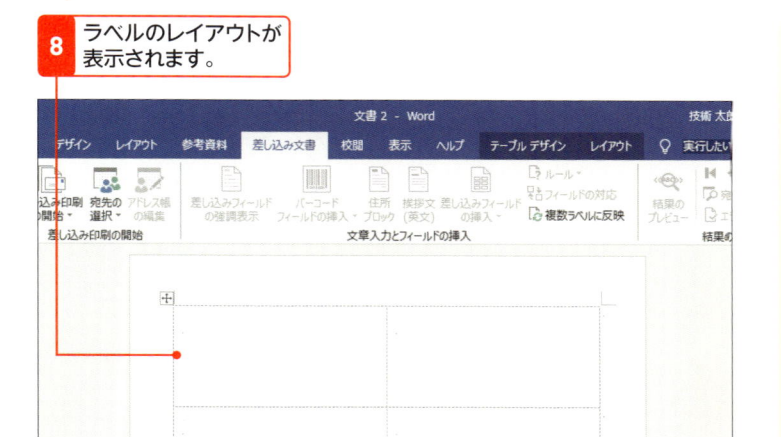

2 名簿ファイルを開く

1 <差し込み文書>タブの<宛先の選択>をクリックして、

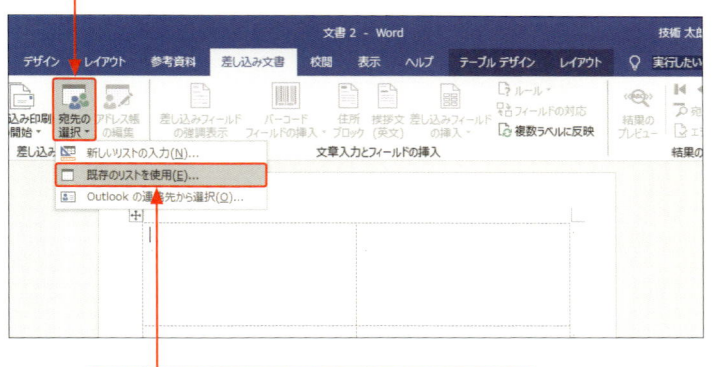

2 <既存のリストを使用>をクリックします。

3 名簿ファイルが保存されている場所を指定して、

4 「名簿_自宅用」をクリックし、

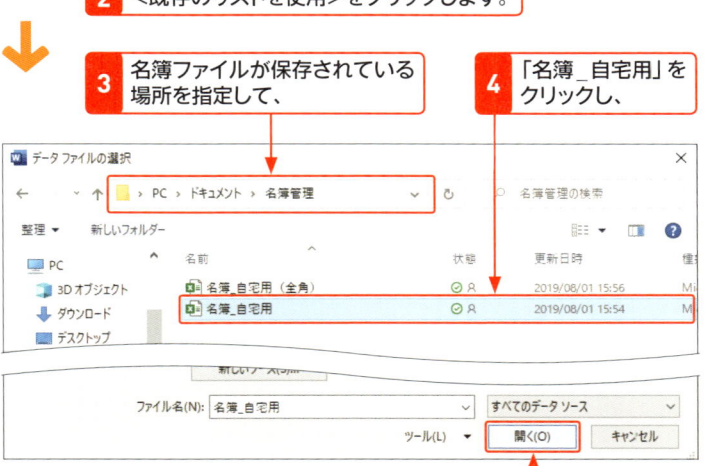

5 <開く>をクリックします。

ヒント　オリジナルのラベルを作成するには

<ラベルオプション>ダイアログボックスに目的のラベルが見つからない場合は、<新しいラベル>をクリックします。<ラベルオプション>ダイアログボックスが表示されるので、ラベルの高さや幅、余白、列数、行数などを設定し、ラベル名を付けて<OK>をクリックします。

オリジナルのラベル名を入力します。

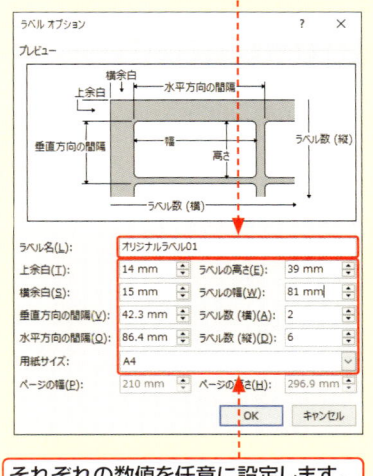

それぞれの数値を任意に設定します。

ヒント　ラベルのレイアウト

ラベルのレイアウトは、グリッド線で区切られた表形式になっています。グリッド線が表示されていない場合は、＜レイアウト＞タブの＜表＞グループにある＜グリッド線の表示＞をクリックすると、表示されます。

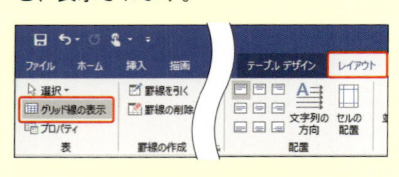

---

6 名簿のシートが選択されていることを確認して、

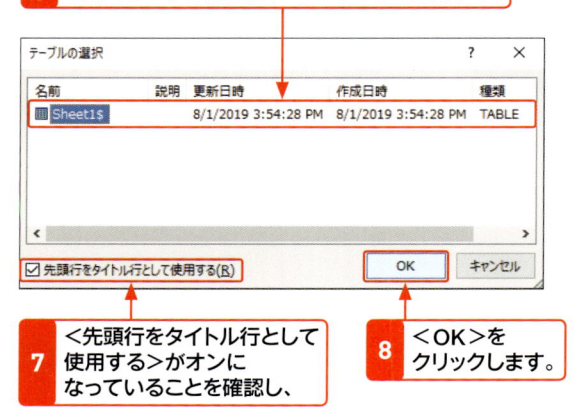

7 ＜先頭行をタイトル行として使用する＞がオンになっていることを確認し、

8 ＜OK＞をクリックします。

3　差し込みフィールドを挿入する

メモ　差し込みフィールドの挿入

《郵便番号》《住所1》などは、名簿の「郵便番号」「住所1」などのデータを差し込むためのフィールドです。フィールドは、左上のラベルだけに挿入します。文字書式や文字の配置を設定したあとで、ほかのラベルに反映させます。

キーワード　《Next Record》

「《Next Record》」は、次の宛先を表示させるためのフィールドです。削除しないようにしてください。

ヒント　フィールドを削除してしまった場合

誤って差し込みフィールドを削除してしまった場合は、フィールドを挿入する位置にカーソルを移動して、手順**2**、**3**の方法で削除したフィールドを挿入します。削除直後ならクイックアクセスツールバーの＜元に戻す＞ をクリックしてもよいでしょう。

---

1 ラベルの左上にカーソルが点滅していることを確認し、

2 ＜差し込み文書＞タブの＜差し込みフィールドの挿入＞の下の部分をクリックして、

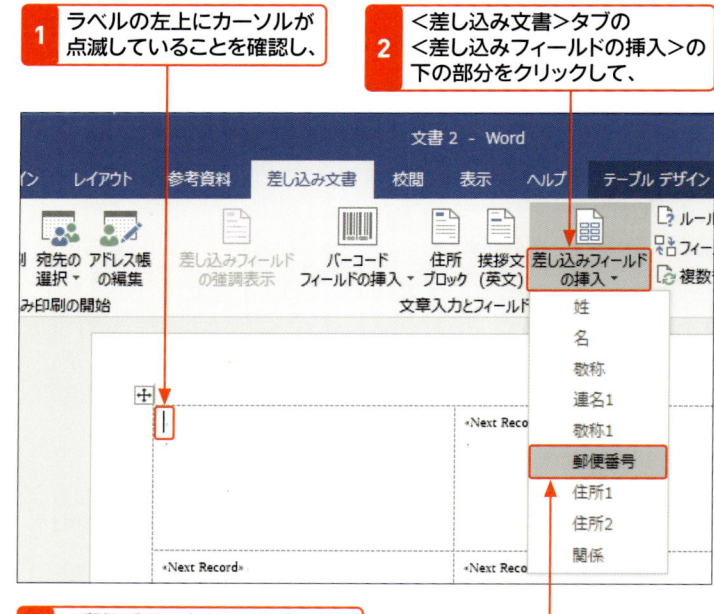

3 ＜郵便番号＞をクリックすると、

4 ラベルに郵便番号フィールドが挿入されます。

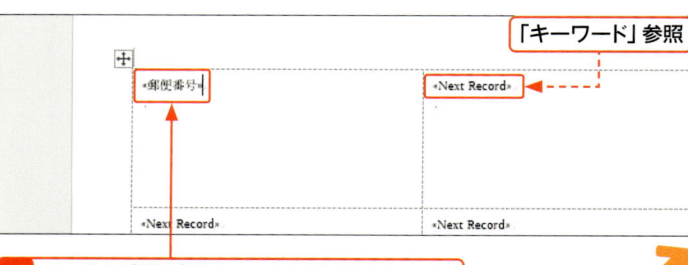

「キーワード」参照

5 そのまま Enter を押して改行し、

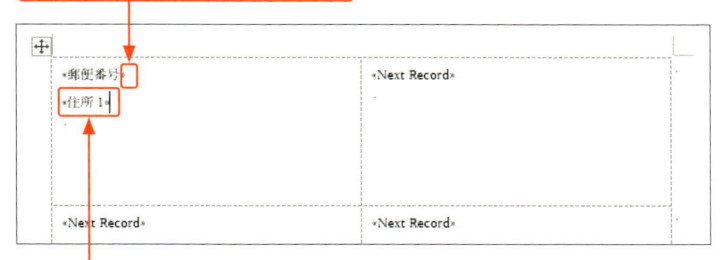

第
5
章

封筒・宛名ラベルに印刷する

6 同様の手順で、《住所1》フィールドを挿入します。

7 同様に改行して《住所2》と《姓》《名》《敬称》フィールドを挿入します。

8 《郵便番号》の前に「〒」を入力します（「メモ」参照）。

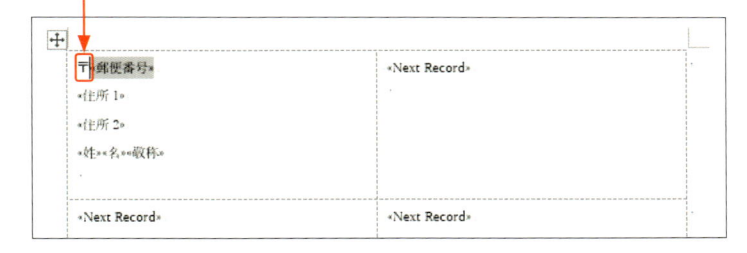

9 《姓》と《名》の間をクリックして、半角の空白を入力します。

10 《名》と《敬称》の間をクリックして、同様に半角の空白を入力します。

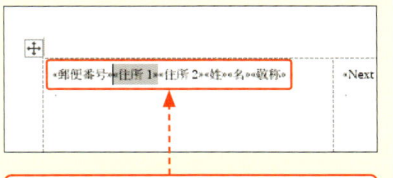

ヒント 改行を入れる

左の手順では、改行したあとにフィールドを挿入していますが、必要なフィールドを挿入したあとで改行してもかまいません。

フィールドを挿入したあとで改行してもかまいません。

メモ 「〒」の入力

「〒」記号は、読みを「ゆうびん」と入力して変換します。

ヒント フィールドの削除

間違ってフィールドを挿入した場合は、削除したいフィールドをドラッグして選択し、Delete を押します。

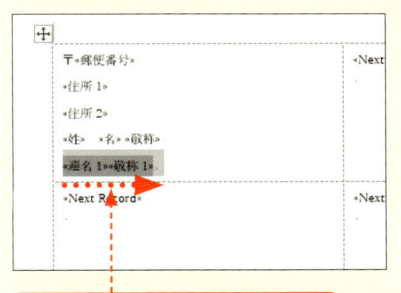

フィールドをドラッグして選択し、Delete を押します。

4 フォントサイズを変える

メモ フォントサイズの設定

必要なフィールドを挿入したら、フォントサイズを変更します。左上のラベルで設定したあと、ほかのラベルに反映させます。なお、初期状態では、フォントは游明朝（Word 2013／2010ではMS明朝）、フォントサイズは10.5ptに設定されています。このままで問題ない場合は、変更しなくてもかまいません。

ヒント フォントの変更

フォントを変更する場合は、すべての行を選択して、＜ホーム＞タブの＜フォント＞の一覧からフォントを選択します。

メモ フォントやフォントサイズの設定

フォントやフォントサイズは、名簿のデータを表示した状態でも設定できます。フォントやフォントサイズの選択に迷う場合は、結果をプレビューした状態で設定するとよいでしょう。

ステップアップ 宛名ラベルに差出人を付ける

宛名ラベルに差出人を追加したい場合は、宛名ラベルに直接入力して、書式を設定します。宛名ラベルに差出人を追加する方法については、P.170を参照してください。

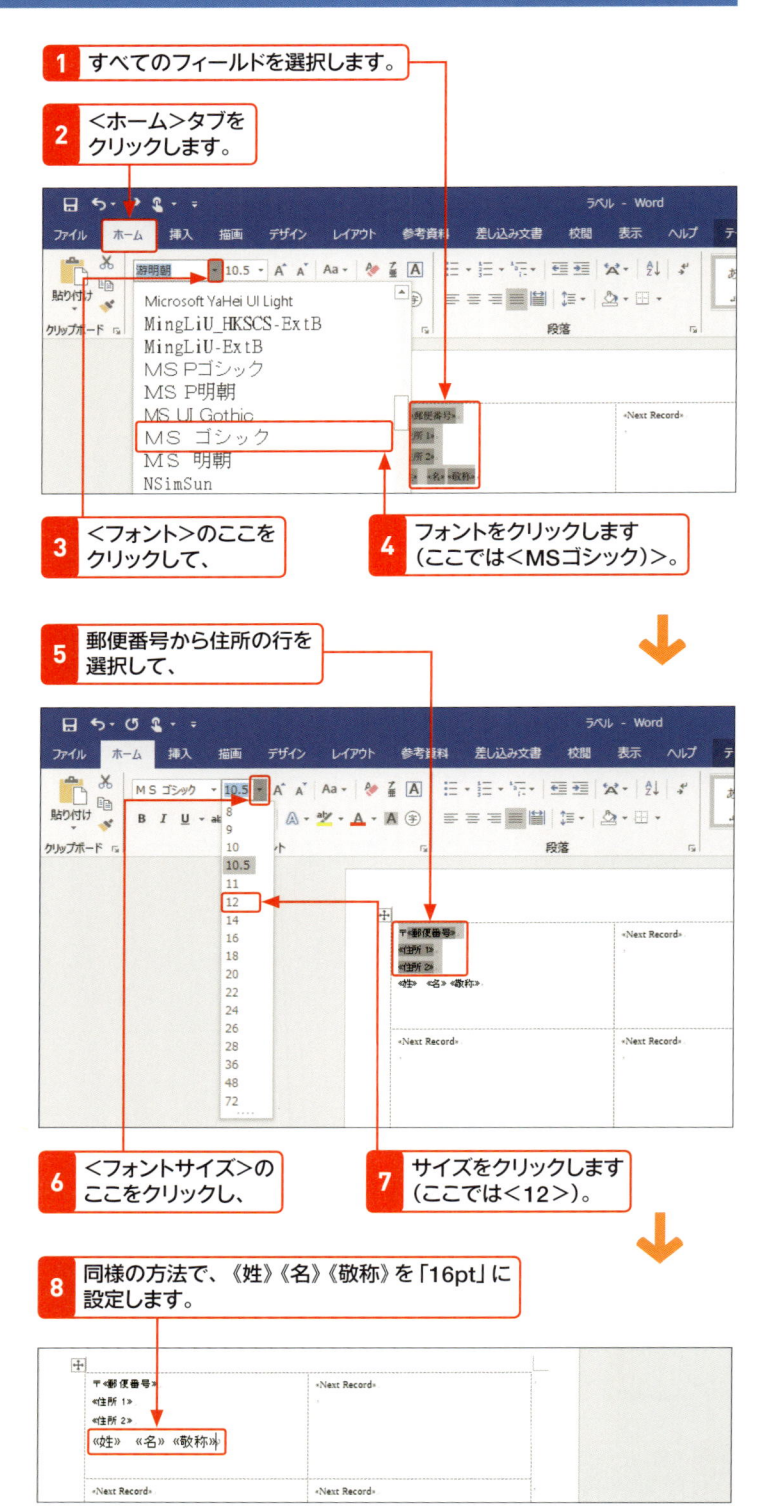

1 すべてのフィールドを選択します。

2 ＜ホーム＞タブをクリックします。

3 ＜フォント＞のここをクリックして、

4 フォントをクリックします（ここでは＜MSゴシック）＞。

5 郵便番号から住所の行を選択して、

6 ＜フォントサイズ＞のここをクリックし、

7 サイズをクリックします（ここでは＜12＞）。

8 同様の方法で、《姓》《名》《敬称》を「16pt」に設定します。

5 フィールドと書式をすべてのラベルに反映させる

1 <差し込み文書>タブをクリックして、

2 <結果のプレビュー>をクリックすると、

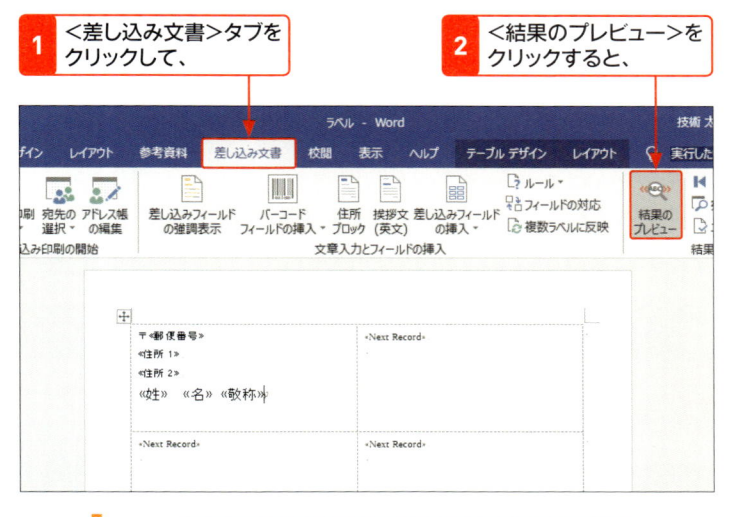

3 フィールドに名簿のデータが表示されます。

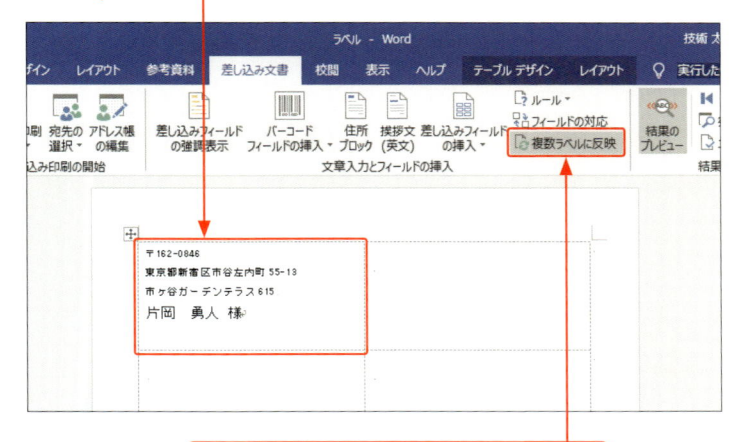

4 <複数ラベルに反映>をクリックすると、

5 すべてのラベルにフィールドと書式が反映されます。

ステップアップ 文字のバランスを調整する

宛名ラベルを作成したあとで行間などのバランスが気になる場合は、変更しましょう。たとえば、住所と名前の行間を少し空けたい場合は、<住所2>の行をクリックして、<ホーム>タブの<行と段落の間隔>をクリックし、行間隔を指定します。設定したら、すべてのラベルに変更を反映させます。

1 <行と段落の間隔>をクリックして、

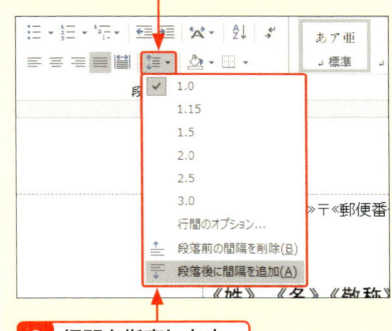

2 行間を指定します。

宛名ラベルを印刷する

宛名ラベルが完成したら、印刷しましょう。ここでは、印刷に使用する宛先を絞り込んでから印刷を行います。宛名ラベルを印刷するには、＜プリンターのプロパティ＞ダイアログボックスを開いて、用紙の種類と用紙サイズを設定する必要があります。

覚えておきたいキーワード
☑ 宛先の絞り込み
☑ 文書の印刷
☑ プリンターに差し込み

1 印刷する宛先を絞り込む

メモ　印刷する宛先を絞り込む

印刷する宛先を絞り込むには、右の手順で＜差し込み印刷の宛先＞ダイアログボックスを表示し、印刷しない宛先のチェックボックスをオフにします。

1 ＜差し込み文書＞タブをクリックして、

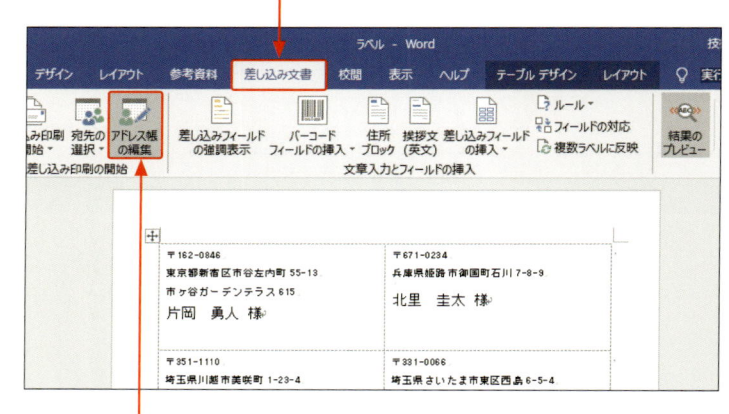

2 ＜アドレス帳の編集＞をクリックします。

3 印刷しない宛先データのチェックボックスをクリックしてオフにし、

4 ＜OK＞をクリックします。

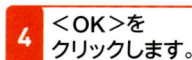
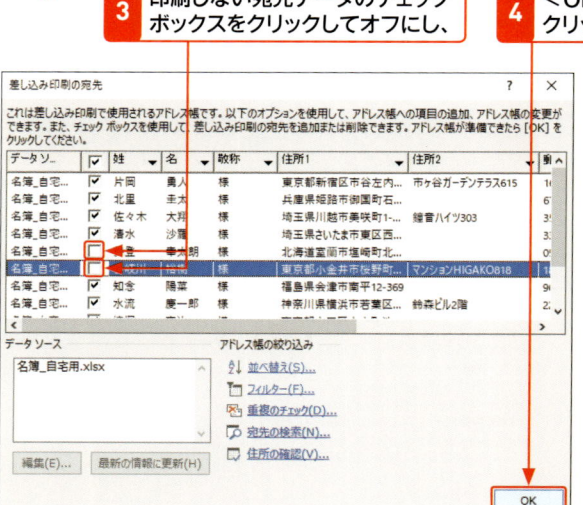

メモ　フィルターを使って宛先を絞り込む

右の手順では、＜差し込み印刷の宛先＞ダイアログボックスで宛先を絞り込みましたが、フィルターを使って絞り込むこともできます。フィルターを使った絞り込みについては、P.78を参照してください。

2 宛名ラベルを印刷する

1 <差し込み文書>タブの<完了と差し込み>をクリックして、

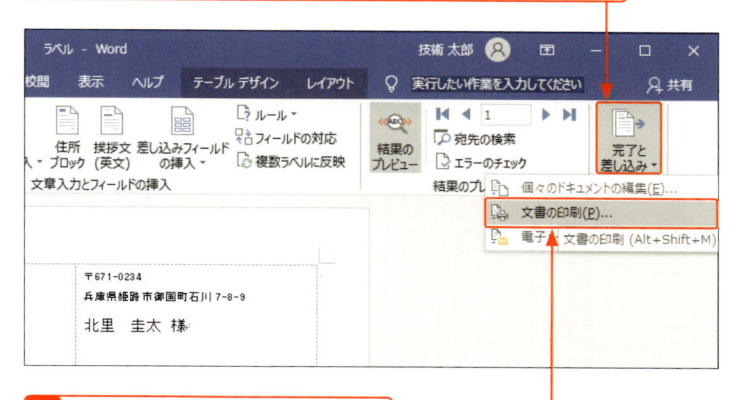

2 <文書の印刷>をクリックします。

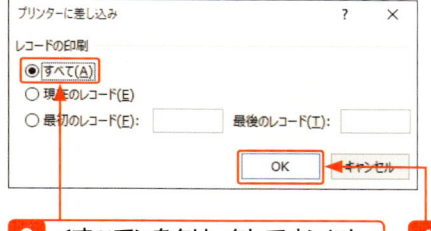

3 <すべて>をクリックしてオンにし、　　**4** <OK>をクリックします。

5 <プロパティ>をクリックして、

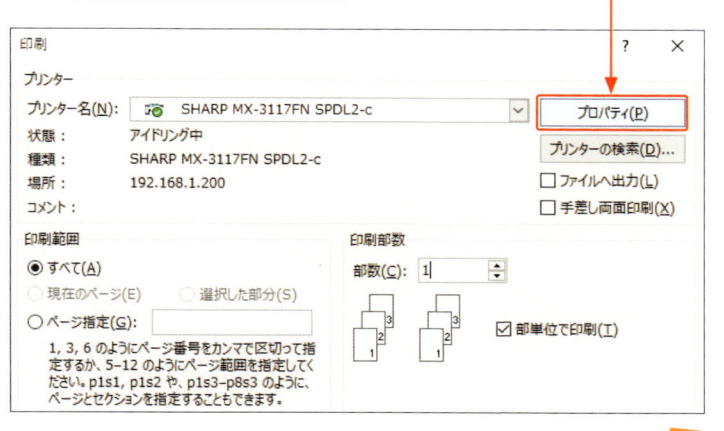

メモ　**試し印刷**

印刷のミスを防ぐために、普通のA4用紙か不要なラベル用紙を使って、試し印刷をするとよいでしょう。正常に印刷することができたら、ラベル用紙に印刷します。

ヒント　**印刷する宛先を絞り込むと…**

<差し込み印刷の宛先>ダイアログボックスで印刷しない宛先をオフにすると、画面上の宛名ラベルからオフにした宛先が非表示になります。

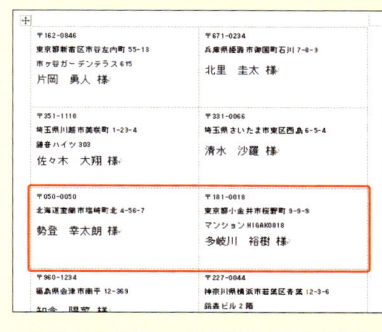

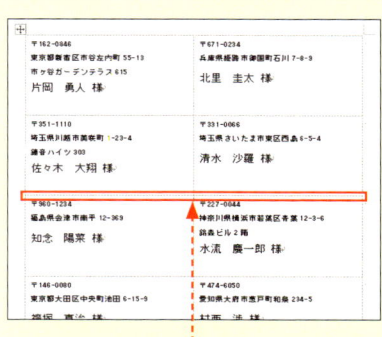

<差し込み印刷の宛先>ダイアログボックスでオフにした宛先は非表示になります。

第**5**章　封筒・宛名ラベルに印刷する

メモ　プリンターのプロパティ

＜プリンターのプロパティ＞ダイアログボックスの内容（それぞれの項目名や機能）は、プリンターの機種によって異なります。用紙の種類や用紙サイズの設定方法は、お使いのプリンターの取扱説明書などで確認してください。

ヒント　宛名ラベルを保存する

宛名ラベルを保存するには、＜ファイル＞タブをクリックして＜名前を付けて保存＞をクリックします。続いて、＜このPC＞（Word 2013では＜コンピューター＞）をクリックして、＜参照＞をクリックします。Word 2010ではこの操作は不要です。＜名前を付けて保存＞ダイアログボックスが表示されるので、保存先のフォルダーを指定し、ファイル名を付けて＜保存＞をクリックします（P.48参照）。

ステップアップ　すべての宛名ラベルを表示する

画面上に表示される宛名ラベルは、1枚のみです。名簿のすべての宛名が差し込まれた状態を確認したい場合に、＜差し込み文書＞タブの＜完了と差し込み＞をクリックし、＜個々のドキュメントの編集＞をクリックします。＜新規文書への差し込み＞ダイアログボックスが表示されるので、＜すべて＞をオンにして、＜OK＞をクリックすると、すべての宛名が差し込まれた状態で文書が表示されます。

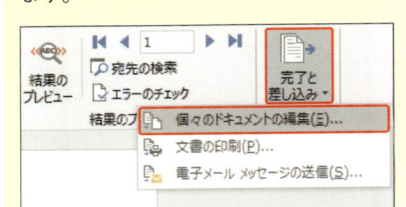

6 ＜用紙のサイズ＞で用紙のサイズを選択します（ここでは＜A4紙＞）。

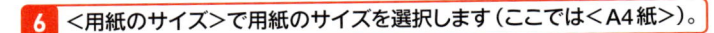

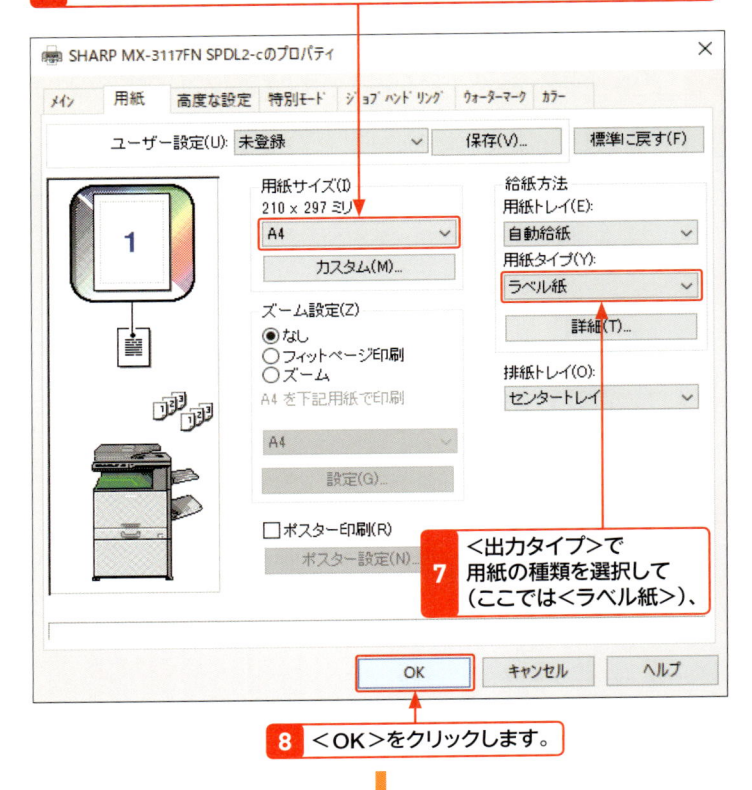

7 ＜出力タイプ＞で用紙の種類を選択して（ここでは＜ラベル紙＞）、

8 ＜OK＞をクリックします。

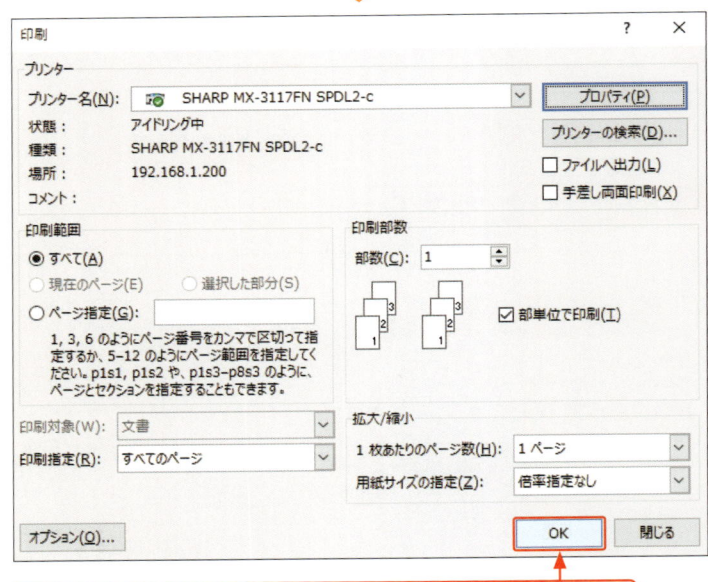

9 プリンターに宛名ラベルをセットして＜OK＞をクリックすると、

10 宛名ラベルが印刷されます。

11 印刷を終了したら宛名ラベルを保存します（「ヒント」参照）。

第6章

こんなときはどうする？

Q 01 Excelの名簿のデータを並べ替えたい

A ＜データ＞タブの＜昇順＞あるいは＜降順＞で並べ替えます。

Excelで作成した名簿のデータを五十音順で並べ替えるには、＜データ＞タブの＜昇順＞あるいは＜降順＞を利用します。なお、この並べ替えは、入力時の読み情報を利用しています。ほかの読み方で入力した場合は、ふりがなを編集します。

1 「姓」のセルをクリックして、

2 ＜データ＞タブをクリックし、

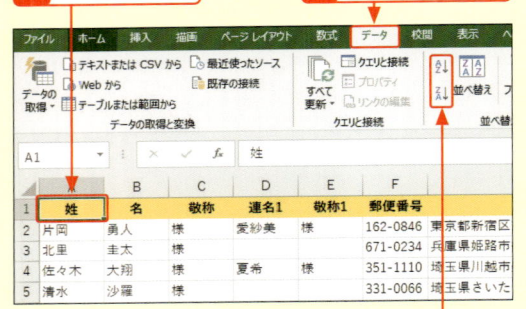

3 ＜降順＞（あるいは＜昇順＞）をクリックすると、

4 姓の五十音順（降順）で並べ替えられます。

ふりがなを編集する

1 ＜ホーム＞タブの＜ふりがなの表示／非表示＞のここをクリックして、

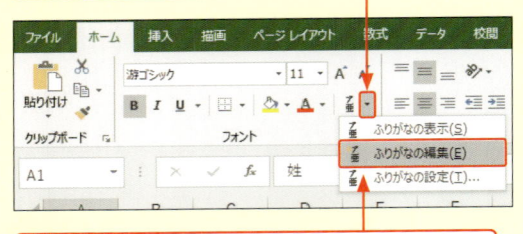

2 ＜ふりがなの編集＞をクリックして編集します。

Q 02 宛名の上下揃いを調整したい

A 段落の配置を変更します。

住所1と住所2などの先頭の位置を揃えたい場合は、変更したいフィールド内をクリックして、＜ホーム＞タブの＜上揃え＞＜上下中央揃え＞＜下揃え＞のいずれかをクリックします。ここでは、「住所2」を上に揃えてみましょう。

1 《住所2》をクリックしてカーソルを移動します。

2 ＜ホーム＞タブをクリックして、

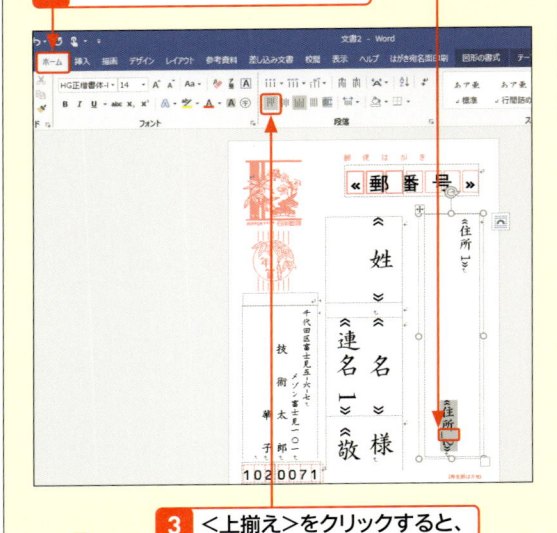

3 ＜上揃え＞をクリックすると、

4 「住所2」が上揃えに変更されます。

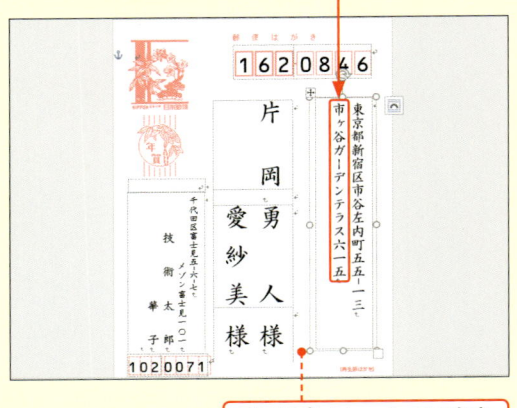

宛先をプレビューしています。

第6章 こんなときはどうする？

Q 03 宛名を1人分だけ印刷したい

A1 差し込み印刷機能を利用しないで宛名面を作成し、作成後に宛名を入力します。

宛名を1人分だけ作成して印刷する場合は、＜はがき宛名面印刷ウィザード＞の差し込むデータを指定する画面で、＜使用しない＞をオンにして、はがきの宛名面を作成します。

はがきの宛名面を作成したら、＜はがき宛名面印刷＞タブの＜宛名住所の入力＞をクリックして宛名を入力し、印刷を行います。

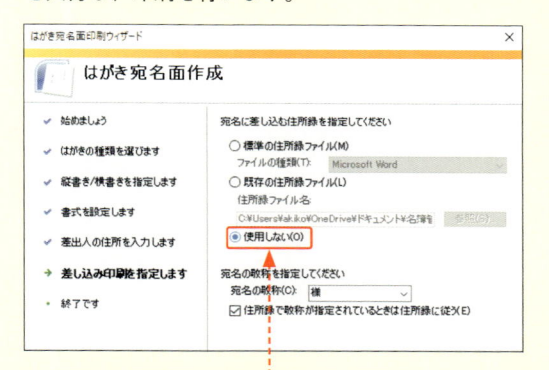

差し込み印刷を指定する画面で、＜使用しない＞をオンにして、はがきの宛名面を作成します。

1 ＜はがき宛名面印刷＞タブをクリックして、

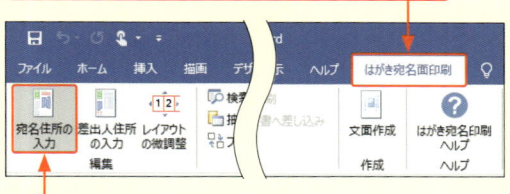

2 ＜宛名住所の入力＞をクリックし、

3 宛名を入力して、

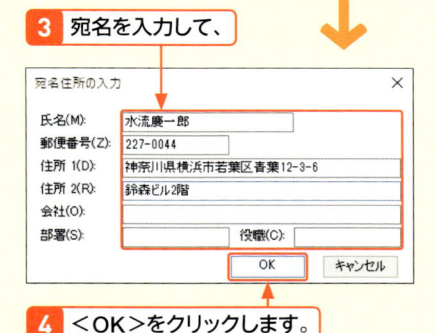

4 ＜OK＞をクリックします。

A2 印刷時にレコードを指定して印刷します。

差し込み印刷機能を利用してはがきの宛名面を作成済みの場合は、印刷したい宛先を表示して＜はがき宛名面印刷＞タブをクリックし、＜表示中のはがきを印刷＞をクリックします。

あるいは、＜すべて印刷＞をクリックして、＜プリンターに差し込み＞ダイアログボックスで印刷するレコード（宛先）を指定します。

表示中のはがきを印刷する

1 ＜はがき宛名面印刷＞タブをクリックして、

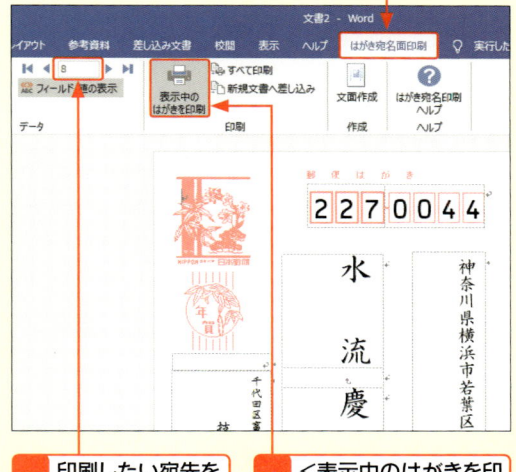

2 印刷したい宛先を表示し、

3 ＜表示中のはがきを印刷＞をクリックします。

印刷するレコードを指定する

1 ＜はがき宛名面印刷＞タブの＜すべて印刷＞をクリックして、＜プリンターに差し込み＞ダイアログボックスを表示します。

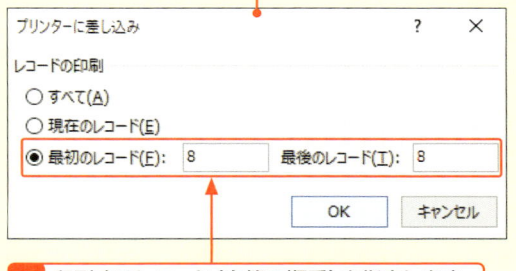

2 印刷するレコード（名簿の順番）を指定します。

第6章 こんなときはどうする？

165

Q 04 宛名の「敬称」を変えたい

A 表示されている「様」を削除して、
《敬称》フィールドを挿入します。

宛名の敬称は、宛名面を作成したときに指定した敬称が自動的に表示されます。敬称を変えたい場合は、名簿の「敬称」欄に使用したい敬称を指定します。はがき宛名面の「様」を削除して、《敬称》フィールドを挿入すると、名簿の敬称に変更されます。
また、はがきの宛名面を作成する際に、＜宛名の敬称＞を「＜（なし）＞」に設定して（P.44参照）、宛名面の作成後に、《敬称》フィールドを挿入する方法もあります。

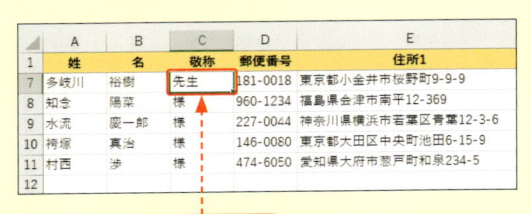

名簿の「敬称」を「先生」に
変更しています。

1 差し込みフィールドを表示して、「様」を選択し、

2 Delete を押して、削除します。

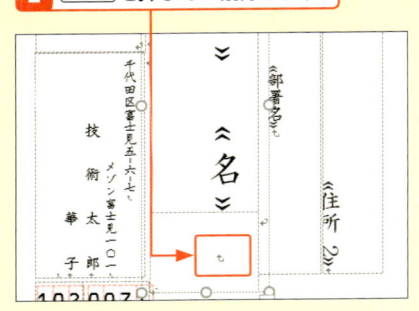

3 ＜差し込み文書＞タブの＜差し込みフィールドの挿入＞の下の部分をクリックして、

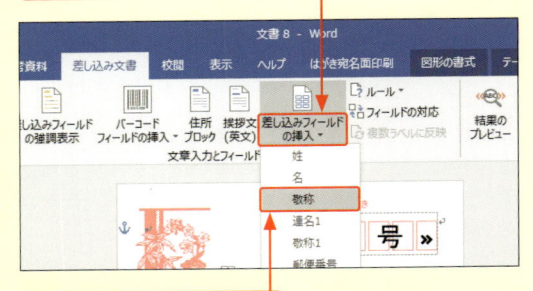

4 ＜敬称＞をクリックし、

5 《敬称》フィールドを挿入します。

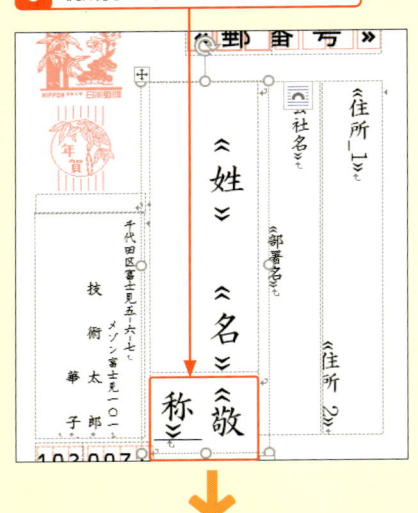

6 結果をプレビューして確認します。

Q 05 宛名に必要な項目が 表示されない

A 名簿のフィールドと標準フィールドを 対応させます。

名簿の項目名が差し込み印刷の標準フィールドと一致していない場合は、宛名面にその項目が表示されなかったり、不要な項目が表示されたりする場合があります。この場合は、名簿の項目と差し込み印刷のフィールドを対応させます。

「住所2」が表示されていません。

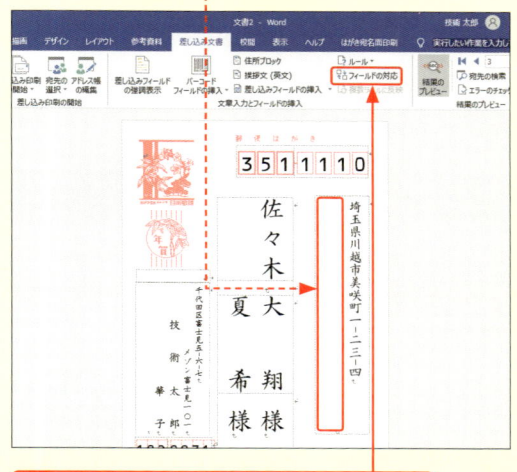

1 <差し込み文書>タブの <フィールドの対応>をクリックします。

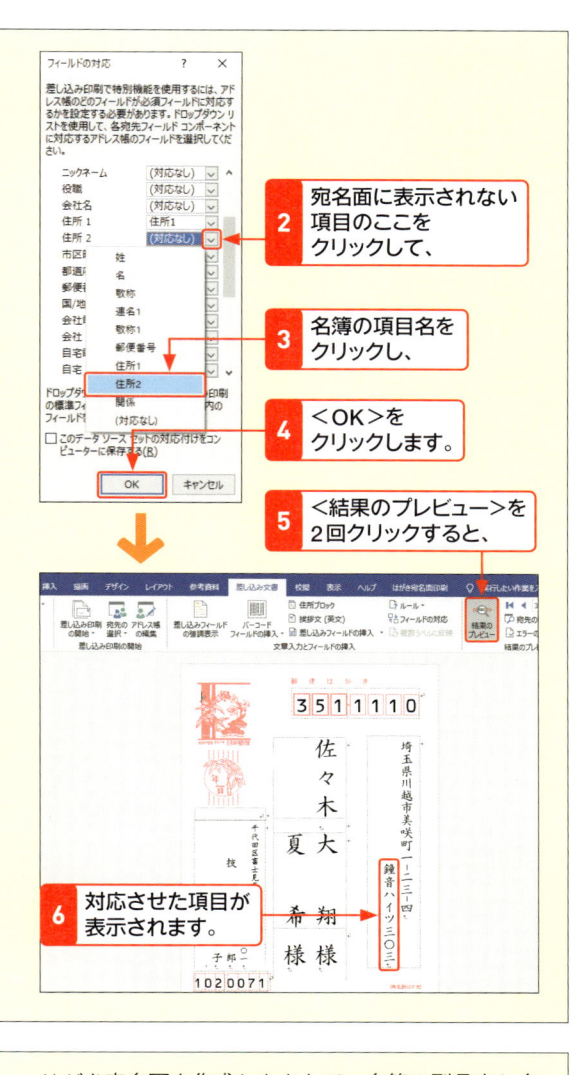

2 宛名面に表示されない 項目のここを クリックして、

3 名簿の項目名を クリックし、

4 <OK>を クリックします。

5 <結果のプレビュー>を 2回クリックすると、

6 対応させた項目が 表示されます。

Q 06 <無効な差し込み フィールド>と表示された

A 正しいフィールドを指定します。

はがき宛名面を作成したあとで、名簿の列見出し名を変更した場合、<無効な差し込みフィールド>ダイアログボックスが表示されます。この場合は、正しいフィールドを指定します。ここでは、「連名1」を「連名」に変更した場合を例にします。
なお、名簿の列を削除した場合は、<フィールドの削除>をクリックします。

1 ここをクリックして、

列を削除した場合は、 ここをクリックします。

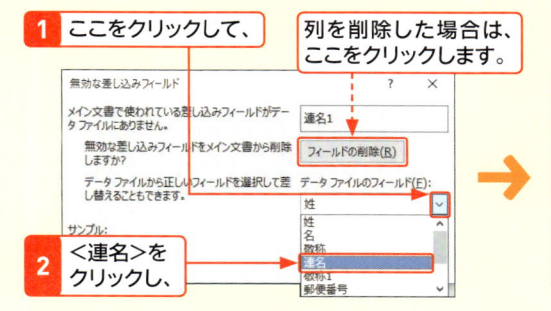

2 <連名>を クリックし、

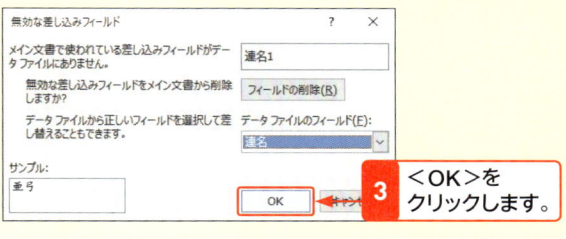

3 <OK>を クリックします。

Q07 差出人は文面に印刷したい

A ＜差出人を印刷する＞をオンにして、文面を作成します。

差出人をはがきの文面に印刷する場合は、＜はがき文面印刷ウィザード＞の差出人情報画面で、＜差出人を印刷する＞をオンにして、差出人の情報を入力します。この場合、宛名面を作成する際には＜差出人を印刷する＞をオフにします（P.43参照）。

差出人情報の入力画面で、＜差出人を印刷する＞をオンにします。

設定した差出人情報が挿入されます。フォントやフォントサイズなど変更できます。

Q08 住所が漢数字で入力されてしまう

A 縦書き時の番地の書式を漢数字に変換しないように設定します。

住所の番地や部屋番号などの数字を算用数字にしたい場合は、住所の数字は全角、「-」（ハイフン）は半角で入力して、名簿を保存しておきます。このとき、半角数字の名簿ファイルとは別のファイル名で保存し、差し込む住所録にこのファイルを指定します。次に、＜はがき宛名面印刷ウィザード＞で縦書きの書式を指定する際に、＜宛名住所内の数字を漢数字に変換する＞と＜差出人住所内の数字を漢数字に変換する＞をオフにします。差出人の情報も同様に、数字を全角で、「-」を半角で入力します。

別名で保存します。

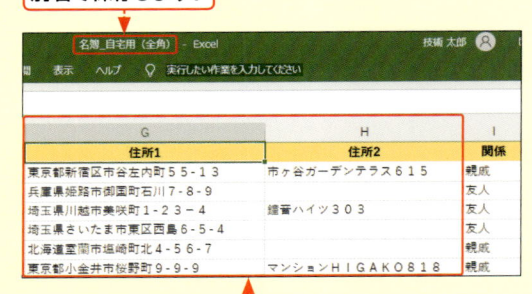

住所の数字を全角、「ー」（ハイフン）を半角で入力します。

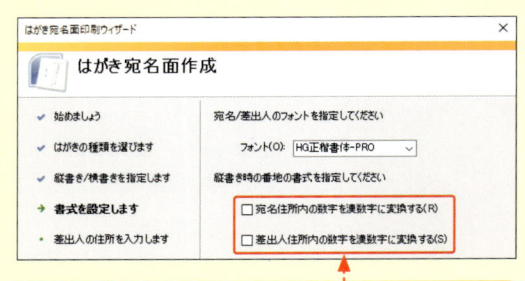

印刷時の番地の書式を指定する画面で、この2つをオフに設定します。

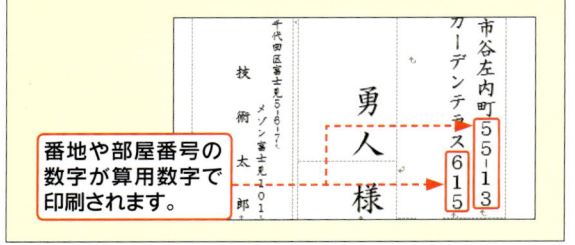

番地や部屋番号の数字が算用数字で印刷されます。

第6章 こんなときはどうする？

Q 09 印刷すると文字が
切れてしまう

 A1 テキストボックスやグリッド線を
広げます。

画面上で文字が見えていても、印刷すると文字が切れてしまう場合があります。この場合は、テキストボックスを広げます。

はがきの宛名面の場合は、テキストボックスとグリッド線の両方を広げます（Sec.15参照）。

> まだまだ暑い日が続きます
> が、どうかご自愛のほどお祈
> り申し上げます。
> 今後ともよろしくお願い申
> し上げます
>
> 〒102-0071
> 東京都千代田区富士見 5-6-7
> 　　　　　　　メゾン富士見 101
> 　技　術　華　子

文字の一部が切れています。

1 文字が切れてしまう部分のテキストボックスを
ドラッグして、

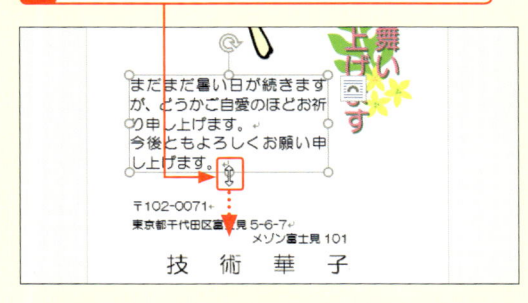

2 文字が入るスペースを広げます。

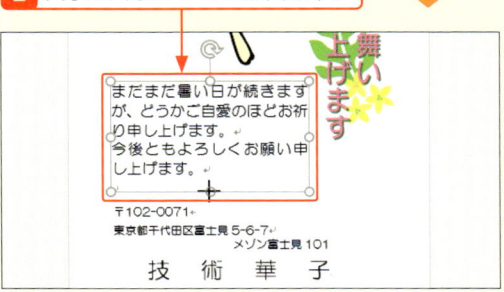

A2 余白を調整します。

はがきの文面など文書に直接入力している場合、フォントサイズや行間などを変更すると行が収まらなくなることがあります。そのときは、余白（文面の周りのスペース）を狭くして、文字数や行数が入るようにします。Wordの＜レイアウト＞（Word 2013／2010では＜ページレイアウト＞）タブをクリックして、＜ページ設定＞グループの をクリックします。表示される＜ページ設定＞ダイアログボックスの、＜余白＞タブで上下左右の余白を調整します。

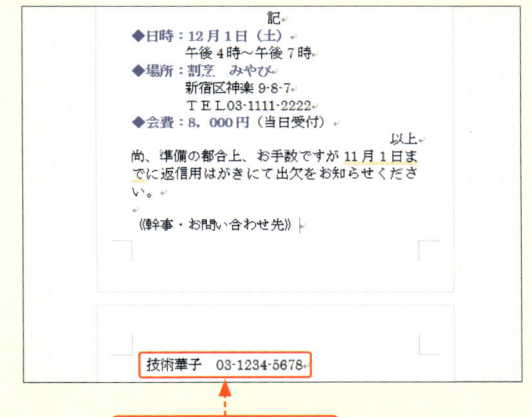

1行はみ出しています。

1 ここをクリックして、

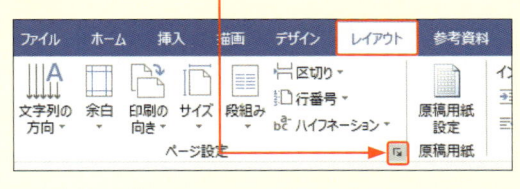

2 ＜余白＞で上下左右の余白を
調整します。

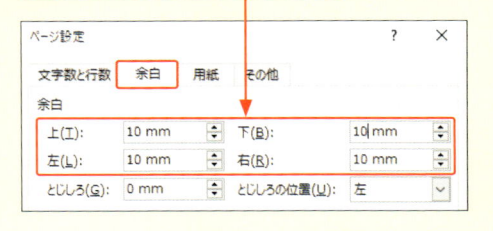

Q 10 宛名ラベルに差出人を付けたい

 A 宛名ラベルに差出人を入力して、書式を設定します。

宛名ラベルに差出人を付ける場合は、差出人情報を直接入力します。差出人を追加する場合は、少し大きめのラベルを選択しましょう。

> ＜表示＞タブのルーラーをオンにしてルーラーを表示しています。

1 ラベルに差出人情報を入力して、フォントやフォントサイズを変更します。

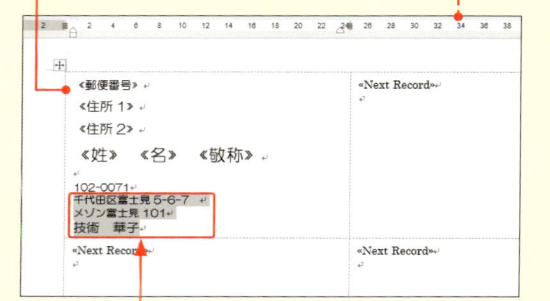

2 住所と氏名の範囲を選択して、

3 ＜ホーム＞タブをクリックして、

4 ＜右揃え＞をクリックすると、

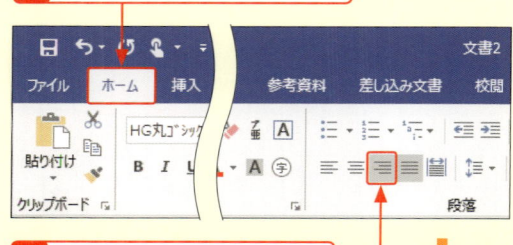

5 選択した行が右揃えになります。

6 郵便番号の先頭をクリックしてカーソルを移動し、

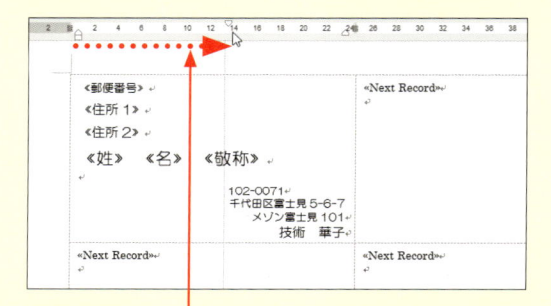

7 1行目のインデントをドラッグして住所の位置に合わせます。

8 ＜差し込み文書＞タブの＜結果のプレビュー＞をクリックして、

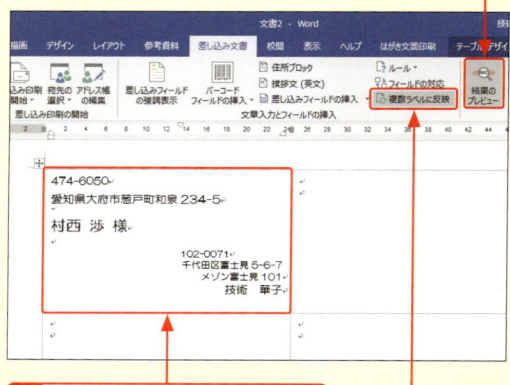

9 全体のバランスを確認します（必要があれば調整します）。

10 ＜複数ラベルに反映＞をクリックすると、

11 すべてのラベルに差出人が表示されまれます。

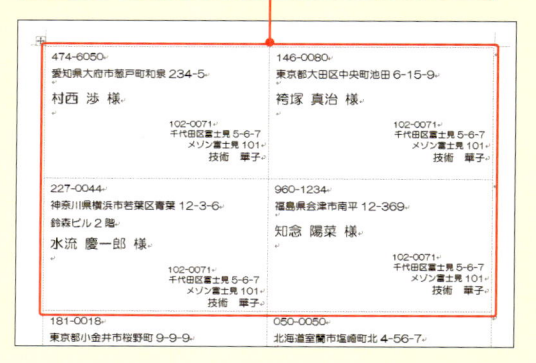

Q11 宛名ラベルすべてに 1人分だけ印刷したい

A1 1人分の名簿ファイルを作成して、全ラベルに反映させます。

返送用の宛名など1人分だけ全ラベルに印刷するには、宛先に使う1人分の名簿ファイルを用意します。名簿ファイルの中の1人を印刷する場合は、絞り込みで選択して保存します（Sec.18参照）。通常のラベルと同様に差し込みフィールドを挿入して、「《Next Record》」フィールドをすべて削除します。

1 ラベルを指定して用意します。

2 ＜差し込み文書＞タブの＜宛先の選択＞をクリックして、

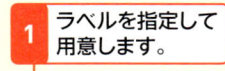

3 ＜新しいリストの入力＞をクリックします。

4 1人の宛先を入力して、

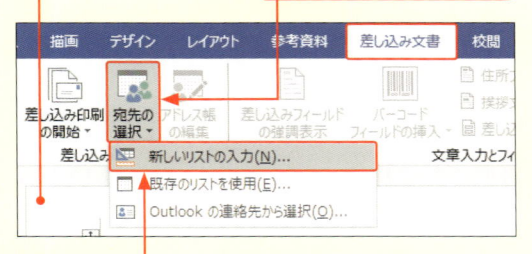

5 ＜OK＞をクリックし、ファイル名を付けて保存します。

6 ＜差し込みフィールドの挿入＞で項目を挿入して、敬称を直接入力し、調整します。

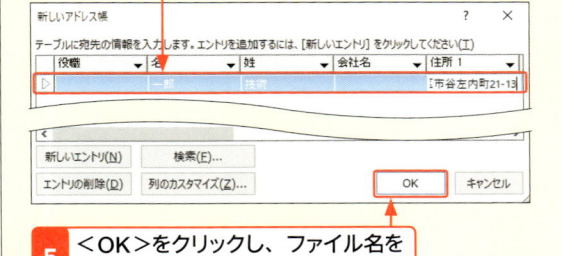

7 ＜複数ラベルに反映＞をクリックして、

8 表示される「《Next Record》」をすべて Delete を押して削除します。

9 ＜結果のプレビュー＞をクリックすると、

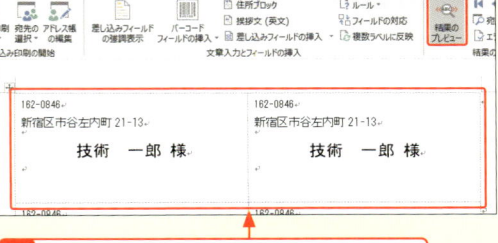

10 1人分の宛名がラベルに差し込まれます。

A2 ＜封筒とラベル＞ダイアログボックスに直接入力します。

＜差し込み文書＞タブの＜ラベル＞をクリックして、表示される＜封筒とラベル＞（Word 2013／2010では＜宛名ラベル作成＞）ダイアログボックスの＜ラベル＞タブで、＜宛先＞欄に直接入力します。

1 宛名を入力して、

2 ここでラベルの種類を選択し、

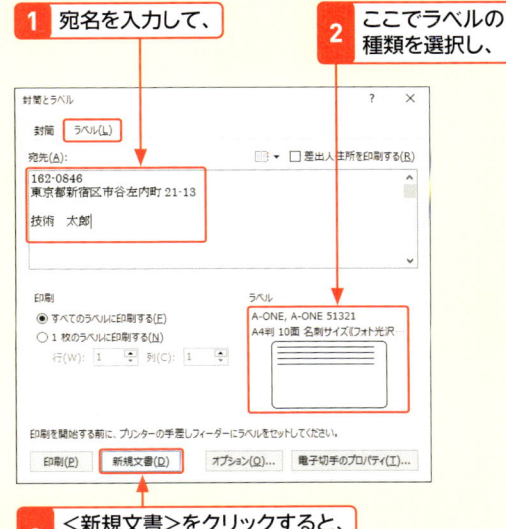

3 ＜新規文書＞をクリックすると、ラベルが表示されます。

Q 12 宛名を横書きにしたい

A <はがき宛名面印刷ウィザード>で
はがきの様式を<横書き>に設定します。

宛名を横書きにするには、<はがき宛名面印刷ウィザード>のはがきの様式を指定する画面で、<横書き>をオンにして、はがきの宛名面を作成します。
なお、宛名の文字数によっては2行に分かれてしまう場合があるので、<結果のプレビュー>をクリックして全員分を確認します。はみ出してしまう人がいたら、《役職》とタブ（不要な場合）や名前の間のスペースを削除したり、フォントサイズを下げたりして調整しましょう。

> はがきの様式を指定する画面で、<横書き>を
> オンにして、はがきの宛名面を作成します。

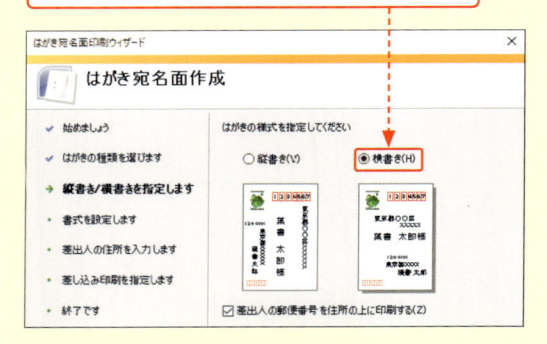

1 2行になってしまう場合があります。

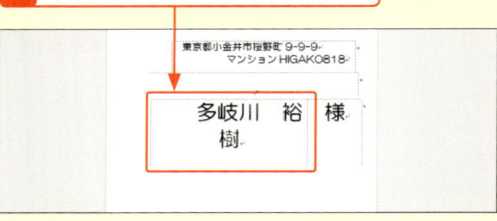

2 《役職》やタブ、名前の間の
スペースを削除して調整します。

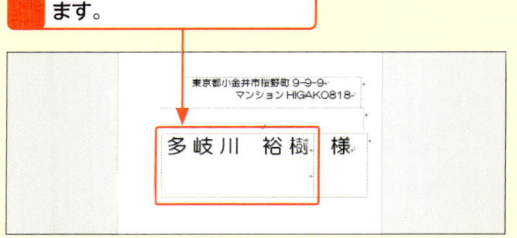

Q 13 既存の宛名面のファイルを別の名簿に差し替えたい

A <宛先の選択>から
使用するファイルを選択します。

既存の宛名面のファイルを別の名簿ファイルに差し替えたい場合は、<差し込み文書>タブの<宛名の選択>をクリックして、<既存のリストを使用>をクリックし、使用する名簿ファイルを選択します。

1 <差し込み文書>タブの<宛先の選択>を
クリックして、

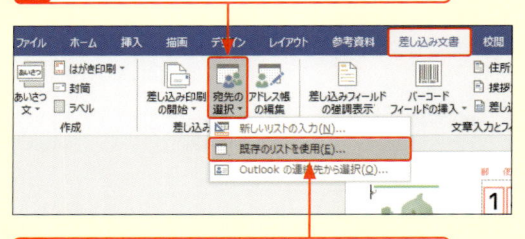

2 <既存のリストを使用>をクリックします。

3 名簿ファイルが保存されている
場所を指定して、

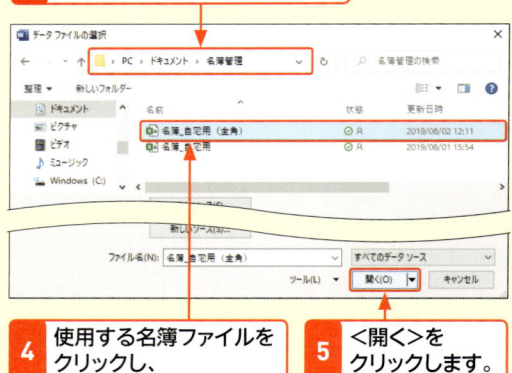

4 使用する名簿ファイルを
クリックし、

5 <開く>を
クリックします。

6 使用するシートをクリックして、

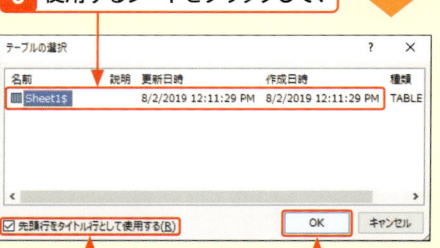

7 これがオンになっている
ことを確認し、

8 <OK>を
クリックします。

Q 14 はがきが印刷できない

A はがきが印刷できない場合、以下のような原因と対処方法が考えられます。

・パソコンとプリンターが正しく接続されているかを確認します。

・プリンターの電源が入っていることを確認します。

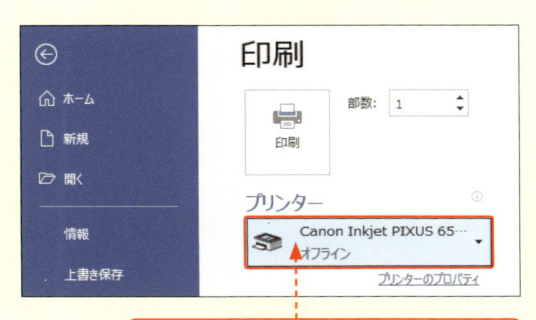

<オフライン>と表示されているときは、電源が入っていません。

・用紙がプリンターにセットされていることを確認します。

・使用するプリンターが選択されているかを確認します。

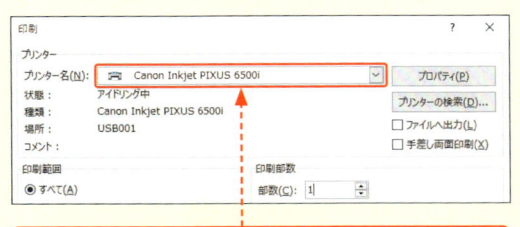

<印刷>ダイアログボックスで使用するプリンターが選択されていることを確認します。

・色合いがおかしい場合は、クリーニングやノズルチェックを実行します。

はがきの色合いがおかしい、線が入る、かすれるなどの場合は、インクが目詰まりしている可能性があります。この場合は、<プリンターのプロパティ>ダイアログボックスからクリーニングやノズルチェックを実行します。なお、お使いのプリンターによって、表示されるダイアログボックスや機能名称は異なります。

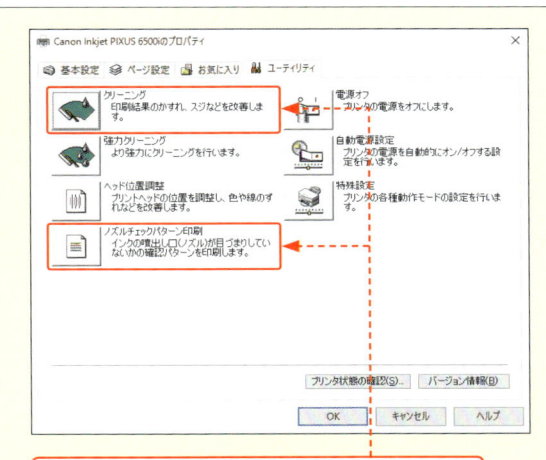

このプリンターの場合は、<クリーニング>や<ノズルチェックパターン印刷>を実行します。

・インクが切れていないかを確認します。

特定のインクが切れていないかどうか確認します。<プリンターのプロパティ>ダイアログボックスから<プリンタ状態の確認>をクリックし、表示されるダイアログボックスで確認します。

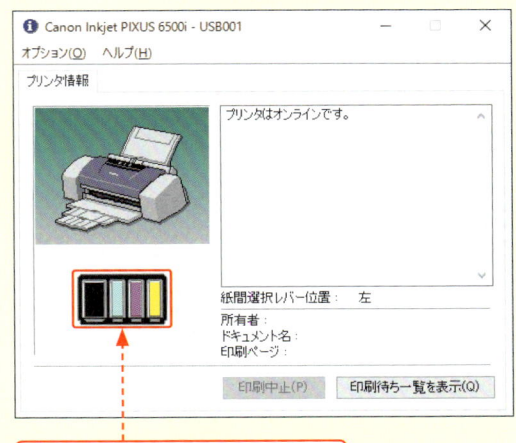

ここでインクの状態を確認します。

・印刷に使用しているはがきがプリンターに対応しているかどうかを確認します。

通常のはがきよりも厚みがある、紙質が硬い、光沢がある場合など、使用しているプリンターによっては正常に印刷できないことがあります。セットしているはがきがプリンターに対応しているかどうか、プリンターの解説書やプリンター機種のWebページで確認してください。

Q15 入力したい漢字が出てこない

A ＜IMEパッド＞を表示して、総画数や部首から探します。

入力したい漢字が変換候補の一覧に表示されない場合は、＜IMEパッド＞の総画数や部首から探すことができます。IMEパッドを利用すると、読み方がわからない漢字を入力することもできます。

＜IMEパッド＞を表示する

1 入力モードアイコンを右クリックして、

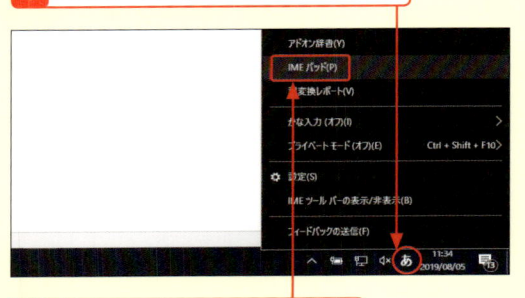

2 ＜IMEパッド＞をクリックします。

総画数から探す

1 ＜総画数＞をクリックして、画数を指定します。

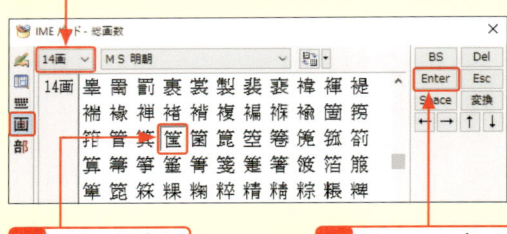

2 目的の漢字をクリックして、

3 ＜Enter＞をクリックします。

部首から探す

＜部首＞をクリックして、部首の画数から部首を指定します。

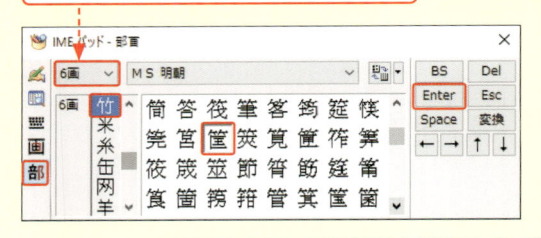

Q16 囲い文字を入力したい

A ＜囲い文字＞ダイアログボックスで設定します。

文字を○や□で囲んで入力したい場合は、＜囲い文字＞ダイアログボックスで設定します。ここでは、囲む文字をあらかじめ文書上で選択しますが、ダイアログボックスの＜文字＞ボックスに直接入力したり、＜文字＞一覧から選択したりすることもできます。

1 囲い文字にする文字を選択し、

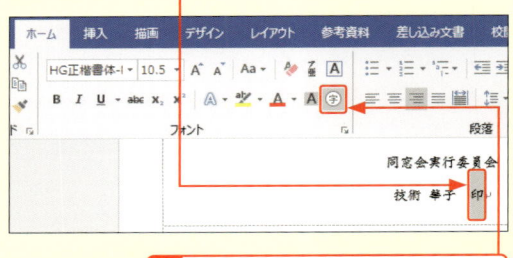

2 ＜ホーム＞タブの＜囲い文字＞をクリックします。

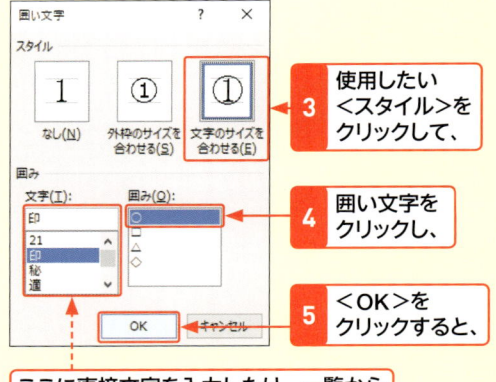

3 使用したい＜スタイル＞をクリックして、

4 囲い文字をクリックし、

5 ＜OK＞をクリックすると、

ここに直接文字を入力したり、一覧から選択することもできます。

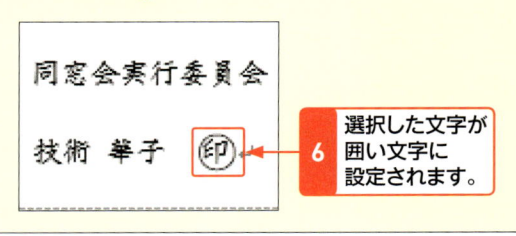

6 選択した文字が囲い文字に設定されます。

第6章 こんなときはどうする？

Q17 行頭に記号を付けて箇条書きにしたい

A1 「・」や「＊」などのあとにスペースを入力し、続けて文字を入力して改行します。

「・」や「＊」などの記号を入力し、スペースを入力したあとに文字を入力して改行すると、行頭にこれらの記号付きの箇条書きが作成できます。

1 「＊」を入力し、

2 Space を押して空白を入力します。

このアイコンをクリックすると、箇条書きの自動設定を解除できます。

3 文字を入力して Enter を押すと、

4 行頭に「＊」とスペースが入力されるので、続けて文字を入力します。

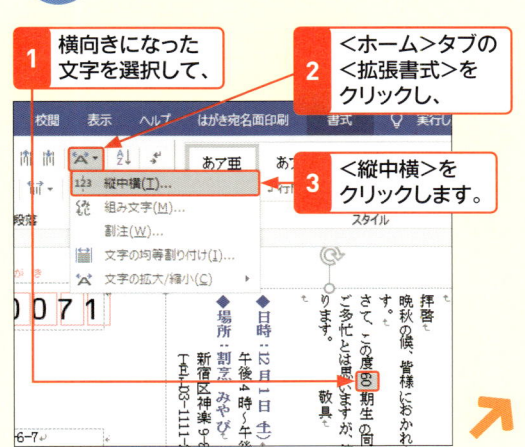

A2 記号を付けたい段落を選択して、＜箇条書き＞から記号を選択します。

段落を選択して、＜ホーム＞タブの＜箇条書き＞をクリックし、目的の記号を選択します。一覧に目的の記号がない場合は、＜新しい行頭文字の定義＞をクリックして、＜記号＞または＜図＞をクリックして選択します。

1 段落をドラッグして選択し、

2 ＜ホーム＞タブの＜箇条書き＞のここをクリックして、

3 目的の記号をクリックすると、

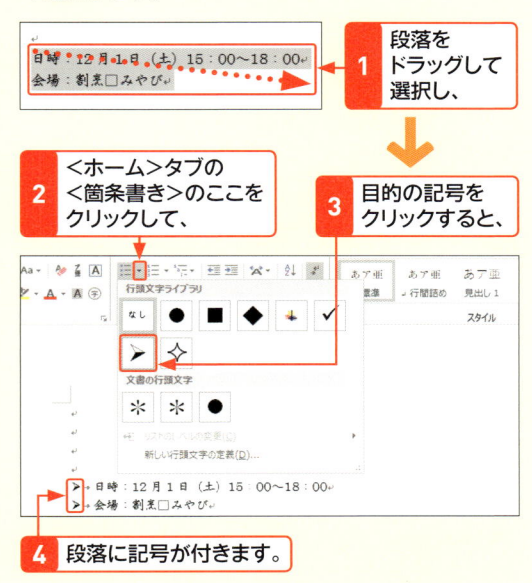

4 段落に記号が付きます。

Q18 縦書きにすると数字やアルファベットが横になってしまう

A ＜縦中横＞ダイアログボックスを利用して向きを変更します。

縦書きにした文章に半角の英数字があると、その英数字は横向きになってしまいます。これを解消するには、＜縦中横＞ダイアログボックスを表示して向きを正します。

1 横向きになった文字を選択して、

2 ＜ホーム＞タブの＜拡張書式＞をクリックし、

3 ＜縦中横＞をクリックします。

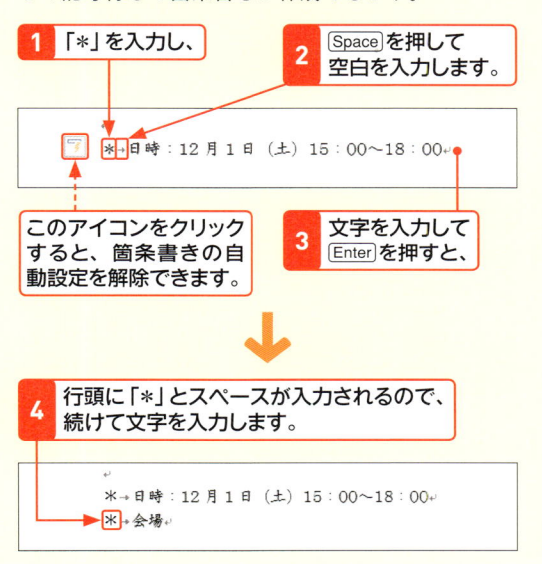

4 ＜プレビュー＞欄で確認して、

5 ＜OK＞をクリックすると、

6 横向きになっていた文字が縦向きになります。

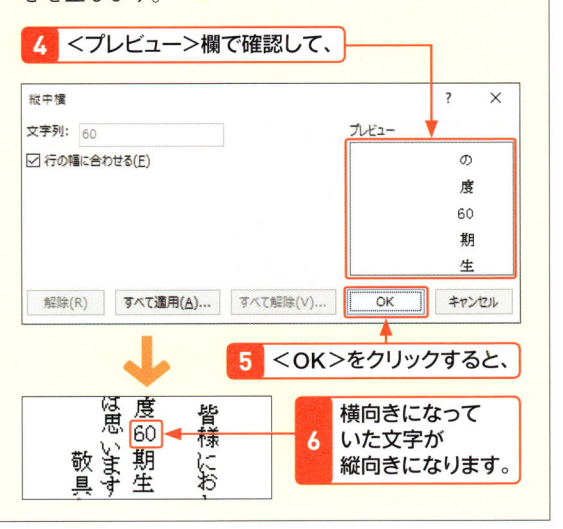

**デジカメ写真を
パソコンに取り込みたい**

**＜写真とビデオのインポート＞から
取り込みます。**

デジタルカメラからパソコンに写真を取り込むには、パソコンとデジタルカメラを専用のUSBケーブルで接続するか、SDカードなどの記録媒体を介してデータをやりとりします。

ここでは、Windows 10での取り込み方法を解説します。パソコンの設定によっては動作が異なることもあります。

1 パソコンとデジタルカメラを接続して、
デジタルカメラの電源を入れます。

🖶 **リムーバブル ディスク (G:)**
選択して、メモリ カードに対して行う操作を選んでください。

∧ ☁ 📷 🖵 🔊 🎜 Ａ 16:17
2019/08/05 📑②

2 通知メッセージが表示されるので、クリックし、

3 ＜写真とビデオのインポート＞を
クリックします。

リムーバブル ディスク (G:)

メモリ カードに対して行う操作を選んでください。

🖼 **写真とビデオのインポート**
フォト

☁ 写真と動画のインポート
OneDrive

4 ＜すべて選択解除＞をクリックして
解除します（すべての写真を取り込む場合、この操作は不要です）。

インポートする項目の選択
109 個のうち 109 個の アイテム が選択されました
新しい項目の選択　すべて選択　　　　　　すべて選択解除
☑ 2019年9月

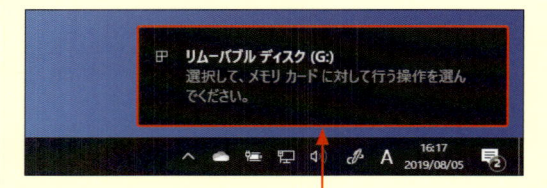

5 取り込む写真をクリックしてオンにし、

インポートする項目の選択
109 個のうち 4 個の アイテム が選択されました
新しい項目の選択　すべて選択　　　　　　すべて選択解除

☑ 2019年9月

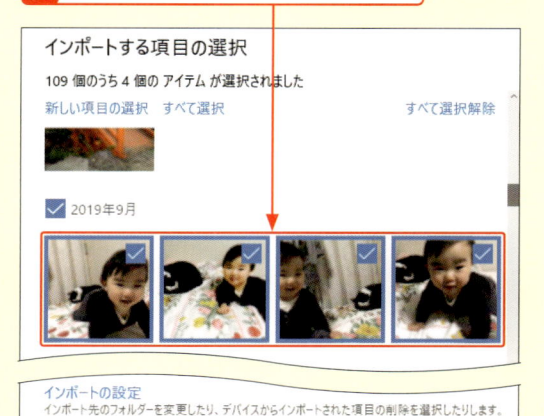

インポートの設定
インポート先のフォルダーを変更したり、デバイスからインポートされた項目の削除を選択したりします。

選択した項目のインポート　　　　　　キャンセル

6 ＜選択した項目のインポート＞を
クリックします。

7 インポートが済むと、
取り込んだ写真が表示されます。

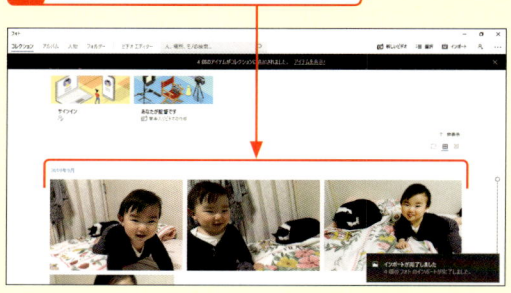

A2 「フォト」アプリを起動して取り込みます。

＜スタート＞をクリックして、「フォト」アプリをクリックし、画面右上の＜インポート＞をクリックして表示される画面の指示に従って写真を取り込みます。

1 「フォト」アプリを
起動して、

2 ＜インポート＞を
クリックします。

第6章 こんなときはどうする？

Q20 姓も含めて連名にしたい

名簿データと宛名面に
「連名(姓)」を追加します。

連名に姓も入れたい場合は、まず名簿データに「連名(姓)」「連名(名)」を用意して、宛名面では「連名(姓)」「連名(名)」「敬称」のフィールドを挿入します。宛名の姓名と連名の姓名がきれいに揃うように調整します。

名簿データを変更する

1 Excelの名簿データを開いて、

2 「連名1」の前に列を挿入します（P.30参照）。

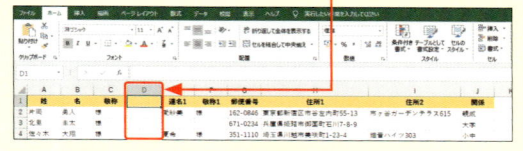

3 「連名(姓)」と入力して、

4 「連名1」を「連名(名)」と変更します。

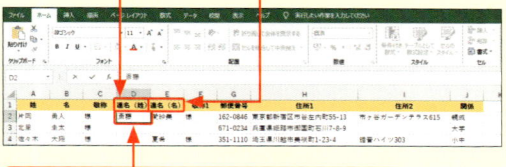

5 姓を入力して、ファイルを保存します。

名簿を指定し直す

1 ＜はがき宛名面印刷ウィザード＞を起動して、

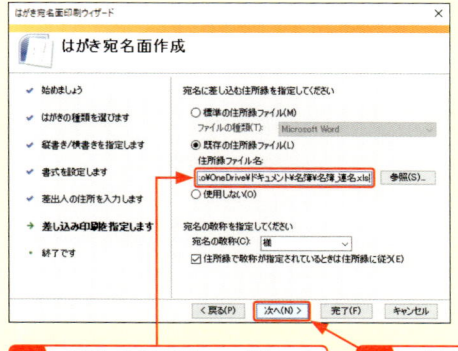

2 ＜既存の住所録ファイル＞の画面で、変更した名簿ファイルを指定し、

3 ＜完了＞をクリックします。

連名を挿入する

1 《姓》フィールドの下で[Enter]を押して改行します。

2 ＜差し込み文書＞タブの＜差し込みフィールドの挿入＞をクリックして、

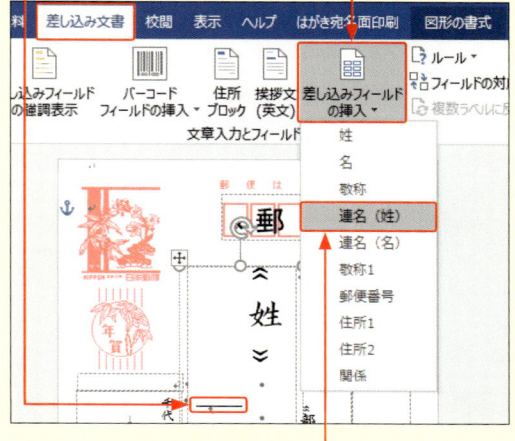

3 ＜連名(姓)＞をクリックします。

4 同様にして、＜連名(名)＞と＜敬称1＞を挿入します。

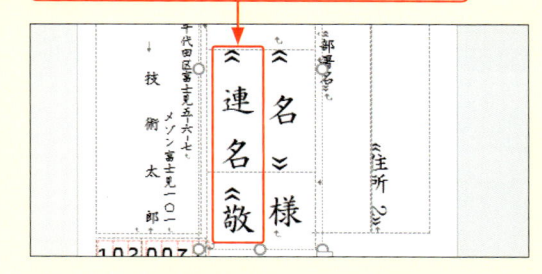

5 ＜差し込み文書＞タブの＜結果のプレビュー＞をクリックして、

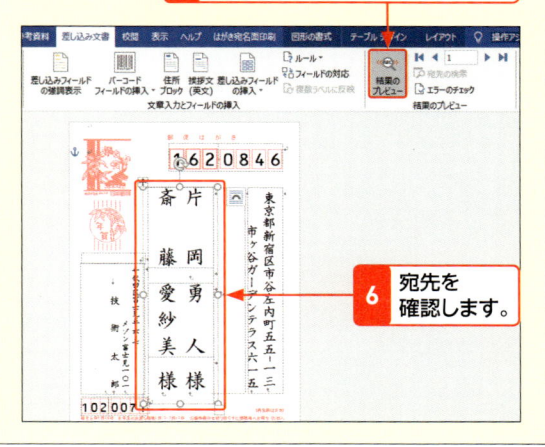

6 宛先を確認します。

宛名面に3人以上の名前を入れたい

名簿データと宛名面に追加する連名を挿入します。

本書では、宛名面に連名を入れて2名の宛名を作成しています。差し込み印刷を使って3人以上にする場合も、連名と同様に名簿に追加の連名を挿入し、宛名面にも3人目の行を追加します。このとき、宛名面のテキストボックスを広げたり、行間を狭めたりといった調整が必要になります。

この調整は、ほかの宛名にも影響してしまいます。もし、3連名の数が少ない場合は、別ファイルとして保存し、印刷するとよいでしょう（Q.22参照）。

また、作成した3連名の宛名面を保存する際は、もとの宛名面とは異なるファイル名にします。

名簿を追加する

1 Excelを起動して名簿のデータファイルを開き、

2 列を追加するセルを2列分ドラッグして選択します。

3 ＜ホーム＞タブの＜挿入＞のここをクリックして、

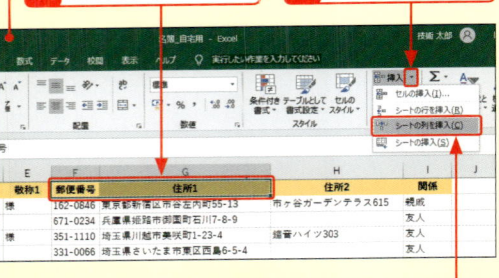

4 ＜シートの列を挿入＞をクリックします。

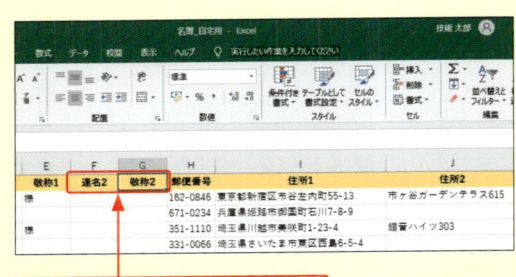

5 「連名2」と「敬称2」の列を作成します。

---

6 3人目の宛名を入力して、

7 ファイルを保存します。

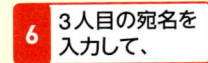

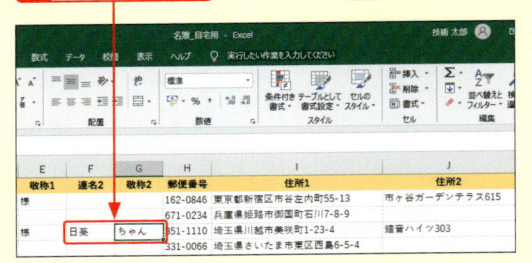

宛名面に連名欄を追加する

1 ＜はがきの宛名面印刷ウィザード＞を起動します。

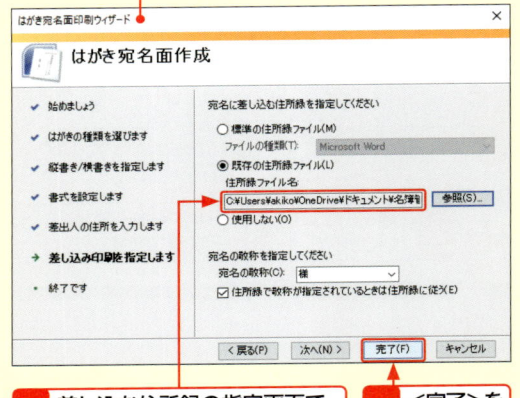

2 差し込む住所録の指定画面で、連名を追加した名簿ファイルを指定し、

3 ＜完了＞をクリックします。

4 シートを確認して、

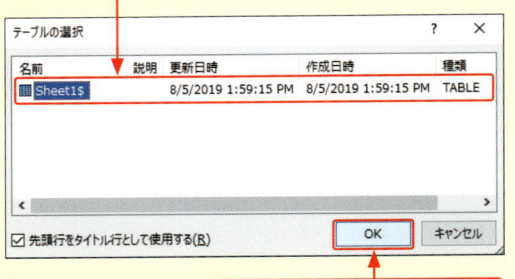

5 ＜OK＞をクリックします。

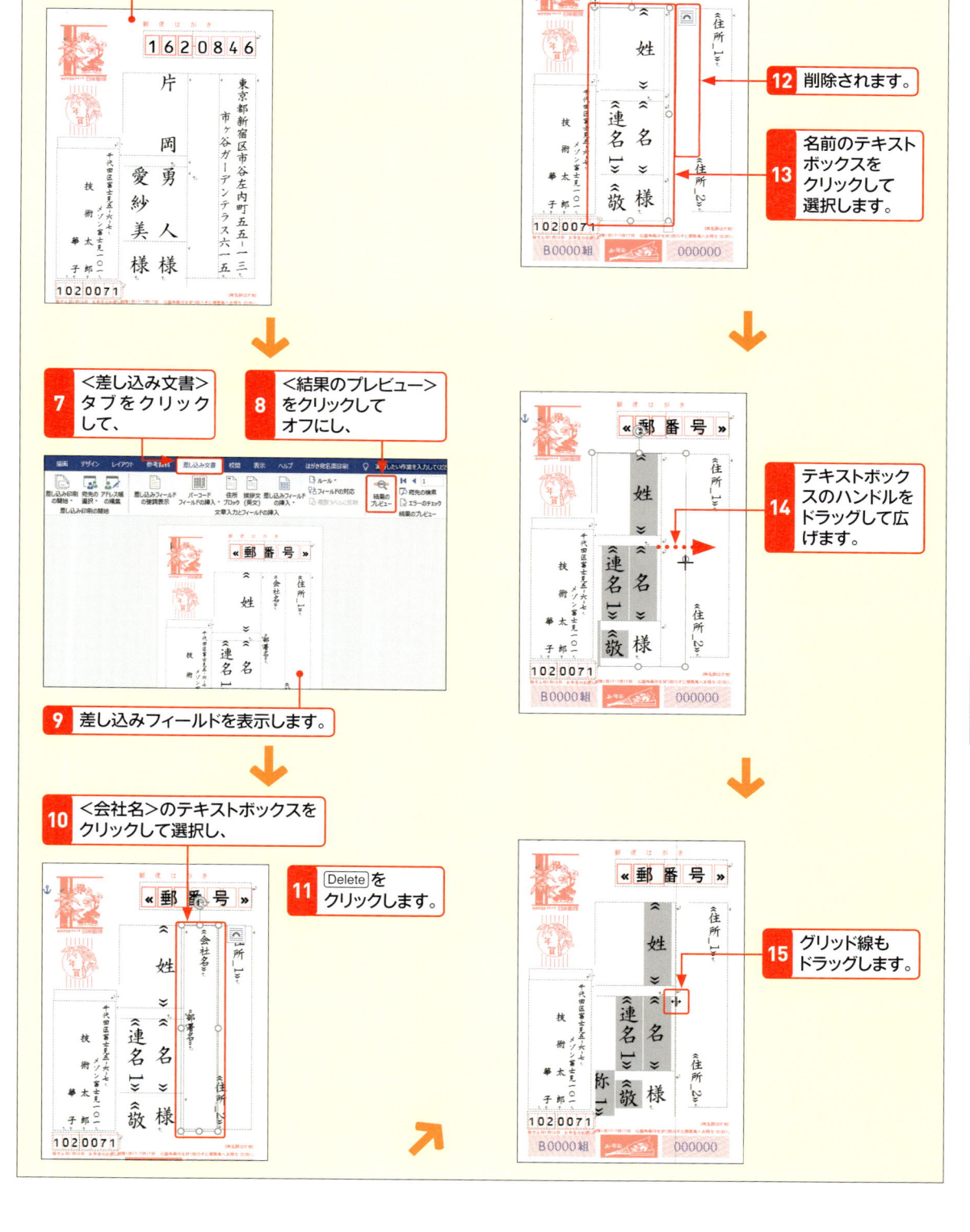

6 「連名1」と「敬称1」のフィールドを追加した
はがき宛名面を作成・表示します（Sec.13参照）。

7 ＜差し込み文書＞タブをクリックして、

8 ＜結果のプレビュー＞をクリックしてオフにし、

9 差し込みフィールドを表示します。

10 ＜会社名＞のテキストボックスをクリックして選択し、

11 Delete をクリックします。

12 削除されます。

13 名前のテキストボックスをクリックして選択します。

14 テキストボックスのハンドルをドラッグして広げます。

15 グリッド線もドラッグします。

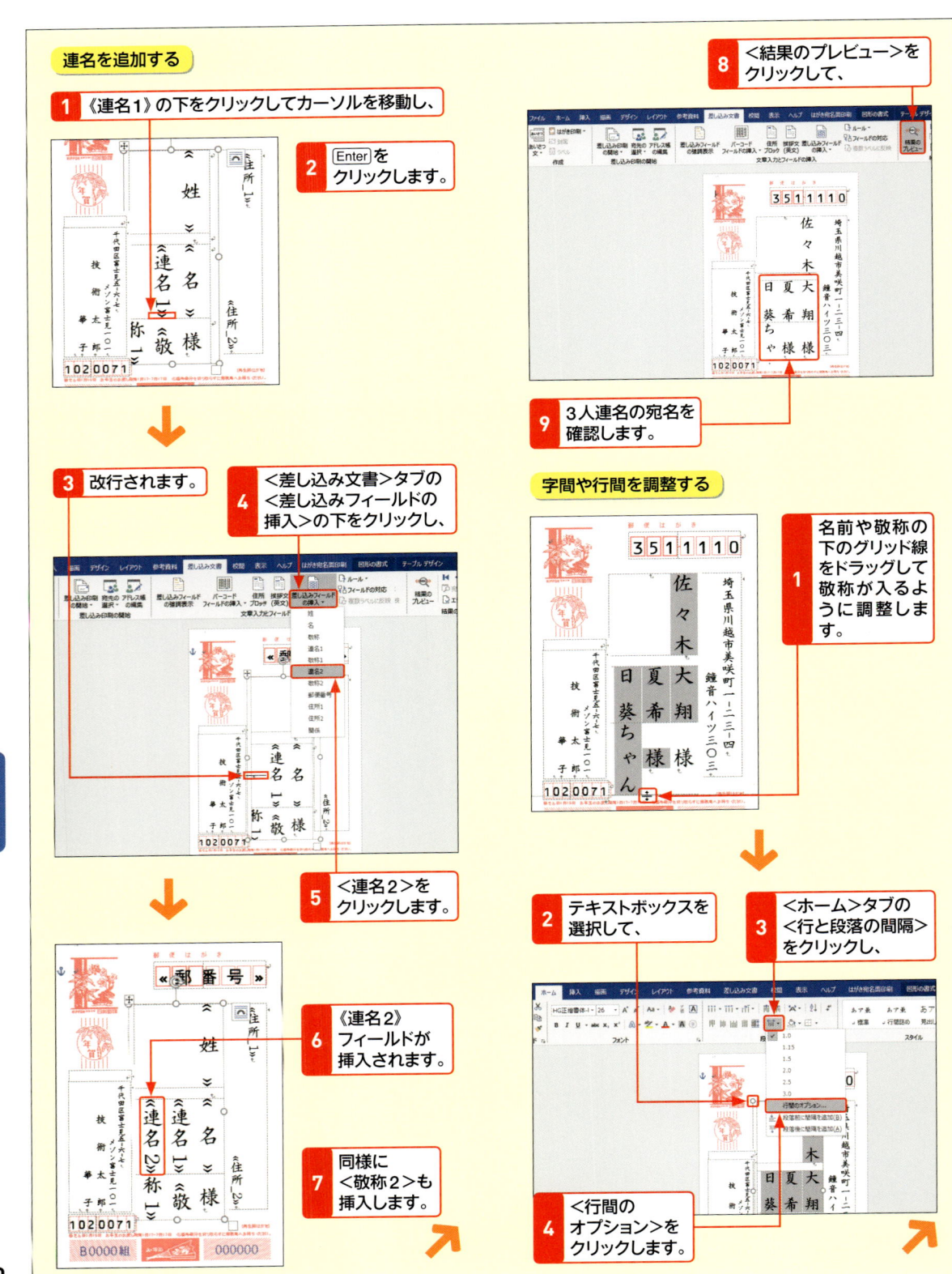

連名を追加する

1 《連名1》の下をクリックしてカーソルを移動し、

2 Enter を
クリックします。

3 改行されます。

4 <差し込み文書>タブの
<差し込みフィールドの
挿入>の下をクリックし、

5 <連名2>を
クリックします。

6 《連名2》
フィールドが
挿入されます。

7 同様に
<敬称2>も
挿入します。

8 <結果のプレビュー>を
クリックして、

9 3人連名の宛名を
確認します。

字間や行間を調整する

1 名前や敬称の
下のグリッド線
をドラッグして
敬称が入るよ
うに調整しま
す。

2 テキストボックスを
選択して、

3 <ホーム>タブの
<行と段落の間隔>
をクリックし、

4 <行間の
オプション>を
クリックします。

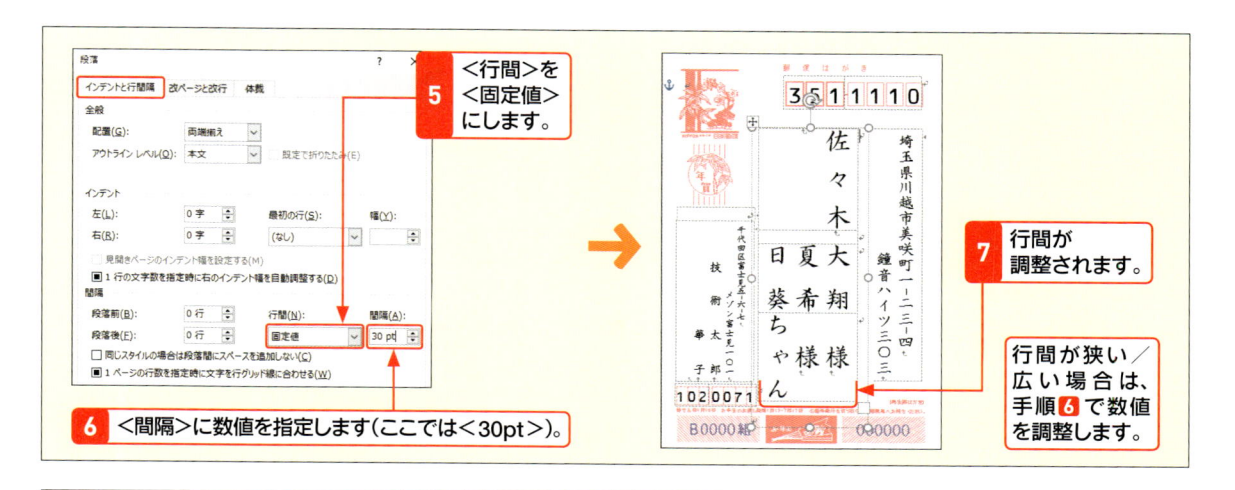

5 <行間>を<固定値>にします。

6 <間隔>に数値を指定します(ここでは<30pt>)。

7 行間が調整されます。

行間が狭い/広い場合は、手順6で数値を調整します。

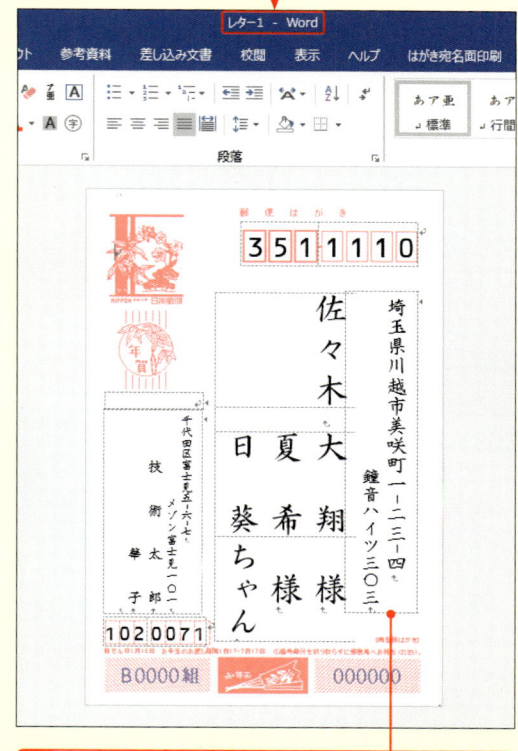

6 手順1で表示していた宛名面が通常の文書(レター)に変換されて表示されます。

Q 22 レイアウトがほかの宛名に反映されてしまう

A <新規文書へ差し込み>を利用して、個別にレイアウトします。

複数人の連名を追加してレイアウトを調整した場合、差し込み印刷をするほかの宛名にもそのレイアウトが適用されてしまいます。これを避けるために、変更したい宛名面を通常の文書に変換して、別ファイルとして保存します。印刷も差し込み印刷とは別に、通常の印刷をすることになります。

1 Q.21で作成した複数人の宛名面を表示します。

2 <はがき宛名面印刷>タブをクリックして、

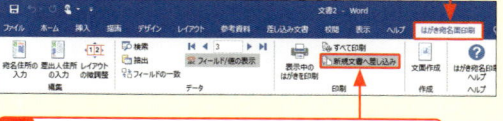

3 <新規文書へ差し込み>をクリックします。

4 <現在のレコード>をクリックしてオンにし、

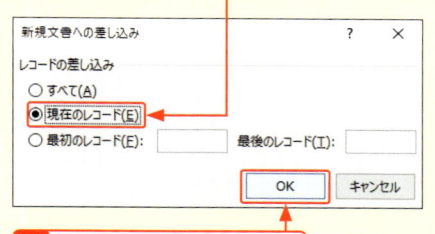

5 <OK>をクリックすると、

7 この文書で、直接編集でき、印刷を実行できます。

8 ファイル名を付けて保存します。

Appendix 1

＜はがき印刷＞が利用できない場合の対処法

覚えておきたいキーワード
- ☑ デスクトップ版
- ☑ アンインストール
- ☑ インストール

OfficeアプリがWindowsストアアプリ版は、はがき印刷などの差し込み機能が利用できない場合があります。解決するには、まずアドインを有効にしてみます。それでも利用できない場合は、ストアアプリ版をアンインストールして、デスクトップ版をインストールし直します。

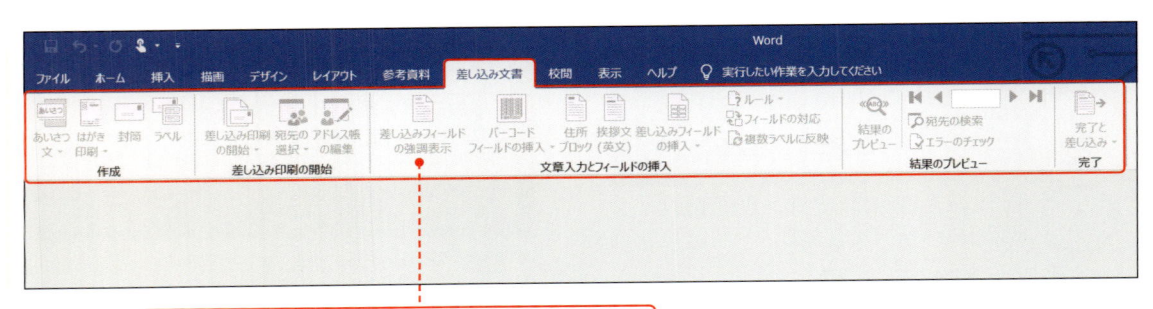

＜差し込み文書＞タブのコマンドが使えない状態です。

1 アドインを有効にする

キーワード アドイン

「アドイン」とは、アプリの拡張機能のことで、アプリの作業の効率化を図るための機能です。

メモ ストアアプリ版では差し込み機能が利用できない

パソコンを購入した際に、Officeアプリがプリインストールされている場合、ストアアプリ版がインストールされている機種があります。ストアアプリ版は、Wordの＜差し込み文書＞タブにある差し込み印刷機能がサポートされないため、右のように対処する必要があります。

1 Wordの＜ファイル＞タブをクリックして、

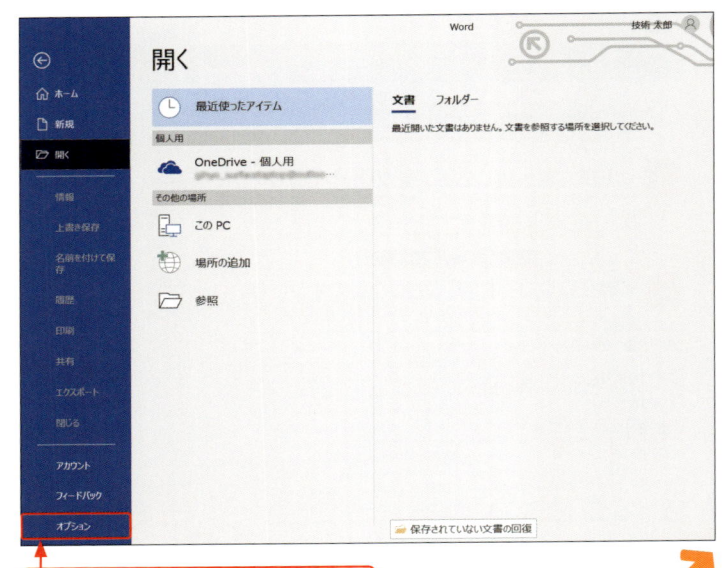

2 ＜オプション＞をクリックします。

3 ＜アドイン＞をクリックして、

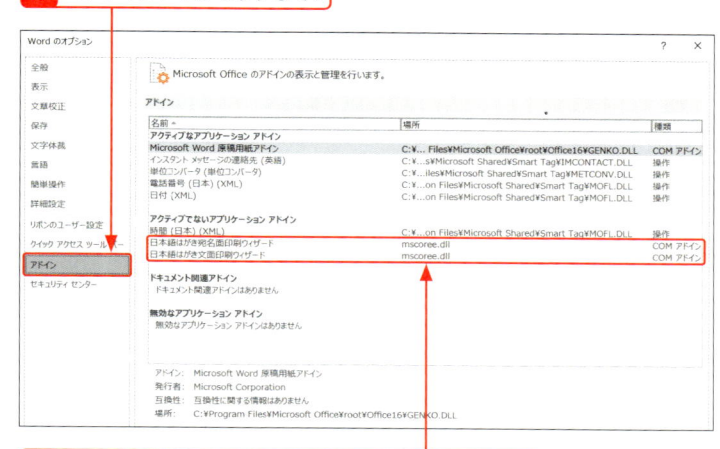

4 ＜アクティブでないアプリケーションアドイン＞で、
＜日本語はがき宛名面印刷ウィザード＞／＜日本語
はがき文面印刷ウィザード＞が表示されていること
を確認します（「メモ」参照）。

5 ＜管理＞で＜COMアドイン＞を指定して、

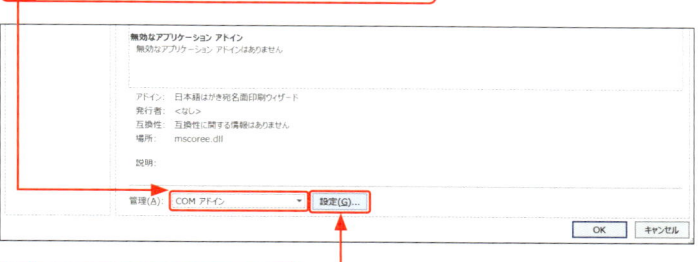

6 ＜設定＞をクリックします。

7 これらをクリックしてオンにし、

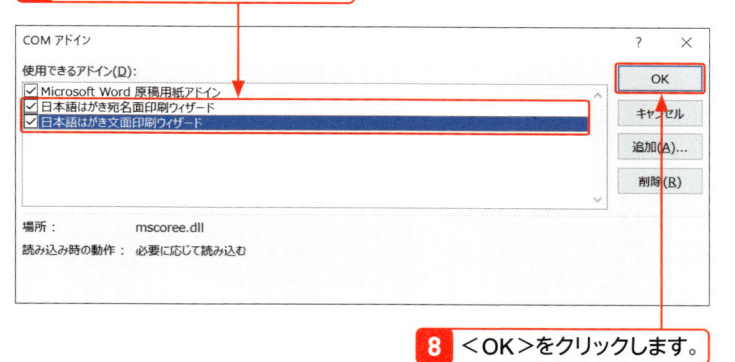

8 ＜OK＞をクリックします。

9 Wordを起動すると、＜差し込み文書＞タブのコマンドが
利用できるようになります。

メモ **アドインが
利用できない**

手順**4**でこれらのウィザードが表示さ
れていない場合は、アドインを追加する
ことはできません。＜キャンセル＞をク
リックして、P.184の「**2** デスクトップ
版にインストールし直す」の操作に進ん
でください。

2 デスクトップ版にインストールし直す

 メモ　製品の確認

ここでは Office 製品を確認しています。Word 単体を利用している場合は、「Office」を「Word」に読み替えてください。

ストアアプリ版かどうかを確認する

1 ＜スタート＞をクリックして＜設定＞をクリックし、＜Windowsの設定＞画面を表示します。

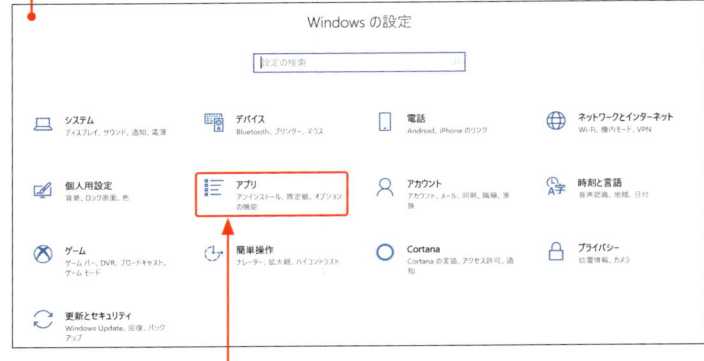

2 ＜アプリ＞をクリックします。

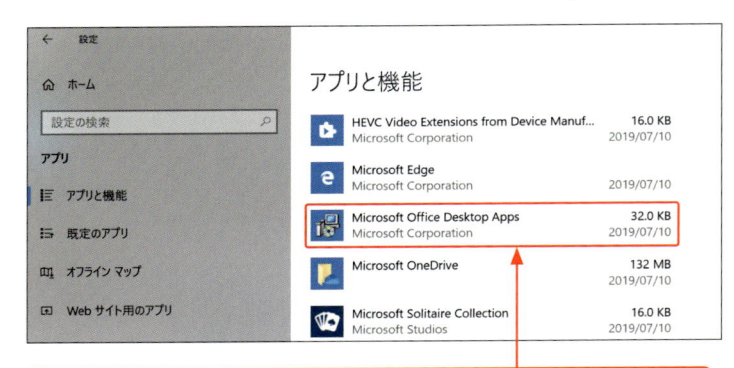

3 ＜アプリと機能＞のリストに「Microsoft Office Desktop Apps」と表示されている場合は、ストアアプリ版がインストールされています。

ストアアプリ版をアンインストールする

 メモ　デスクトップ版の表示

デスクトップ版の場合は、＜アプリと機能＞のリストに「Microsoft Office（バージョン）ja-jp」と表示されます。

1 ＜Microsoft Office Desktop Apps＞をクリックして、

2 ＜アンインストール＞をクリックし、

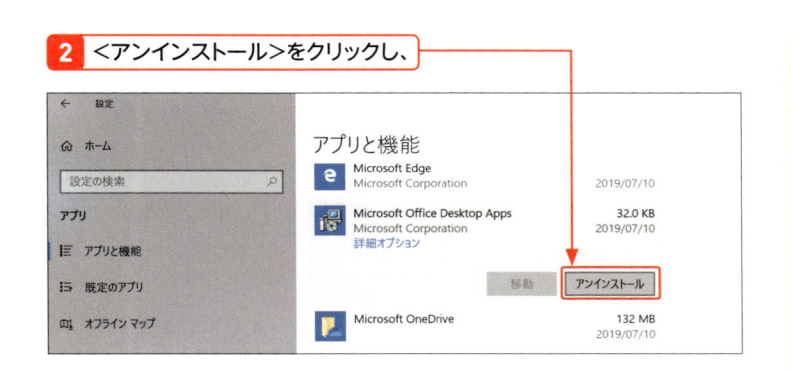

3 メッセージの＜アンインストール＞をクリックします。

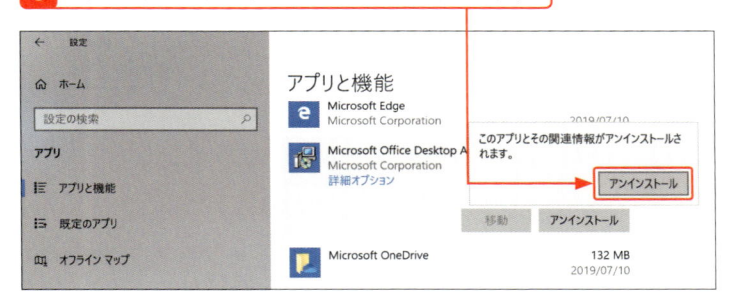

4 リストから削除されます。

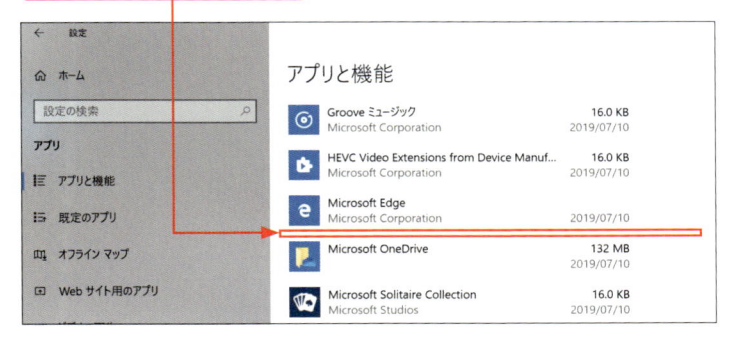

5 ＜今すぐ再起動＞をクリックして、再起動します。

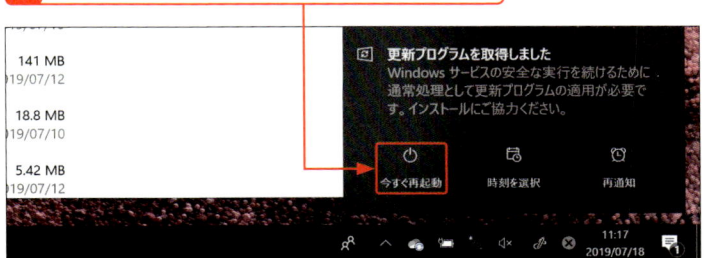

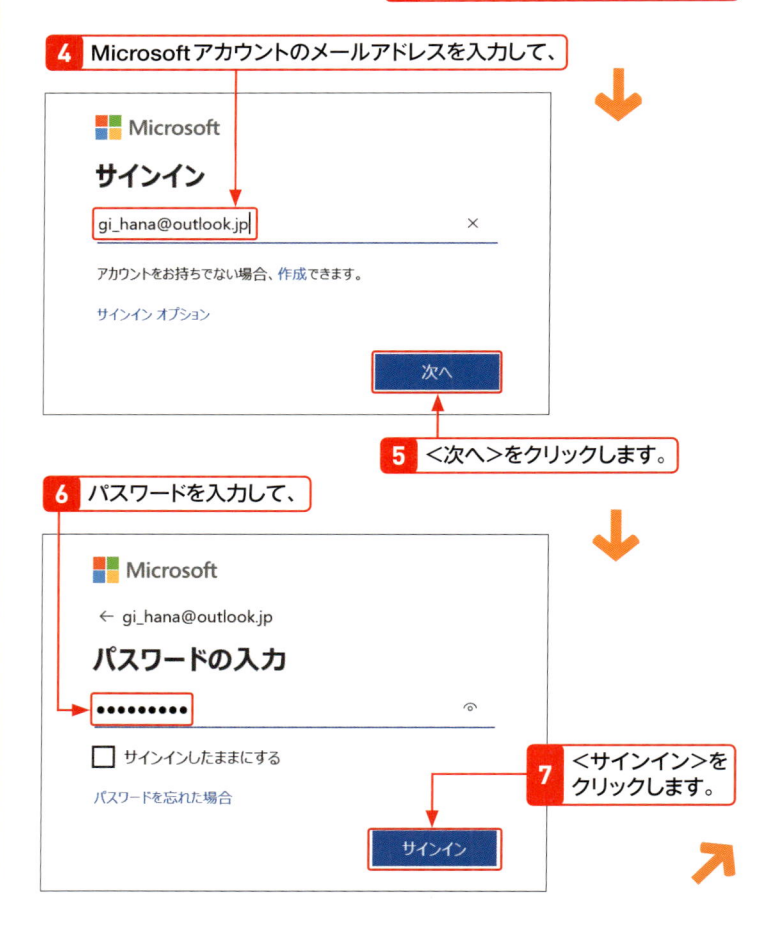

メモ Officeにサインインする

サインインとは、利用するサービスに登録している自分の情報を識別するための操作です。Officeにサインインする場合は、Microsoftアカウントに登録したメールアドレスやパスワードを使います。Microsoftのオンラインサービスを利用したり、自分の情報を表示したりすることができます。

キーワード Microsoftアカウント

アカウントとは、パソコンやインターネット上の各種サービスを利用するために権利のことです。マイクロソフトが提供するアプリや各種サービスを利用するためには「Microsoftアカウント」が必要です。

デスクトップ版をインストールする

1 Webブラウザを起動して、

2 OfficeのWebページ（https://www.office.com）を開き、

3 ＜サインイン＞をクリックします。

4 Microsoftアカウントのメールアドレスを入力して、

5 ＜次へ＞をクリックします。

6 パスワードを入力して、

7 ＜サインイン＞をクリックします。

8 Officeページが表示されるので、　　**9** ＜Officeのインストール＞をクリックして、

10 ＜Officeのプロダクトキーがあります＞をクリックします。

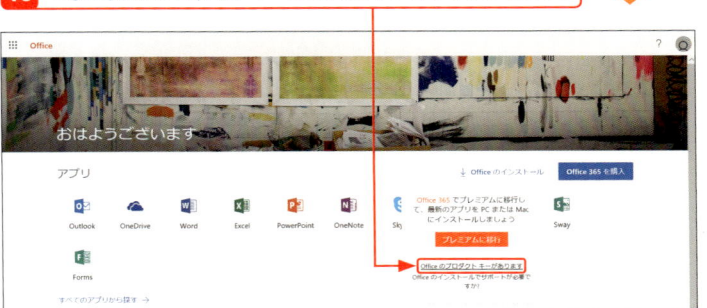

11 マイページにOffice製品が表示されるので、

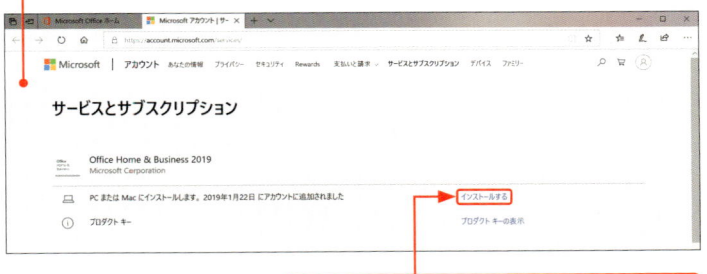

12 ＜インストールする＞をクリックします。

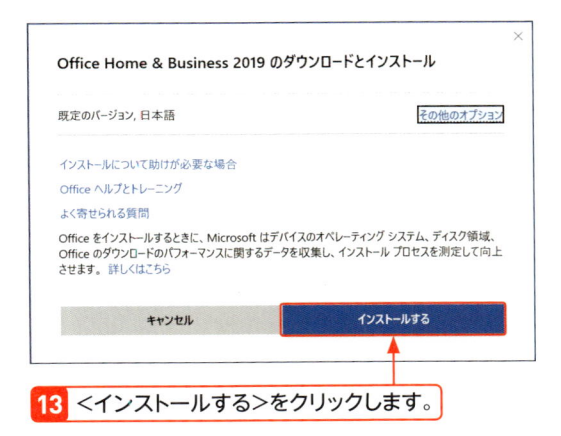

13 ＜インストールする＞をクリックします。

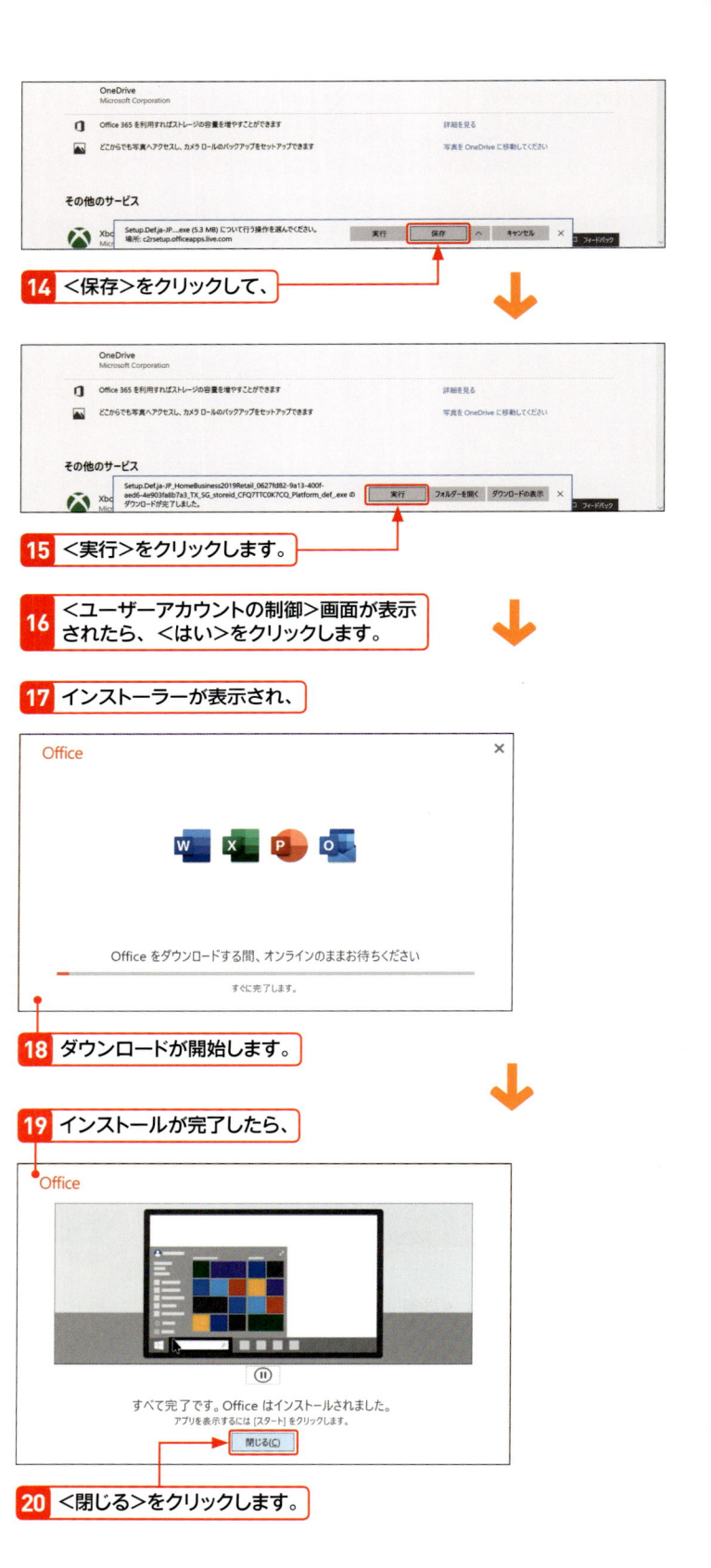

メモ　保存と実行

手順⓮では＜保存＞をクリックしていますが、＜実行＞をクリックしてもかまいません。＜実行＞をクリックすると、セットアップファイルが保存されることなく、直接インストール作業が開始します。

14 ＜保存＞をクリックして、

15 ＜実行＞をクリックします。

16 ＜ユーザーアカウントの制御＞画面が表示されたら、＜はい＞をクリックします。

17 インストーラーが表示され、

18 ダウンロードが開始します。

19 インストールが完了したら、

20 ＜閉じる＞をクリックします。

Office製品を確認する

1 ＜Windowsの設定＞画面を開き、＜アプリ＞をクリックします（P.184参照）。

2 ＜アプリと機能＞のリストにOfficeのデスクトップ版を示す「Microsoft Office（バージョン）ja-jp」が表示されています。

Wordを利用する

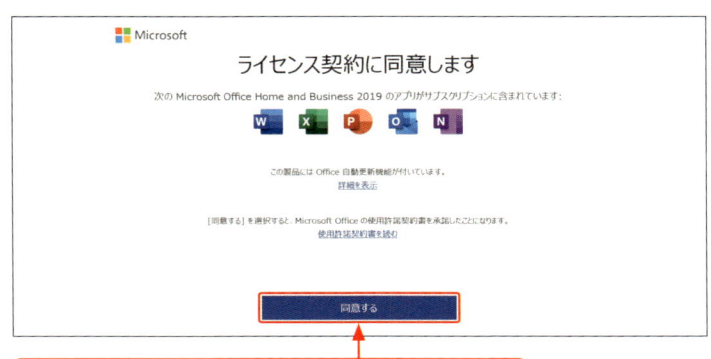

1 Wordを起動して、＜同意する＞をクリックします。

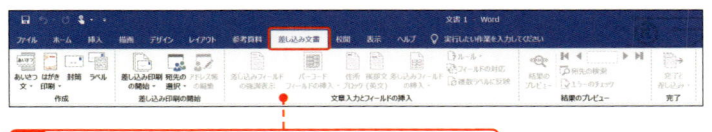

2 ＜差し込み文書＞タブのコマンドが表示されて、利用できるようになります。

💡 **ヒント** インストールできない場合

もし正しくインストールできない場合は、下記のマイクロソフトのサポートへアクセスし、質問してご確認ください。
https://support.microsoft.com/ja-jp

索引

英字

COMアドイン ････････････････････････････････ 183
Excelの起動／終了 ･･･････････････････････････ 16
IMEパッド ･･･････････････････････････････････ 22
Microsoftアカウント ･････････････････････････ 186
Next Record ･･･････････････････････････ 156, 171
OneDrive ････････････････････････････････････ 48
SQLコマンド ･････････････････････････････ 51, 132
Wordのオプション ･･･････････････････････････ 182
Wordの起動／終了 ･･･････････････････････････ 38

あ行

明るさ／コントラスト ･･･････････････････････ 108
アクティブセル ･････････････････････････････ 21
アクティブセルの移動 ･･･････････････････････ 21
＜新しいアドレス帳＞ダイアログボックス ･････ 27
新しいリストの入力 ･････････････････････････ 171
宛先の検索 ･････････････････････････････････ 66
宛先の絞り込み ･････････････････････････ 77, 161
宛先の選択 ･･･････････････････････････ 155, 172
宛名の敬称 ･････････････････････････････････ 44
宛名面に３人以上入れる ･････････････････････ 178
宛名面の保存 ･･･････････････････････････････ 48
宛名面を開く ･･･････････････････････････････ 50
宛名ラベルに差出人を入力 ･･･････････････････ 170
宛名ラベルの印刷 ･･･････････････････････････ 160
宛名ラベルの作成 ･･･････････････････････････ 154
宛名ラベルの保存 ･･･････････････････････････ 162
宛名を縦書きにする ･････････････････････････ 150
宛名を１人分印刷する ･･･････････････････････ 165
アドイン ･･･････････････････････････････････ 182
アドレス帳の編集 ･･･････････････････････････ 146
アンインストール ･･･････････････････････････ 185
＜印刷＞ダイアログボックス ･････････････････ 147
印刷の向き ･････････････････････････････････ 33
印刷プレビュー ･････････････････････････････ 32
ウィンドウ枠の固定 ･････････････････････････ 17
上書き保存 ･････････････････････････････････ 31
エラーのチェック ･･･････････････････････････ 67
往信の宛名面 ･･･････････････････････････････ 116
往信の文面 ･････････････････････････････････ 128
往復はがき ･････････････････････････････････ 114
往復はがきの印刷 ･･･････････････････････････ 132
オンライン画像 ･････････････････････････････ 103

か行

囲い文字 ･･･････････････････････････････････ 174
箇条書きの記号 ･････････････････････････････ 175

下線を引く ･････････････････････････････････ 131
画面表示の変更 ･････････････････････････････ 17
漢字の入力 ･････････････････････････････････ 174
漢数字に変換する ･･････････････････････ 73, 168
完了と差し込み ･････････････････････････････ 162
行間の調整 ･････････････････････････････････ 97
行頭文字 ･･･････････････････････････････････ 175
行と段落の間隔 ･････････････････････････････ 159
行の高さの自動調整 ･････････････････････････ 19
行の高さの変更 ･････････････････････････････ 18
行の追加／削除 ･････････････････････････････ 30
グリッド線 ･････････････････････････････････ 54
敬称を変更する ･････････････････････････････ 166
結果のプレビュー ･･･････････････････････････ 45
コンテンツの有効化 ･････････････････････････ 51

さ行

サインイン ･････････････････････････････････ 186
差し込み印刷 ･･･････････････････････････････ 36
差し込み印刷ウィザード ･････････････････････ 138
差し込みフィールド ･･････････ 14, 47, 53, 152, 156
差し込みフィールドの挿入 ･･･････････････････ 57
差出人の印刷 ･･･････････････････････････ 43, 168
差出人の情報 ･･･････････････････････････････ 60
差出人の郵便番号の印刷位置 ･････････････････ 41
差出人の連名 ･･･････････････････････････････ 62
自動保存 ･･･････････････････････････････････ 31
写真の移動 ･････････････････････････････････ 106
写真のサイズ変更 ･･･････････････････････････ 105
写真の挿入 ･････････････････････････････････ 103
写真の取り込み ･････････････････････････････ 176
住所ブロック ･･･････････････････････････････ 142
新規文書へ差し込み ･････････････････････････ 181
水平線 ･････････････････････････････････････ 125
数字の半角と全角の違い ･････････････････････ 25
数字を漢数字に変換 ･････････････････････････ 42
図形の挿入 ･････････････････････････････････ 125
ストアアプリ版 ･････････････････････････････ 182
図のスタイル ･･･････････････････････････････ 108
姓も含めた連名 ･････････････････････････････ 177
セキュリティ警告 ･･･････････････････････････ 51
セル内の配置 ･･･････････････････････････････ 28
セルの移動 ･････････････････････････････････ 21
セルの書式変更 ･････････････････････････････ 28
セルの枠線の印刷 ･･･････････････････････････ 34

た行

題字 ･･･････････････････････････････････････ 98
縦書き ･････････････････････････････････････ 42

縦書きテキストボックスの描画 ·············· 99
縦中横 ···························· 175
試し印刷 ·························· 80
段落の配置 ······················· 164
中央揃え ························· 28
データソース ······················ 74
テキストボックスのサイズ変更 ········ 68, 93, 95
テキストボックスの選択 ············· 66, 94
テキストボックスの挿入 ················ 151
テキストボックスの枠線 ················ 153
デジカメ写真の取り込み ················ 176
デスクトップ版 ······················ 184
テンプレート ······················· 112
トリミング ························· 106

な行

名前を付けて保存 ··················· 48
入力モードの切り替え ················ 20
塗りつぶしの色 ····················· 28

は行

背景にはがきを表示する ··············· 41
配置ガイド ························· 69
はがき宛名面印刷ウィザード ············· 40
はがき宛名面の印刷 ·················· 84
はがき宛名面の調整 ·················· 83
はがき印刷が利用できない ··············· 182
はがきの印刷ができない ··············· 173
はがき文面印刷ウィザード ··············· 88
はがき文面の印刷 ··················· 110
はがき文面の保存 ··················· 110
はがき用紙 ························· 12
ファイルを開く ····················· 26
フィールド ························ 73
フィールドの削除 ················ 53, 157
フィールドの対応 ················ 47, 167
フィルター ························· 78
封筒オプション ····················· 140
＜封筒とラベル＞ダイアログボックス ········ 171
封筒の宛名印刷 ····················· 146
封筒の宛名編集 ····················· 144
封筒の宛名面の作成 ·················· 138
封筒の宛名面の保存 ·················· 149
封筒の置き方 ······················ 148
封筒の種類とサイズ ·················· 139
フォント ·························· 65
フォントサイズ ····················· 64
フォントサイズの変更 ················· 94
フォントの色 ······················ 96

フォントの変更 ····················· 94
複数ラベルに反映 ··················· 159
フチなし印刷 ······················ 111
太字 ····························· 28
プリンターの選択 ··················· 32
プリンターのプロパティ ············ 81, 148
プロダクトキー ····················· 187
＜ページ設定＞ダイアログボックス ········· 150
編集記号の表示 ····················· 52
返信の宛名面 ······················ 126
返信の文面 ························ 122

ま行

無効な差し込みフィールド ··············· 167
名簿データの保存 ··················· 26
名簿の印刷 ························ 32
名簿の作成（Excel） ················· 20
名簿の作成（Word） ················· 27
名簿の並べ替え ····················· 164
名簿の編集 ····················· 28, 74
名簿を差し替える ··················· 172
文字揃え ························· 72
文字の均等割り付け ·················· 153
文字列の折り返し ··················· 104
文字列の方向 ······················ 122
元に戻す ······················· 29, 71

や行

郵便番号 ························· 22
郵便番号位置の調整 ·················· 82
用紙サイズ ························· 33
横書きテキストボックスの描画 ············ 99
余白の調整 ························· 169

ら・わ行

ラベルオプション ··················· 155
ラベルに1人分印刷 ·················· 171
ラベルの選択 ······················ 154
ルーラー ························· 145
レイアウト枠 ······················ 145
レコード ························· 46
列の追加／削除 ····················· 31
列の幅の自動調整 ··················· 19
列幅の変更 ························· 18
列見出し ······················ 14, 20
連名 ····························· 52
連名の敬称 ························· 59
ワードアート ······················ 99

■ お問い合わせについて

本書に関するご質問については、本書に記載されている内容に関するもののみとさせていただきます。本書の内容と関係のないご質問につきましては、一切お答えできませんので、あらかじめご了承ください。また、電話でのご質問は受け付けておりませんので、必ずFAXか書面にて下記までお送りください。

なお、ご質問の際には、必ず以下の項目を明記していただきますようお願いいたします。

1 お名前
2 返信先の住所またはFAX番号
3 書名（今すぐ使えるかんたん はがき 名簿 宛名ラベル［改訂5版］）
4 本書の該当ページ
5 ご使用のOSとソフトウェアのバージョン
6 ご質問内容

なお、お送りいただいたご質問には、できる限り迅速にお答えできるよう努力いたしておりますが、場合によってはお答えするまでに時間がかかることがあります。また、回答の期日をご指定なさっても、ご希望にお応えできるとは限りません。あらかじめご了承くださいますよう、お願いいたします。

■ 問い合わせ先

〒162-0846
東京都新宿区市谷左内町21-13
株式会社技術評論社　書籍編集部
「今すぐ使えるかんたん はがき 名簿 宛名ラベル［改訂5版］」質問係
FAX番号　03-3513-6167
URL：https://book.gihyo.jp/116

■ お問い合わせの例

FAX

1 **お名前**

技術　太郎

2 **返信先の住所またはFAX番号**

03-XXXX-XXXX

3 **書名**

今すぐ使えるかんたん
はがき 名簿 宛名ラベル［改訂5版］

4 **本書の該当ページ**

54ページ

5 **ご使用のOSとソフトウェアのバージョン**

Windows 10 Pro
Word 2019、Excel 2019

6 **ご質問内容**

手順3のコマンドが
見当たらない

※ご質問の際に記載いただきました個人情報は、回答後速やかに破棄させていただきます。

今すぐ使えるかんたん
はがき 名簿 宛名ラベル［改訂5版］

2009年11月1日　初版　第1刷発行
2019年11月13日　5版　第1刷発行

著　者●AYURA
発行者●片岡 巌
発行所●株式会社 技術評論社
　　　　東京都新宿区市谷左内町21-13
　　　　電話　03-3513-6150　販売促進部
　　　　　　　03-3513-6160　書籍編集部

装丁●田邉 恵里香
カバーイラスト●イラスト工房（株式会社アット）
本文デザイン●リンクアップ
編集／DTP●AYURA
担当●矢野 俊博
製本／印刷●大日本印刷株式会社

定価はカバーに表示してあります。

ISBN978-4-297-10885-4 C3055

Printed in Japan